Nicole Wilde

Freund oder Feind?

Hundebegegnungen entspannt meistern

Kynos

Titel der amerikanischen Originalausgabe: Help for your dog-reactive dog.
The positive, gentle way to curb dog-dog reactivity & aggression

KYNOS VERLAG Dr. Dieter Fleig GmbH
Konrad-Zuse-Straße 3, D-54552 Nerdlen/Daun
Telefon: 06592 957389-0
www.kynos-verlag.de

Übersetzt aus dem Englischen von Cäcilie Föhrenbach

Grafik & Layout: Kynos Verlag

Bildnachweis:

Alle Fotos: Wilde, Nicole außer:
Adobe Stock: S. 29: Rita Kochmarjova/stock.adobe.com; S. 30: Alexandr/stock.adobe.com; S. 42: CandyRetriever/stock.adobe.com; S. 43: Iván Moreno/stock.adobe.com; S. 92: Kzenon/stock.adobe.com; S. 105 li.: Milan/stock.adobe.com, re.: farbkombinat/stock.adobe.com; S. 107: Galaxy_love_design/stock.adobe.com; S. 132: ksuksa/stock.adobe.com; S. 140: OlgaOvcharenko/stock.adobe.com; S. 166: Luetjemedia/stock.adobe.com; S. 200: Justyna/stock.adobe.com
Krauß, Katja: Titelfoto
Lambert, Christen: S. 170
Rau, Gisela: S. 10, 50

Alle Illustrationen: O'Moore, Denise außer:
Wilde, C.C.: S. 215

Gedruckt in Lettland

ISBN 978-3-95464-309-7

Inhaltsverzeichnis

Über die Autorin

Nicole Wilde ist international anerkannte Autorin, Referentin, zertifizierte Hundetrainerin und Expertin für Hundeverhalten. Sie hat elf Bücher verfasst, von denen etliche auch ins Deutsche übersetzt wurden. Sie ist als Beraterin für mehrere Hundetrainings- und Tierschutzorganisationen in den USA tätig, unter anderem für die Victoria Stilwell Academy und das Companion Animal Sciences Institute. Sie schreibt regelmäßig Beiträge für Hundefachzeitschriften und Blogs und tritt in der Radiosendung „Dog Talk" auf.

Sie hat Hunderten von Hunden, darunter vielen aus dem Tierschutz, zur Lösung ihrer Verhaltensprobleme und damit in vielen Fällen zu einem neuen Zuhause verholfen. Ihr besonderes Interesse galt dabei stets Wölfen und Wolfshunden, mit denen sie über zwanzig Jahre lang erfolgreich gearbeitet hat.

Mit ihrem Mann und ihren Hunden lebt sie in der Nähe von Los Angeles, USA.

Mehr über Nicole Wilde erfahren Sie auf ihrer Internetseite www.nicole-wilde.com, auf ihrer Facebookseite www.facebook.com/NicoleWildeAuthor oder in ihrem Blog *Wilde About Dogs*.

Einleitung

Stellen Sie sich vor, Sie gehen in einem Park vor Ort einen schönen Weg entlang spazieren. Die Sonne scheint, die Vögel singen und Ihr haariger Begleiter trottet neben Ihnen her. Plötzlich sehen Sie einen Hund auf sich zukommen! Es gibt keine Möglichkeit zum Ausweichen. Ihre Muskeln spannen sich an und Sie ziehen automatisch die Leine straffer. Als der Hund und sein Besitzer näherkommen, versteift sich auch der Körper Ihres Hundes. Seine Augen werden zu Laserstrahlen und er fängt an, in Richtung des anderen Hundes zu ziehen. In dem Bemühen, ihn zu bändigen, ermahnen Sie ihn: „Hör auf damit! Komm mit!" Aber das Ziehen wird nur noch intensiver. Gerade als die beiden an Ihnen vorbeiziehen, explodiert Ihr Hund in einem Wirbel von Hecheln und Bellen und macht den Eindruck, als wolle er den anderen Hund in Stücke reißen. Kommt Ihnen das bekannt vor?

Menschen, deren Hunde mit anderen Hunden verträglich sind, haben keine Vorstellung davon, wie stressig es sein kann, einen Hund zu haben, der nicht hundefreundlich ist. Das Verhalten eines „hundesensiblen" Hundes schlägt sich in allem nieder, vom einfachen Spaziergang über die Teilnahme an einem Hundeschulkurs bis hin zum Camping oder dem Aufenthalt an allen möglichen Orten, an denen Hunde anwesend sein könnten. Auch wenn Sie Ihren Hund lieben, kann sein Verhalten frustrierend und peinlich sein und Sie mitunter echt auf die Palme bringen!

Vielleicht ist Ihr Hund allen anderen Hunden gegenüber unfreundlich. Oder vielleicht hat er zu Hause einen Hundekumpel, betrachtet aber fremde Hunde als Feind. Vielleicht ist er bei einigen Hunden, denen er begegnet, entspannt, wird aber bei anderen zu einem rasenden Irren. Vielleicht machen Sie sich sogar Sorgen, dass etwas mit ihm nicht stimmt, vor allem, wenn sein Vorgänger nicht das gleiche Problem gezeigt hat. Ist Ihr Hund vielleicht einfach ein böser Hund? Sollten Sie eine Zukunft für den Hund ohne ihre Person in Betracht ziehen? Nein, nein und nochmals nein! Hunde haben genauso wie Menschen emotionale Probleme im Gepäck. Egal ob Sie Ihren Hund von einem Züchter gekauft, aus einem Tierheim oder einer Auffangstation adoptiert oder aus einem anderen Zuhause übernommen haben – es kann viele Gründe für sein Verhalten geben. Bedenken Sie, dass Ihr Hund Ihnen durch sein Verhalten nicht absichtlich das Leben schwermachen möchte. Er kann wirklich nichts dafür, und es ist auch für ihn kein Vergnügen, sich so zu fühlen, wie er es tut. Die gute Nachricht ist: Unabhängig von der Vorgeschichte Ihres Hundes oder den Gründen für sein Verhalten gegenüber anderen Hunden lässt sich sein Verhalten ändern.

Bevor ich Ihnen beschreibe, was Sie in diesem Buch finden werden, möchte ich Ihnen sagen, was Sie *nicht* finden werden: Bestrafungen und harte körperliche Zurechtweisungen, die Ihren Hund einschüchtern sollen. Unsere Hundegefährten verdienen es, mit Freundlichkeit und Respekt behandelt zu werden. Außerdem ist die überwiegende Mehrheit dessen, was als „Hundeaggression" bezeichnet wird, in Wirklichkeit eine angstbasierte Reaktivität. Eine harte körperliche Zurechtweisung, wenn ein Hund ein scheinbar aggressives Verhalten an den Tag legt, könnte sein momentanes Verhalten durchaus unterbrechen. Genauso, als würden Sie mir eine Ohrfeige geben, wenn ich nervös an meinen Nägeln kaue, damit ich sofort damit aufhöre. Die eigentliche Ursache für das Verhalten würde dadurch nicht behoben. Die Angst und Frustration, die Ihr Hund verspüren würde, wenn er beim Anblick eines anderen Hundes hart korrigiert würde, könnte eine noch schlimmere Assoziation hervorrufen. Diese könnte dazu führen, dass das Verhalten noch schlimmer und möglicherweise sogar das Vertrauensverhältnis zwischen Ihnen beiden beschädigt wird.

Auf den folgenden Seiten finden Sie konkrete, direkt umsetzbare Informationen. Im ersten Teil des Buchs werden wir untersuchen, was echte Aggression ist und wie man sie von der weitaus häufigeren angstbedingten Reaktivität unterscheiden kann. Sie werden mögliche Gründe für das Verhalten Ihres Hundes entdecken und lernen, die Auslöser für seine Reaktionen genau zu identifizieren. Darüber hinaus werden Sie die Fähigkeit erlangen, selbst die subtilste Körpersprache zu erkennen, die Ihnen Hinweise darauf geben kann, wie sich Ihr Hund fühlt, bevor er eine ausgewachsene Reaktion an den Tag legt. Das Verstehen der Körpersprache Ihres Hundes ist nicht nur der Schlüssel für eine Verhaltensänderung gegenüber anderen Hunden, sondern hilft Ihnen auch zu verstehen, wie es ihm im Alltag geht.

Im zweiten Teil werden die vier Säulen des Grundlagenprogramms erläutert: Ernährung, Bewegung, mentale Stimulation und Führung. Stellen Sie sich das Programm wie das Betriebssystem Ihres Computers vor, das unbemerkt im Hintergrund läuft und die Software arbeiten lässt. In diesem Abschnitt finden Sie Empfehlungen, die weit über die Standardempfehlungen wie „Ernähren Sie sich gesund" oder „Sorgen Sie für ausreichende Bewegung" hinausgehen. Pro Säule gibt es Nuancen, die einen großen Unterschied ausmachen können. Ebenfalls in diesem Abschnitt wird ein solides Management behandelt. Es ist von entscheidender Bedeutung, dass Ihr

Hund außerhalb kontrollierter Trainingseinheiten nicht auf eine Art und Weise mit anderen Hunden in Kontakt kommt, die ihn versehentlich über seine Reaktions-Schwelle bringen könnte, den Kipp-Punkt, an dem er zu reagieren beginnt. Ein sorgfältiges Management stellt sicher, dass Ihre Bemühungen nicht durch zufällige Begegnungen konterkariert werden. Insgesamt wird das Grundlagenprogramm nicht nur der allgemeinen Gesundheit und dem Wohlbefinden Ihres Hundes zugutekommen, sondern Sie werden auch in Ihren Bemühungen, sein Verhalten zu ändern, mehr Erfolg haben.

Im dritten Teil fängt endlich der Spaß an! Damit werden Sie Ihrem Hund eine Vielzahl von Fähigkeiten beibringen, die es ihm ermöglichen, auf Aufforderung aufmerksam zu sein, ruhig an anderen Hunden vorbeizugehen, alternatives Verhalten für Ziehen und Bellen an den Tag zu legen oder Ihnen situationsabhängig und wunschgemäß zu folgen. Sie werden auch lernen, welche Ausrüstung nützlich ist und welche vermieden werden sollte. Bei den Übungen in diesem Abschnitt handelt es sich übrigens nicht um die üblichen Gehorsamskommandos wie Sitz, Platz oder Bleib. Wahrscheinlich haben Sie die meisten dieser Kommandos noch nie eingeübt, weder in einer Hundeschule noch alleine. Eine bestimmte Fähigkeit wird meines Wissens nie in einer Hundeschule trainiert. Es handelt sich dabei um eine Technik, die ich aus dem Hundesport adaptiert habe, um die Reaktivität von Hunden in den Griff zu bekommen. Und sie funktioniert erstaunlich gut! Eine Vielzahl an Techniken aus Ihrem Trainingswerkzeugkasten wird es Ihnen ermöglichen, in verschiedenen Situationen kompetent und selbstbewusst zu agieren.

Teil vier enthält die Quintessenz der Verhaltensmodifikation. Da Sie von Ihrem Hund nicht erwarten können, dass er Ihnen Aufmerksamkeit schenkt oder etwas tun kann, solange er übermäßig erregt ist, lernen zunächst Sie einmal, wie Sie seine zugrunde liegende emotionale Reaktion beim Anblick eines anderen Hundes ändern können. Sobald dies gelungen ist, können Sie die wertvollen dieser erlernten Fähigkeiten implementieren. Sie werden auch lernen, wie Sie ein Verhaltensprotokoll erstellen und wann Sie das Ganze je nach Verhalten Ihres Hundes wie anpassen müssen.

Obwohl schon die vorangegangenen Abschnitte Ihnen dabei eine ausreichende Hilfe sind, das Verhalten Ihres Hundes beim Spazierengehen zu ändern, ist es tatsächlich so, dass Verhalten jeden Tag und rund um die Uhr stattfindet. Situationen, in denen Ihr Hund vom Wohnzimmerfenster bellend vorübergehende Hunde beobachtet, können Ihre Fortschritte zurücksetzen. Aus diesem Grund befasst sich Teil fünf damit, wie man häufige Probleme löst, z. B. das Bellen im Auto eindämmt oder sicherstellt, dass

Tierarztbesuche reibungslos verlaufen. Aber auch, was zu tun ist, wenn man nicht angeleinten oder streunenden Hunden begegnet und wie man im schlimmsten Fall einen Streit schlichten kann. Außerdem geht es um Gruppenschulungen und darum, was es bei einer Entscheidung für einen professionellen Verhaltensspezialisten zu beachten gilt.

Zu guter Letzt folgt der sechste Teil. Hier finden Sie ergänzende Hilfsmittel und Therapien, die ganz allgemein hilfreich sind. Einige davon sind Ihnen vielleicht bekannt, andere höchstwahrscheinlich nicht. Bei keiner davon werden Ihrem Hund Medikamente verabreicht oder etwas getan, das ihm schaden könnte. Allen gemeinsam ist, dass es sich um sanfte, nicht invasive Methoden handelt, durch die Ihr Hund sich insgesamt entspannter fühlt, was ihm bei Begegnungen mit anderen Hunden helfen wird. Außerdem finden Sie eine zusätzliche Technik namens „Der unsichtbare Freund“, die Ihre Spaziergänge entscheidend verändern kann.

Seien Sie versichert, dass ich als professionelle Trainerin mit mehr als dreißig Jahren Erfahrung und als Hundemutter eines inzwischen wohlerzogenen Hundes, der, als er aus dem Tierheim zu mir kam, sehr reaktiv war, die Fragen kenne, die Ihnen beim Lesen dieses Buches durch den Kopf gehen werden. Ich habe darauf geachtet, dass ich in jedem Kapitel nicht nur allgemeine Fragen anspreche, sondern auch viele Alternativen und Lösungen für den Fall anbiete, dass die vorgeschriebenen Techniken für Ihren Hund nicht in jeder Situation funktionieren. Vielleicht sind Sie versucht, die ersten Abschnitte zu überspringen und direkt zu den Kapiteln mit den Anleitungen überzugehen. Ich bin sicher, ich würde es machen! Aber bitte – tun Sie das nicht. Eine Fülle äußerst wichtiger Informationen führt zu diesen Kapiteln hin, und diese Informationen werden auf den Erfolg Ihrer Bemühungen einen erheblichen Einfluss haben. Am besten lesen Sie die Kapitel der Reihe nach durch. Setzen Sie die Änderungen nach und nach um. Auf diese Weise werden Sie nicht nur Ihren Hund besser verstehen und sein Verhalten besser kontrollieren können, sondern auch ein solides Grundgerüst für ein erfolgreiches Programm zur Verhaltensänderung legen.

Teil I

Überblick

Kapitel 1
Was man nicht tun sollte

Bevor wir uns darauf konzentrieren, wie Sie das Verhalten Ihres Hundes gegenüber anderen Hunden verbessern können, sollten Sie erfahren, was Sie *nicht* tun sollten. Im Folgenden finden Sie daher einige Dinge, die Sie vermeiden sollten.

Kontakt mit anderen Hunden

Bill geht jeden Morgen mit seinem Akita Inu namens „Kuma“ (japanisch für Bär) im Park spazieren. Kuma sieht einem Bären auch durchaus ähnlich! Der braun-weiße Hund ist groß, imposant und anderen Hunden gegenüber ausgesprochen unfreundlich. Bill ist sich dessen sehr wohl bewusst und äußerst wachsam. Kuma ist in der Öffentlichkeit immer angeleint, und die beiden vermeiden es, anderen zu nahe zu kommen. Wenn eine Person, die mit einem Hund spazieren geht, sich zu nähern beginnt, ruft Bill ihr zu, dass sein Hund nicht freundlich ist. Wie schön wäre es, wenn alle Hundebesitzer so verantwortungsbewusst wären! Rick, ein weiterer Stammgast im Park, hat einen sehr sozialen Labrador Retriever und seine eigene Meinung darüber, was Bill tun sollte. „Es ist seine Schuld, dass Kuma so ist“, behauptet Rick süffisant. „Er muss einfach mit dem Hund direkt zu anderen Hunden gehen, damit er sich an sie gewöhnt.“ Ähm … nein. Das muss er nicht. Das würde nicht nur Aggressionen bei Kuma auslösen und andere Hunde in Gefahr bringen, sondern auch nichts dazu beitragen, Kuma klarzumachen, dass andere Hunde eine gute Sache sind. Es gibt zwar manche Situationen, in denen die emotionale Reaktion eines Hundes durch Gewöhnung verbessert werden kann (indem man ihn wiederholt etwas aussetzt, vor dem er Angst hat oder das ihm unangenehm ist), aber das hier gehört eindeutig nicht dazu. Einen Hund, der Artgenossen gegenüber überschießend oder aggressiv reagiert, in die Nähe anderer Hunde zwingen zu wollen, ist niemals eine gute Idee.

Sie werden mit Ihrem Hund wahrscheinlich auch nicht geradeaus und direkt auf andere Hunde zugehen. Aber allein schon zu geringer Abstand könnte im Körper Ihres Hundes schon eine Überflutung mit Adrenalin und anderen Stresshormonen verursachen. Leider können einige dieser Hormonspiegel einige Tage lang erhöht bleiben, was dazu führen kann, dass Ihr Hund während der nächsten Spaziergänge noch reaktiver sein wird. Um Ihrem Hund den meisten Erfolg zuzugestehen, sollten Sie andere Hunde tunlichst meiden – es sei denn, Sie arbeiten grade aktiv an der Verhaltensänderung. Um dieses Ziel zu erreichen, müssen Sie möglicherweise Ihren Lebensstil anpassen. Nehmen wir an, Sie gehen normalerweise morgens vor der Arbeit im Park spazieren. Wenn der Park jedoch voller anderer Menschen ist, die mit ihren Hunden spazieren gehen, und Sie den Abstand, bei dem Ihr Hund nicht reagiert, nicht ohne weiteres einhalten können, sollten Sie den Ort wechseln.

Mit Ihrem Hund an einen anderen Ort zu fahren oder eine andere Strecke zu gehen, mag im Moment noch etwas umständlich anmuten. Aber lassen Sie mich erklären, wie wichtig es ist, dies zu tun: Stellen Sie sich vor, Sie haben Angst vor Bienen. Wann immer Sie einer begegnen, werden Sie nervös und schlagen nach ihr, um sie zu vertreiben. Durch Ihre Angst und das Schlagen wird Ihr Körper mit Adrenalin geflutet und Sie werden noch wütender. (Die Biene ist auch nicht gerade begeistert.) Und doch müssen Sie auf Ihrem täglichen Weg zur Arbeit aus nächster Nähe an einem Bienenstock vorbeigehen. Würden Sie, während Sie an einem Programm zur Lösung Ihrer negativen Gefühle gegenüber Bienen arbeiten, lieber weiterhin denselben Weg zur Arbeit nehmen oder Ihren Weg so verändern, dass Sie in der Zwischenzeit nicht auf Bienen treffen müssen? Ganz genau. Eine kurzfristige Änderung Ihrer täglichen Routine erfordert vielleicht etwas mehr Zeit und Mühe. Sie wird aber einen großen Einfluss auf Ihre Fähigkeit haben, das Verhalten Ihres Hundes dauerhaft zu ändern.

Körperliche Gewalt

Beim Hundetraining oder für eine Verhaltensänderung ist es niemals erforderlich, körperliche Gewalt auszuüben. Dieses Konzept wird in den Abschnitten über Führung und Trainingshilfsmittel weiter erörtert. An dieser Stelle reicht es aus, zu sagen, dass das „Korrigieren" eines Hundes durch Ruckeln, Schocken, Rollen auf dem Rücken, Schütteln oder jede andere Form von körperlicher Gewalt nicht nur unnötig ist, sondern auch Ihrem Hund und Ihrer Beziehung zu ihm schaden kann. Es könnte auch gefährlich für Sie selbst werden. Während in der Zeit der traditionellen militärischen Ausbildung die Anwendung von Gewalt weit verbreitet war, wenden moderne, aufgeklärte Hundetrainer heutzutage stattdessen gewaltfreie Techniken an. Sie meiden Drohungen, Einschüchterung und Zwang. Das bedeutet nicht, dass Hunde tun dürfen, was sie wollen oder dass es keine Konsequenzen für ihre Handlungen gibt. Aber eine harte Erziehungsmaßnahme, insbesondere, wenn ein Hund einen anderen Hund sieht, könnte das Problem sogar noch verschlimmern, da der Hund Schmerzen und Angst mit dem Auftauchen anderer Hunde assoziieren könnte. Das Ziel besteht vielmehr darin, mit unseren Hunden klar zu kommunizieren, ihnen beizubringen, was von ihnen erwartet wird, sie mit allmählichen, erreichbaren Schritten auf ein Ziel hin zu belohnen und als Team zusammenzuarbeiten, in dem beide Partner einander mit Respekt behandeln.

> Hundetraining sollte kein Willenskampf sein, sondern ein sich ständig weiterentwickelnder Tanz aus Kommunikation und Kooperation.

Hundewiesen

Hundewiesen sind wunderbare Orte, um sich auszutoben und Kontakte zu knüpfen – jedenfalls für Menschen. Für viele Hunde sieht das ganz anders aus. Wenn Ihr Hund sich in Gesellschaft anderer Hunde nicht wohl fühlt, ist die Hundewiese kein guter Ort für ihn. Sie halten Hundewiesen nicht für so schlimm? Hier sind nur ein paar Aussagen, die ich auf unserer Hundewiese gehört habe, als ich für ein Seminar gefilmt habe:

„Ich habe ihn gestern aus dem Tierheim geholt. Jetzt wollte ich mal sehen, wie er mit anderen Hunden zurechtkommt.“ Dies bezog sich übrigens auf einen 60 Kilo schweren Bullmastiff.

„Er muss sich erst an andere Hunde gewöhnen.“ Bei dem fraglichen Hund handelte es sich um einen sieben Kilo schweren Terrier, der unter einer Bank hinter den Beinen seines Besitzers kauerte und zitterte. Einen Hund, der Angst vor anderen Hunden hat, immer wieder auszusetzen, ist nicht zielführend, sondern grausam und macht alles nur noch schlimmer.

„Die müssen das einfach unter sich ausmachen.“ Dieser Satz lässt mich mit den Zähnen knirschen. Ich habe ihn schon sagen gehört, während die betreffenden Hunde in einen Kampf verwickelt waren. Wenn man es zulässt, dass sich Hunde streiten, ist das keine Lösung. Es ist sogar sehr wahrscheinlich, dass es nicht nur physisch, sondern auch emotional für einen oder beide Hunde schlimmer wird. Ein einziger Hundekampf oder -angriff kann einen Hund traumatisieren und seine Reaktivität gegenüber anderen Hunden verstärken. Es kann sogar ein Problem entstehen, wo vorher keines war, denn der Hund beginnt dann, seine Gefühle auf andere Hunde, denen er begegnet, zu übertragen. Außerdem gibt man Hunden mit Kämpfen und Auseinandersetzungen die Möglichkeit, unerwünschte Verhaltensweisen zu üben, die für den Sieger belohnend sein können. Ein Verhalten, das belohnt wird, wird mit größerer Wahrscheinlichkeit wieder gezeigt. Es ist somit eine Situation, in der man nur verlieren kann.

Die meisten öffentlichen Hundewiesen ähneln dem Wilden Westen. Ein Haufen nicht geprüfter Hunde mit unterschiedlichem Temperament, die zusammengewürfelt werden. Man nehme die Erregung, die sich aufbaut, wenn die Hunde um die Wette rennen, kombiniere sie mit dem laserartigen Fokus von Hundetyrannen und den Emotionen ihrer Opfer, mische sie mit mangelnder Aufsicht und füge dem Ganzen noch hinzu, dass es keine Unterbrechung der Action gibt. Was kommt dabei heraus? Ein Rezept für eine Katastrophe! Die meisten Hundehalter sind zwar gutmütig, aber leider keine Experten, was das Lesen der Hunde-Körpersprache anbelangt oder das Verständnis für ihr Verhalten. Aus kleinen Verstößen können sich blitzschnell Auseinandersetzungen entwickeln. Selbst Hunde können manchmal die Körpersprache anderer Hunde falsch deuten, vor allem von Hunden anderer Rassen oder von solchen, die einen anderen Spielstil pflegen als sie selbst. Da kann ein gut gemeintes Spielmanöver auch mal ganz leicht als Beleidigung aufgefasst werden. Auch wenn es Ihrem Hund noch nie passiert ist, kann ich Ihnen mit hundertprozentiger Sicherheit sagen, dass es auf öffentlichen Hundewiesen mit erschreckender Regelmäßigkeit zu ernsthaften Kämpfen kommt. Tragischerweise gab es auf meiner örtlichen Hundewiese bereits zwei tödliche Zwischenfälle aufgrund von Hundekämpfen.

Weniger dramatisch ist, dass Hunde körperliche, emotionale und psychologische Schäden davontragen können. Stellen Sie sich einen Besuch auf einer typischen Hundewiese aus der Sicht einer Australian-Shepherd-Hündin namens Flash vor: Flash fühlt sich unter Hunden unwohl und kann je nach Verhalten eines anderen Hundes ängstlich oder bissig sein. Als sie den Park betritt, stürmt eine Hundemeute auf sie zu, um sie unter die Lupe zu nehmen. Sie erstarrt erschrocken und überwältigt, als die ganze Bande näherkommt, um sie genauer zu beschnuppern. Adrenalin schießt durch ihren Körper und ihre Stresshormonproduktion läuft auf Hochtouren. Flash ist in höchster Alarmbereitschaft, nachdem sie gerade mal eine Minute im Park war.

Sobald sich die Schnüffelparty beruhigt hat, bewegt sich Flash vorsichtig und hält sich in einem Randbereich auf, in dem weniger Hunde sind. Als sie das Gras beschnuppert, kommt der Boxer Bailey und läuft direkt auf sie zu. Sein Körper ist angespannt und seine Absichten scheinen nicht freundlich zu sein. Flash gerät in Panik und schnappt nach Bailey, um ihn zu vertreiben. Ihre Besitzerin bemerkt nur, dass sie nach einem anderen Hund geschnappt hat und tadelt sie. Jetzt ist Flash noch mehr angespannt. In den nächsten zehn Minuten knurrt und schnappt Flash abwehrend nach verschiedenen anderen Hunden und wird bei jeder Begegnung ängstlicher und reaktiver, bis ihre Hormone einen verzweifelten „Holt mich hier raus"-Tanz aufführen. Ihre Besitzerin, der ihr scheinbar aggressives Verhalten peinlich ist, schleppt sie schließlich von der Wiese und murmelt: „Ich weiß nicht, warum du dich nicht einfach mit anderen Hunden vertragen kannst."

Die arme Flash ist kein Einzelfall. Auf Hundewiesen kommt es aus den unterschiedlichsten Gründen immer wieder zu Scharmützeln: Hunde, die ihre Besitzer bewachen, ein Hund, der einen anderen bedrohlich anstarrt, ein Hund, der einen anderen unerbittlich angreift, Hunde, die nicht wissen, wie man höflich miteinander spielt und ein Hund, der einem Zweierpaar beim Spielen dazwischenfunkt. Es gibt noch viele weitere Varianten. Das Filmmaterial für mein Seminar zur Analyse von Spielverhalten (siehe Anhang) wurde fast ausschließlich auf Hundewiesen gefilmt, und leider war jede dieser Verhaltensweisen dort deutlich zu sehen. Die Quintessenz? Wenn Sie mit Ihrem Hund auf eine Hundewiese gehen möchten, um sich zu bewegen, sollten Sie ihn nur dann mitnehmen, wenn keine anderen Hunde anwesend sind. Wenn Sie jemanden kennen, der einen anderen Hund hat, mit dem sich Ihr Hund zufällig gut versteht, treffen Sie sich außerhalb der Öffnungszeiten auf der Freilauffläche, wenn sonst niemand da ist (oder noch besser, vereinbaren Sie Spieltermine an einem anderen Ort). Abgesehen von diesen beiden Szenarien sind Hundewiesen das Risiko nicht wert.

Vielleicht fragen Sie sich, ob Ihr Hund nach erfolgreichen Verhaltensänderungen, wie sie in diesem Buch beschrieben werden, überhaupt noch mit anderen Hunden spielen kann. Da ich weder Sie noch Ihren Hund persönlich kenne, habe ich darauf ehrlich gesagt keine Antwort. Es könnte ja etwas passieren. Jedoch ist es das Ziel dieses Buches, Ihrem Hund die Fähigkeit zu vermitteln, entspannter zu sein, wenn Sie mit ihm auf der Straße oder in ähnlichen Situationen mit anderen Hunden spazierengehen, sodass er nicht mehr bellt und andere stressbedingte Verhaltensweisen an den Tag legt. Wenn Sie es schaffen, dass Ihr Hund andere Hunde besser akzeptiert und Sie ihn schrittweise an sorgfältig ausgewählte Spielkameraden heranführen können, ermöglichen Sie ihm, irgendwann Hundefreunde haben zu können.

Und nun lassen Sie uns erst einmal weiter in Teil I eintauchen. Sie werden lernen, das hyperaktive Verhalten Ihres Hundes besser verstehen zu lernen.

Kapitel 2
Aggression versus Reaktivität

Um ein Verhaltensproblem richtig anpacken zu können, müssen wir es zunächst zutreffend erkennen. Aggression und Reaktivität sind zwei verschiedene Dinge, und doch wird Letzteres oft fälschlicherweise für Ersteres gehalten. Unter der allgemeinen Bedeutung des Wortes „Aggression" versteht man, dass jemand absichtlich vorhat, Schaden anzurichten. Wenn wir von Hundeverhalten sprechen, so kann der Begriff jedoch verwirrend sein. Ich habe schon gehört, wie Hundebesitzer fälschlicherweise alles Mögliche als „Aggression" bezeichnet haben – angefangen von einem Hund, der sie anspringt über Knurren beim Spiel mit einem anderen Hund bis hin zum Zwicken eines Welpen. Tatsächlich ist nichts davon ein Beispiel für aggressives Verhalten.

Was die meisten Menschen als Aggression bezeichnen, wenn sie das Verhalten eines Hundes anderen Hunden gegenüber beschreiben, würde man eher als angstbasierte Reaktivität bezeichnen. Wenn sich ein Hund auf einen anderen Hund stürzt und knurrt, so mag das den Eindruck erwecken, dass er ihn angreifen möchte. Doch hinter diesem Verhalten steckt ein Gefühl der Angst oder des Unbehagens in Gegenwart des anderen Hundes. Die Körpersprache und die Lautäußerungen sollen ausdrücken: „Hey, du Angsthase, zwing mich nicht, hierher zu kommen! Geh weiter!" Sein Ziel ist, den Abstand zwischen sich und dem anderen Hund zu vergrößern, und aus Sicht des Hundes funktioniert das auch! Wir Menschen wissen, dass ein Hund, der an uns vorbeigeführt wird, ohnehin schnell aus dem Blickfeld verschwunden wäre, aber Ihr Hund sieht das anders. Für ihn hat seine Angeberei den anderen Hund veranlasst, sich zu entfernen. Das bedeutet, dass sein Verhalten eine Verstärkung erfährt, und im Lauf der Zeit werden die Körpersprache und die Lautäußerungen Ihres Hundes vielleicht sogar noch intensiver. Das bedeutet allerdings noch nicht, dass Ihr Hund aggressiv ist.

Selbst ein Hund, der nach der Hand eines Kindes schnappt, das ihn am Kopf tätschelt, sollte nicht automatisch als aggressiv eingestuft werden. Der Hund hat schlicht auf etwas reagiert hat, das ihn erschreckt hat. Wichtig ist, dass wir keine voreiligen Schlüsse ziehen, wenn es um das Verhalten eines Hundes geht. Denn sobald wir einen Hund als „aggressiv" oder „gefährlich" einstufen, neigen wir dazu, alles, was er tut, durch diesen Filter zu sehen. Das wiederum könnte dazu führen, dass wir seine Handlungen falsch deuten und falsch einschätzen und daher auf eine Weise reagieren, die das Verhalten verschlimmert oder sogar in einer Tragödie für den Hund enden könnte.

> Ein angstreaktiver Hund braucht nicht unseren Ärger und unsere Frustration, sondern unser Mitgefühl und Verständnis.

Natürlich gibt es auch echte Aggression. Ein kleiner Prozentsatz der Hunde ist gegenüber anderen Hunden ausgesprochen aggressiv und wirklich gefährlich. In diese Kategorie fallen zum Beispiel Hunde, die sich von der Leine losgerissen haben und mit vollem Karacho auf einen Hund auf der anderen Straßenseite losgerannt sind und diesen verletzt oder getötet haben. In einem solchen Fall hatte der Angreifer sicherlich die Möglichkeit, dem anderen Hund auszuweichen oder eine Bellsalve loszulassen, um ihn zu vertreiben. Aber stattdessen hat er sich fürs Weiterrennen und Angreifen entschieden. Ein wirklich aggressiver Hund erlebt keinen inneren Konflikt. Seine einzige Absicht ist es, Gewalt auszuüben – Punkt. Glücklicherweise machen wirklich aggressive Hunde nur einen sehr kleinen Prozentsatz der Hunde aus, die gemeinhin als „hundeaggressiv" bezeichnet werden. Ich möchte wiederholen, dass die überwiegende Mehrheit lediglich eine angstbedingte Reaktivität zeigt.

Wenn Sie fürchten, dass Ihr Hund in die Kategorie der wirklich gefährlichen Hunde gehört, sollten Sie wie folgt vorgehen: Als erstes wenden Sie sich unverzüglich an einen professionellen Verhaltensspezialisten. Auch wenn dieses Buch sehr informativ ist und Ihnen dabei helfen wird, das Verhalten Ihres Hundes besser zu verstehen, sollten Sie nicht versuchen, ein Problem wie schwere Aggression alleine in den Griff bekommen zu wollen. Sofern der Spezialist sich darauf einlässt, arbeiten Sie gemeinsam die Trainingspläne durch, wie sie in diesem Buch beschrieben werden. Als zweites lesen Sie im Kapitel über Hilfsmittel nach, wie Sie Ihren Hund an einen Maulkorb gewöhnen können und beginnen Sie sofort damit. Einem wirklich aggressiven Hund sollte ein Maulkorb angelegt werden, wenn er sich in der Öffentlichkeit aufhält, um die Sicherheit anderer Hunde, Menschen sowie die eigene zu gewährleisten. Und drittens sollten Sie Ihren Hund, insbesondere dann, wenn das aggressive Verhalten plötzlich aufgetreten ist, zu einer gründlichen körperlichen Untersuchung und für ein großes Blutbild zum Tierarzt bringen. Jeder Hund – falls er krank ist, Schmerzen hat oder bei ihm ein physiologisches Ungleichgewicht vorliegt – kann sich aggressiv verhalten, auch wenn er von Natur aus nicht aggressiv ist

Im Vergleich zu echter Aggression mag angstbedingte Reaktivität nicht so schlimm erscheinen, aber im Normalfall „verwächst" sie sich auch nicht von alleine. Sofern eine angstbasierte Reaktivität unbehandelt bleibt, kann es sogar noch schwieriger werden, das Problem in den Griff zu bekommen. Die gute Nachricht für Sie ist, dass Sie bereits auf dem besten Weg sind, das Verhalten Ihres Hundes zu ändern, noch ehe es dazu kommt. Im nächsten Kapitel werden wir einige der Gründe untersuchen, warum Ihr Hund genauso auf andere Hunde reagiert, wie er es tut.

Kapitel 3
Mögliche Ursachen

Unabhängig von den Gründen, *warum* Ihr Hund auf andere Hunde reagiert, möchten Sie bestimmt nur erreichen, *dass* sich sein Verhalten ändert. Allerdings könnte die Erkenntnis über mögliche Ursachen seines Verhaltens dazu beitragen, dass Sie Ihren Hund besser verstehen, was wiederum Ihre Einstellung ihm gegenüber beeinflussen kann.

Nachfolgend nun einige mögliche Ursachen für eine Reaktivität des einen Hundes einem anderen Hund gegenüber:

Rasse und Züchtung

Die Rasse kann eine Rolle dabei spielen, wie ein Hund auf andere Hunde reagiert. Eine Studie aus dem Jahr 2008 ergab, dass „mehr als 20 % der Akitas, Jack Russell Terrier und Pit Bull Terrier schwere Aggressionen gegenüber fremden Hunden zeigten. Golden Retriever, Labrador Retriever, Berner Sennenhunde, Brittany Spaniels, Windhunde und Whippets waren sowohl gegenüber Menschen als auch gegenüber Hunden am wenigsten aggressiv."[1]

Man sollte jedoch niemals eine ganze Rasse als aggressiv einstufen, und zwar weder bezogen auf Menschen noch auf andere Hunde. Innerhalb jeder Hunderasse gibt es bestimmte Zuchtlinien, die ein breites Verhaltensspektrum sowie Variationen im Temperament der einzelnen Tiere begründen. Abgesehen davon, dass ein Hund etwa eine genetische Veranlagung für eine niedrige Frustrations- und Reaktionstoleranzschwelle hat, hat er vielleicht auch schon früh von seinen Eltern hundefeindliches Verhalten vorgelebt bekommen. Die gute Nachricht ist: Selbst wenn die Reaktivität Ihres Hundes genetisch bedingt ist, lässt sich dennoch in hohem Maße etwas daran ändern.

> Jeder Hund hat einen genetischen Bauplan, aber mit Wissen, Liebe und Geduld können wir als Architekten in Bezug auf eine Veränderung fungieren.

Mangelnde Sozialisierung

Mangelnde frühe Sozialisierung sowie unzureichende kontinuierliche Sozialisierung sind häufige Gründe dafür, dass sich Hunde in der Nähe anderer Hunde unwohl fühlen. Die meisten Besitzer wissen, wie wichtig es ist, Welpen schon früh an andere Hunde heranzuführen, aber gleichzeitig werden sie von ihrem Tierarzt davor gewarnt, ihren Welpen in die Nähe anderer Hunde zu lassen, solange die Impfungen noch nicht abgeschlossen sind. In der Regel erhält ein Welpe seine letzte Impfung im Alter von vier Monaten. Aus verhaltenstherapeutischer Sicht liegt der optimale Zeitraum für die Sozialisierung, in dem Welpen mit neuen Menschen, Hunden und Orten bekannt gemacht werden sollten, damit sie später weniger Angst vor ihnen

1 Deborah L. Duffy,Yuying Hsu, James A. Serpell, Breed differences in canine aggression, Applied Animal Behaviour Science, Volume 114, Issues 3–4, 2008, pp. 441–460

haben, bei einem Alter von vier bis zwölf Wochen. Somit ist klar, wo das Dilemma liegt.

Ich würde niemandem empfehlen, den Rat seines Tierarztes zu ignorieren. Es gibt echte Gefahren in Gestalt von Parvo, Staupe und anderen Krankheiten. Ebenfalls Fakt ist jedoch, dass viele nicht sozialisierte Hunde aufgrund von Verhaltensauffälligkeiten abgegeben oder sogar eingeschläfert werden. Gefahrlose Möglichkeiten, junge Welpen an andere Hunde zu gewöhnen, sind zum Beispiel das Mitnehmen an Orte, an denen sich andere Hunde normalerweise nicht aufhalten oder indem man sie zu einem Freund oder Nachbarn bringt, der einen welpenfreundlichen, nicht-territorialen, gesunden Hund hat.

Das Beste, was einem Welpen passieren kann, ist Zeit, die er mit einer gut sozialisierten erwachsenen Hündin verbringt. Die erwachsene Hündin erträgt das Kraulen, Maulen und die allgemeine Aufdringlichkeit des Welpen nur eine bestimmte Zeit lang und weist ihn dann in seine Schranken. Dadurch lernt der Welpe Manieren, was sehr wichtig ist. Während manche Hunde das unausstehliche Verhalten eines Jungtieres noch tolerieren mögen, so verlieren Welpen schließlich ihren „Welpenschutz“, und ein unkontrollierter Mangel an Manieren könnte später zu Problemen führen.

Obwohl viele Besitzer ihre Welpen gut sozialisieren, wird häufig weniger darauf geachtet, dass der Hund auch beim Heranwachsen gut sozialisiert wird. Selbst ein Hund, der schon früh mit vielen anderen Hunden in Kontakt kam, kann wieder weniger umgänglich werden, wenn er nicht weiterhin mit fremden Hunden in Kontakt kommt. Diese Desozialisierung kann durch eine Änderung des Lebensstils ausgelöst werden, etwa wenn die Familie in eine ländlichere Gegend umzieht, oder, was noch häufiger vorkommt, wenn weniger Zeit für die Beschäftigung des Hundes mit anderen Hunden aufgewendet wird.

Pubertät

Die Adoleszenz beginnt bei Hunden etwa im Alter von fünf bis sechs Monaten und dauert je nach Rasse und Individuum etwa achtzehn Monate bis drei Jahre. Obwohl die Adoleszenz an sich keine Ursache für Reaktivität ist, bemerken die Besitzer in dieser Entwicklungsphase häufig erste Verhaltensänderungen. Wenn ein junger Welpe einem anderen Hund begegnet und sich ängstlich oder unwohl fühlt, rennt er vielleicht weg, versteckt sich hinter seinem Besitzer oder hinter etwas anderem, das gerade zur Hand ist, oder, wenn er angeleint ist, versucht er, sich so weit wie möglich zu entfernen. Sobald der Welpe jedoch das Jugendalter erreicht hat, wird er möglicherweise zum Angriff übergehen, um den anderen Hund zum Rückzug zu bewegen. Bellen scheint zu funktionieren, denn der andere Hund zieht sich zurück. Bellen verstärkt den Effekt noch. Und damit wird wieder das Verhalten verstärkt.

In meiner langjährigen Arbeit mit Hunden habe ich die am meisten ausgeprägten Verhaltensänderungen oft im Alter von zehn Monaten und dann wieder mit eineinhalb Jahren festgestellt. Wenn Sie einen Hund im Teenageralter haben, der besorgniserregendes Verhalten zu zeigen beginnt, brauchen Sie sich keine Sorgen zu machen; Ihr Hund braucht höchstwahrscheinlich nur ein wenig sanfte Führung. Wie das geht, erklärt Ihnen dieses Buch.

Beutegreifer

Einige Hunderassen sind von Natur aus räuberischer als andere. In der freien Wildbahn ist die Verhaltensabfolge beim Jagen: Suchen – Anpirschen – Hetzen – Packen – Töten. Mit der Domestizierung wurden einige Teile dieser Kette abgeschwächt, aber nicht vollständig eliminiert. Hütehunderassen zum Beispiel pirschen sich an und hetzen, aber sie packen und töten normalerweise nicht. Die meisten Terrier hingegen führen, wenn sie die Gelegenheit dazu haben und eine glücklose Maus finden, gerne die gesamte Sequenz durch. Aber unabhängig von der Rasse ist sich jeder Hundebesitzer sicher bewusst, dass der Raubtierinstinkt in seinem Hund lebendig ist. Meine Herzenshündin Sierra hat sich dank ihres unglaublich ausgeprägten Beutetriebs den Spitznamen „Mamas Räuber" (Mommy's Little Predator) verdient. Sie liegt auf dem Absatz vor unserer Hintertür und wartet mit unendlicher Geduld darauf, dass eine Eidechse, eine Maus oder ein anderes kleines Viech auftaucht. Ich habe schon beobachtet, wie sie eine Eidechse dreißig Minuten lang still und leise beobachtet hat, ohne auch nur einen Muskel zu bewegen, um dann in Aktion zu treten, wenn die arme Eidechse sich gerade davonmachen wollte.

Nur weil ein Hund Vögel, Kaninchen oder sogar Katzen jagt, bedeutet das nicht automatisch, dass sein Beutetrieb auch durch kleinere Hunde ausgelöst wird. Wenn Hunde jedoch Elemente des Beutegreiferverhaltens gegenüber Hunden zeigen, die kleiner sind als sie selbst, wird dieses Verhalten manchmal als „Beuteaggression“ eingestuft. Meiner Meinung nach ist dies eine fehlerhafte Bezeichnung, da bei der Beutejagd keine Aggression im Spiel ist. Raubtierverhaltensmuster sind in der DNA aller Hunde verankert, auch wenn sie bei den Jagd- und Hütehunderassen stärker ausgeprägt sind. Hinzu kommt, dass einige Tiere einfach einen stärkeren Beutetrieb haben als andere. Das soll nicht heißen, dass Beuteverhalten nicht verändert oder gesteuert werden kann. Aber bei einem stark ausgeprägten Instinkt kann es zur Herausforderung werden, diesen zu bekämpfen.

Traumatisches Erlebnis

Vor Jahren hatte ich eine Deutsche Schäferhündin namens Soko. Als Welpe war Soko freundlich zu Menschen und anderen Hunden. Doch eines Tages riss sich ein großer weißer Hund im Park von der Leine los. Er rannte auf Soko zu, warf sie zu Boden und stellte sich bedrohlich über sie. Obwohl sie keinen körperlichen Schaden erlitt, ist ihr das psychologische Trauma geblieben. Von diesem Zeitpunkt an reagierte Soko auf jeden großen weißen Hund, dem sie begegnete. Es hat viel Zeit und Mühe gekostet, ihr bei der Überwindung dieses Traumas zu helfen.

Viele Hunde werden durch ähnliche Vorfälle traumatisiert, egal, ob sie tatsächlich verletzt wurden oder nicht. Das unterscheidet sich nicht so sehr von der menschlichen Psychologie. Ich habe eine Freundin, die durch ein Erlebnis mit einem Pferd traumatisiert wurde, auf dem sie reiten lernte, als sie noch jung war. Das Pferd drehte sich ständig um und versuchte, sie ins Bein zu beißen, warf sie schließlich bockend ab und trat sie fast nieder. Danach schlug die Vorliebe meiner Freundin für Pferde in Angst um. Bei einem Hund kann ein Trauma durch einen anderen Hund Angst auslösen, die zu einer angstbasierten Reaktivität führt. Diese Reaktion kann sich auf Hunde der gleichen Rasse, Farbe, Größe oder des gleichen Geschlechts wie der Angreifer beschränken oder sich auf die meisten oder alle anderen Hunde erstrecken.

Leinenfrustration

Manche Hunde, die gegenüber anderen Hunden reaktiv zu sein scheinen, verhalten sich nur an der Leine so. Dieses Verhalten wird gemeinhin als Leinenaggression oder Leinenfrustration bezeichnet. Diese Hunde sind meistens absolut in Ordnung, wenn sie unangeleint mit anderen Hunden zusammen sind und können sogar fröhlich mit ihnen spielen. Aber wehe, wenn sie angeleint sind – dann schlägt ihr Verhalten sofort in Reaktivität um.

Um Leinenfrustration zu verstehen, stellen Sie sich bitte einmal vor, welche Frustration Sie empfinden, wenn Sie im Stau feststecken. Sie wollen Ihr Ziel erreichen, und vielleicht haben Sie es sogar eilig, dorthin zu kommen. Aber die Autos vor Ihnen halten Sie zurück. Frustration an der Leine hat eine ähnliche Dynamik. Ein Hund weiß nicht, was eine Leine ist; er versteht nur, dass er mit dieser daran gehindert wird, dorthin zu gelangen, wohin er möchte, nämlich zu einem anderen Hund. Bei manchen Hunden geht die Erregung so weit, dass sie sogar eine umgeleitete Aggression an den Tag legen, sich umdrehen und in die Hand beißen, die die Leine hält.

Viele Hunde mit Leinenfrustration haben eine geringe Frustrationstoleranz, vor allem, wenn ihnen nie beigebracht wurde, dass sie ihren Willen nicht immer durchsetzen können. Sie können bei Menschen und anderen Hunden körperlich aufdringlich sein, haben Schwierigkeiten bei Impulskontrollübungen wie dem Sitzenbleiben und Warten, bis sie zum Fressen losgelassen werden und werden unruhig, wenn sie keine Aufmerksamkeit erhalten, wenn sie diese gerade wollen. Wenn ein leicht frustrierter Hund am Ende der Leine daran gehindert wird, dorthin zu gelangen, wo er hinmöchte, kann dies also zu reaktivem Verhalten führen.

Frustration an der Leine kann auch auftreten, wenn ein Hund Angst vor anderen Hunden hat, aber nicht fliehen kann. Bei einer Bedrohung wird der Kampf- oder Fluchtinstinkt des Hundes aktiviert. wenn nun eine Leine seine Freiheit einschränkt, ist ein Fliehen nicht möglich. Der Hund ist der Gnade seines Besitzers ausgeliefert, der über seine Nähe zu anderen Hunden bestimmt. Wenn der Abstand für ihn zu gering ist und er nicht gelernt hat, auf andere Weise zu reagieren, kommt es wahrscheinlich zu einer heftigen Reaktion.

> Viele Besitzer verwechseln Leinenfrustration mit dem Schutzverhalten ihres Hundes. Es stimmt zwar, dass einige Hunde ihre Besitzer wirklich beschützen, aber es gibt auch viele, die sich mit anderen Hunden nicht wohlfühlen und nur versuchen, sich selbst zu schützen.

Das Angebelltwerden durch einen anderen Hund, während Ihr Hund an einer kurzen Leine geführt wird, kann für ihn frustrierend sein. Seine Körpersprache gegenüber anderen Hunden kann bedrohlicher ausfallen als sein Verhalten dann, wenn er sich frei bewegen kann. Dieser erhöhte Aggressionsausdruck kann dazu führen, dass ein anderer Hund in gleicher Weise reagiert, was wiederum dazu führen kann, dass Ihr Hund noch erregter und reaktiver wird. Dieser unglückliche Zwiespalt kann die Reaktivität Ihres Hundes mit der Zeit verstärken.

Körperliche oder medizinische Probleme

Vor Jahren kannte ich eine Dalmatinerhündin namens Jesse, die sehr gut mit anderen Hunden spielte. Eines Tages steckte Jesse bei einer Wanderung ihre Nase in ein Loch im Boden. Leider befand sich in diesem Loch eine Schwarze Witwe (Spinnenart), die den armen Hund ins Auge biss. Am Ende verlor Jesse dieses Auge. Danach wurde sie aggressiv gegenüber anderen Hunden, die sich ihr beim Spielen und sogar beim Spazierengehen von der blinden Seite näherten, weil sie sie nicht kommen sehen konnte. Dies ist zwar ein dramatisches Beispiel, aber es verdeutlicht, dass ein Hund, der sich in irgendeiner Weise körperlich verletzlich fühlt, reaktiv werden kann.

Ein Hund, der teilweise oder ganz taub ist, kann durch die Anwesenheit eines anderen Hundes aufgeschreckt werden. Ein Hund, der unter Arthrose oder sonstigen Schmerzen leidet, möchte wahrscheinlich nicht angesprungen oder beim Spielen mit der Hüfte gestoßen werden, und er möchte vielleicht nicht einmal angesprochen werden. Jeder der oben genannten Zustände kann zusammen mit Rückenschmerzen, Schilddrüsenstörungen und einer Vielzahl anderer physiologischer Probleme dazu führen, dass ein Hund anderen gegenüber abwehrend reagiert. Wenn die Reaktivität Ihres Hundes von der Norm abweicht und plötzlich aufgetreten ist, ist eine gründliche tierärztliche Untersuchung angebracht. Ein Verhaltenstraining wird das Problem nicht lösen, falls die Ursache körperlich oder medizinisch bedingt ist.

Ein Wort zur Kastration

Wenn Sie einen unkastrierten Rüden haben, fragen Sie sich vielleicht, ob die Ursache für seine Reaktivität gegenüber anderen Hunden in der Tatsache begründet liegen mag, dass er nicht kastriert ist. In den vergangenen dreißig Jahren, in denen ich auf dem Gebiet der Verhaltensforschung arbeite, habe ich Argumente für und wider gehört. Und ich habe erlebt, wie sich die Wissenschaft weiterentwickelt hat. Wenn vor Jahren ein unkastrierter Rüde irgendeine Art von Aggression zeigte, sei es gegenüber anderen Hunden oder Menschen, riet man dem Besitzer reflexartig, den Hund kastrieren zu lassen. Man glaubte, dass Testosteron mit Aggression gleichzusetzen sei und dass die Senkung des Testosteronspiegels das Problem lösen würde. Doch die Realität ist nicht so eindeutig.

Es stimmt, dass einige Hunde sich an einem unkastrierten Rüden stören werden. Wenn Sie schon einmal in einer Spielgruppe mit männlichen Hunden waren und ein unkastrierter Rüde dazu kam, haben Sie zweifellos das große Interesse und die Spannung gesehen, die das hervorruft. In vielen Fällen besteht das Problem nicht darin, dass der unkastrierte Rüde dazu neigt, Kämpfe anzufangen, sondern dass die anderen Hunde seinen männlichen Geruch wahrnehmen und auf ihn reagieren. Wenn sich dies oft genug wiederholt, kann der zuvor freundliche und unkastrierte Hund leider selbst reaktiv werden.

Aber was sagt nun eigentlich die Forschung dazu? Verringert die Kastration eines Rüden tatsächlich die Aggression gegenüber anderen Hunden? Ich habe keine einzige Studie finden können, die diese Annahme stützt. Einige Studien legen hingegen nahe, dass die Kastration die Aggression eines Hundes gegenüber anderen Hunden nicht nur nicht verringert, sondern möglicherweise sogar verstärkt.[2,3]

Ich bin keine Tierärztin und möchte Sie auch keineswegs davon abhalten, Ihren Hund kastrieren zu lassen. Da ich seit vielen Jahren im Tierschutz und in Tierheimen tätig bin, weiß ich nur zu gut, dass die Überbevölkerung mit Haustieren und die willkürliche Vermehrung von Hunden ein sehr reales Problem darstellen. Wenn Sie jedoch eine Kastration in Erwägung zie-

2 Parvene Farhoody, Indika Mallawaarachchi, Patrick M. Tarwater, James A. Serpell, Deborah L. Duffy, Chris Zink, Aggression toward Familiar People, Strangers, and Conspecifics in Gonadectomized and Intact Dogs, Frontiers in Veterinary Science 2018; 5: 18. Veröffentlicht online 2018 Feb 26

3 Paul D. McGreevy, Bethany Wilson, Melissa J. Starling, James A. Serpell, Behavioural risks in male dogs with minimal lifetime exposure to gonadal hormones may complicate population-control benefits of desexing, PLOS ONE, 2018

hen, um die reaktiven Tendenzen Ihres Hundes zu verringern, würde ich vorschlagen, dass Sie sich vorab sorgfältig über die Auswirkungen der Kastration auf das Verhalten sowie über die Auswirkungen bei bestimmten Rassen und in den einzelnen Entwicklungsstadien informieren.

Auch wenn Ihr Ziel darin besteht, mit Ihrem Hund spazieren gehen zu können, ohne dass er beim Anblick eines anderen Hundes in einem Anfall von Reaktivität explodiert, haben Sie jetzt hoffentlich ein besseres Verständnis dafür, warum er sich so verhält, wie er es tut. Als Nächstes werden wir uns daran machen, sein reaktives Verhalten zu ändern. Der erste Schritt besteht darin zu lernen, die Körpersprache Ihres Hundes genau zu lesen – und das ist faszinierend!

Kapitel 4
Körpersprache

Bei all den Werkzeugen und Hilfsmitteln, die es auf dem Markt zur Eindämmung von Problemverhalten bei Hunden auch geben mag – die besten Mittel, die Sie zur Verfügung haben, sind tatsächlich Ihre Augen, und das beste Werkzeug ist Ihre Aufmerksamkeit. Reaktivität beginnt oft mit sehr subtilen Signalen. Wenn Sie die kleinsten Veränderungen in der Körpersprache Ihres Hundes erkennen können, sobald dieser beginnt, nervös, angespannt oder verärgert zu sein, dann können Sie schon eingreifen, bevor sein Erregungsniveau eskaliert. Sofern Sie die Körpersprache Ihres Hundes genau lesen können, wissen Sie auch, wenn Sie im Training zu rasch vorgehen, sodass Sie bei Bedarf Änderungen im Plan vornehmen können.

Wie jede andere Sprache muss auch die Körpersprache des Hundes schrittweise erlernt werden, wenn man sie fließend beherrschen möchte. Ähnlich wie beim Erlernen einzelner Wörter müssen Sie zunächst die Bedeutung der Position und Bewegung der einzelnen Körperteile Ihres Hundes erlernen. Die Rute zum Beispiel kann viel über den emotionalen Zustand eines Hundes aussagen. So wie Wörter zu Sätzen zusammengesetzt werden, müssen die Signale der einzelnen Körperteile in Kombination interpretiert werden, um ein vollständiges Bild des inneren Zustands des Hundes zu erhalten. Wenn Sie lernen, die Körpersprache Ihres Hundes zu lesen, ist das eine sinnvolle Aufgabe, die Ihnen die Tür zu einem besseren Verständnis und einer besseren Kommunikation öffnet. Sobald Sie die Körpersprache beherrschen, können Sie die Emotionen Ihres Hundes auch dann lesen, wenn sie sich schnell ändern.

Die Körpersprache eines Hundes kann sich zwar je nach Rasse oder Körperbau leicht von der eines anderen unterscheiden, aber bestimmte Signale sind den meisten Hunden gemein. Im Folgenden wird erläutert, was die einzelnen Körpersignale bedeuten können. Diese müssen unbedingt als Teil des Ganzen und im Kontext der jeweiligen Situation bewertet werden.

Ohren

Der erste Schritt, damit Sie verstehen, was die Ohrenstellung Ihres Hundes bedeuten kann, besteht darin, darauf zu achten, wie sie aussehen, wenn Ihr Hund entspannt ist. Wenn Ihr Hund Stehohren hat, d.h. Ohren, die nach oben stehen, sollten Sie eine Veränderung des Winkels oder der Position leicht feststellen können. Beispiele für Rassen mit Stehohren sind Deutsche Schäferhunde, Border Collies und Chihuahuas. Wenn Ihr Hund Schlappohren hat, können Sie Veränderungen in der Position immer noch beobachten, auch wenn sie vielleicht nicht so offensichtlich sind. Bei Hunden mit Schlappohren ist es hilfreich, wenn man insbesondere auf den Ohransatz achtet. Zu den Schlappohr-Rassen gehören unter anderem Golden Retriever, Beagle und Cocker Spaniel.

Wenn die Ohren Ihres Hundes entspannt sind, sind sie nicht nach vorne oder hinten geneigt, sondern befinden sich in einer neutralen Position. Ist ein Hund besorgt oder ängstlich oder zeigt Unterwürfigkeit, können sich seine Ohren teilweise nach hinten neigen oder ganz ablegen, sodass sie flach an den Schädel angelegt sind. Wenn meine Deutsche Schäferhündin Soko besorgt war, kippte ein Ohr immer leicht nach hinten. Durch Beobachtung lernte ich mit der Zeit, dass dieses subtile Signal bedeutete, dass sie wegen etwas in ihrer Umgebung nervös wurde. (Sollten Sie übrigens annehmen, dass der Name „Soko“, wie der bereits erwähnte Akita-Name „Kuma“, in einer anderen Sprache etwas Großartiges bedeutet, möchte ich Sie von diesem Gedanken abbringen. Mein Lieblingsgetränk war vor vielen Jahren Southern Comfort mit Cola, und damals dachte ich, dass es clever sei, das in dem Namen Soko zu kombinieren. Ha! Aber ich schweife ab.) Ein Hund, der Selbstvertrauen zeigt, kann seine Ohren leicht nach vorne neigen. Bei

Mein Bodhi mit entspannten Stehohren.

Ein Beagle mit entspannten Schlappohren.

einem Hund, der Aggression zeigt, sind die Ohren stärker nach vorne geneigt, und das ist oft Teil eines Erscheinungsbildes, bei dem alles am Hund nach vorne gerichtet ist. Achten Sie auf die Stellung der Ohren Ihres Hundes, wenn er anderen Hunden und Menschen begegnet und wenn er auf etwas stößt, das ihm Angst macht oder ihn zu einer Reaktion veranlasst.

Rute

Wie bei den Ohren sollten Sie zunächst die normale, entspannte Position der Rute Ihres Hundes wahrnehmen. Bei einigen Rassen, wie z. B. Basset Hounds und Beagles, ist die Rute hoch angesetzt und leicht gebogen. Einige spitzartige Rassen wie Alaskan Malamutes und Pomeranians haben eine hoch angesetzte Rute, die sich über den Rücken wölbt. Viele Windhunde wie etwa Greyhounds oder Whippets haben eine tief angesetzte Rute, die normalerweise niedrig gehalten wird; bei einigen ist eine eingeknickte Rute die Norm. Bei vielen Retrievern befindet sich die Rute auf gleicher Höhe mit der Oberlinie des Rückens. Wenn Sie sich mit der normalen Rutenhaltung Ihres Hundes vertraut machen, können Sie erkennen, wann die Rute höher oder tiefer als gewöhnlich gehalten wird, was auf eine Veränderung der Emotionslage hindeuten kann.

Neben der Position gibt auch die Bewegung der Rute eines Hundes Aufschluss darüber, wie er sich gerade fühlt. Es ist ein weit verbreiteter Irrglaube, dass ein wedelnder Schwanz immer ein Zeichen für einen glücklichen Hund ist. Die Wahrheit ist, dass es auf die Art des Schwanzwedelns ankommt. Wenn ein Golden Retriever glücklich ist – und das ist in 99,9 Prozent der Fälle der Fall – wird die Rute parallel zum Boden gehalten und wedelt in einem weiten Bogen. Dieses lockere, fröhliche Wedeln ist ein wunderbarer Anblick, denn es zeugt von Entspannung und Freude, ob bei Golden Retrievern oder anderen Rassen. Eine tief gehaltene Rute, die schnell in einem engen Bogen wedelt, kann dagegen einfach nur Aufregung anzeigen.

Beachten Sie den Unterschied in der Rutenhaltung dieser beiden Hunde, die sich gerade begegnen.

Sie können diese Art des Wedelns beobachten, wenn Ihr Hund Sie begrüßt, wenn Sie nach Hause kommen. Es kann auch vorkommen, dass ein Hund aufgeregt ist, wenn er einen anderen Hund begrüßt, obwohl dieses schnelle, niedrige Schwanzwedeln auch ein Zeichen von Nervosität oder Unterwürfigkeit sein kann: Schön, dich kennenzulernen! Ich habe Respekt vor deiner offensichtlichen Größe! Wenn ein Hund sehr ängstlich oder unterwürfig ist, kann seine Rute ganz unter den Bauch gezogen sein.

In manchen Fällen kann ein Hund seine Rute höher als gewöhnlich halten und in einem engen Bogen steif mit ihr wedeln. Der Rest des Körpers ist in der Regel angespannt und unbeweglich. Viele Hunde zeigen diese Art von Schwanzhaltung und Starre, wenn sie einem anderen Hund begegnen. Sie strahlt Selbstbewusstsein aus und ist häufig bei Hunden zu beobachten, die anderen Hunden gegenüber im Allgemeinen dominant sind. Die wichtigsten Duftdrüsen des Hundes befinden sich im Anogenitalbereich. Wenn man die Rute hochhält und mit ihr wedelt, wird der Duft verbreitet, als ob der Hund sagen würde: „Ich bin hier! Erkennt mich, erkennt meinen Duft!“ Ein Hund mit eingeklappter Rute hingegen verdeckt seine Duftdrüsen, als wolle er sagen: „Hier gibt es nichts zu sehen. Geh bitte weiter!“

Eine hohe, steif wedelnde Rute kann auch auf eine gewisse spielerische Überheblichkeit hindeuten. Bei mir zu Hause hing die „Angeberrute“, wie wir sie nannten, gewöhnlich an Mojo, meinem geliebten Schäferhund-Rottweiler-Malamute-Mix. Mojos Angeberrute stand immer dann auf voller Kraft, wenn er Soko gegenüber frech wurde, zum Beispiel, wenn er sich zwischen sie und ihren Lieblingsliegeplatz stellte. Mit unbeweglichem Körper, hoch erhobener Rute und steifem Schwanzwedeln konnte man fast hören, wie sein innerer Clint Eastwood sagte: „Na, kein so guter Tag für dich heute, Punk? Oder?“

Die am weitesten verbreitete Angsthaltung von Hunden zeichnet sich durch eine Kombination von Ohren- und Schwanzhaltung aus, wobei die Ohren abgeflacht und der Schwanz eingezogen sind. Der Grad der Positionsveränderung steht in direktem Zusammenhang mit dem Grad der Angst, die ein Hund empfindet. Ein Hund, der eine potenzielle Bedrohung wahrnimmt, kann ein Ohr nach hinten klappen und die Rute leicht senken oder beide Ohren ein wenig senken, während die Rute tief hängt und heftig wedelt.

Manchmal steht die Haltung der Ohren und der Rute im Widerspruch zu dem, was der Rest des Körpers zu sagen scheint. Wenn ein Hund zum Beispiel in der Nähe eines anderen Hundes nervös ist, könnte er die Ohren zurücklegen und die Rute niedrig halten, auch wenn er bellt und sich auf den anderen Hund stürzt und dann zurückspringt. Dieses Verhalten mag verwirrend erscheinen, da die Ohren- und Schwanzhaltung im Gegensatz zu dem eher selbstbewusst wirkenden Bellen und Vorstürzen steht. Es handelt sich um einen Hund, der in einem Konflikt steckt, und die Körpersprache ist eine klassische Angstreaktion. Obwohl der Hund Angst hat, versucht er durch Bellen, Vorstürzen oder Fletschen der Zähne, den anderen Hund zu warnen, sich zurückzuziehen. Vielleicht haben Sie diese Art von Körpersprache schon einmal gesehen, wenn Ihr Hund beim Spaziergang an anderen Hunden vorbeigeht.

Augen

Die Augen eines entspannten, selbstbewussten Hundes sind weit geöffnet, aber nicht übermäßig. Wenn ein Hund jedoch unruhig oder ängstlich ist, können seine Augen kleiner und schmaler erscheinen, als würde er schielen. Bei extremer Angst können die Augen auch sehr weit geöffnet sein, sodass ein Großteil des Augenweißes zu sehen ist. Das Weiß ist deutlich zu sehen, wenn der Hund den Kopf leicht von der Sache, die ihm Angst macht, abgewandt hat, diese aber im Auge behalten möchte. Dies wird manchmal als „Whale eye" (wörtl. „Walfischblick") bezeichnet. Wenn ein Hund Angst hat oder anderweitig emotional erregt ist, weiten sich auch die Pupillen. Bei einem Hund mit hellen Augen ist die Pupillengröße viel leichter zu erkennen als bei einem Hund mit dunklen Augen.

Der Ausdruck in den Augen eines Hundes kann „weich" oder „hart" erscheinen. Ein Beispiel für ein weiches Auge ist die Art und Weise, wie Ihr Hund Sie anschaut, wenn Sie ihn liebevoll streicheln. Ein harter Blick ist eher ein laserfokussierter Blick, der von einem unbeweglichen, steifen Körper und einem gesenkten Kopf begleitet sein kann. Ich komme aus New York und kann mit gutem Gewissen behaupten, dass nichts Gutes jemals mit einem harten Blick begonnen hat, weder zwischen Hunden noch in der New Yorker U-Bahn! Wenn Sie schon einmal von einem Hund angestarrt wurden, sind Sie vielleicht wie erstarrt und haben sogar gespürt, wie sich Ihre Nackenhaare sträuben. Wir und unsere Hunde erkennen intuitiv die Bedrohung, die in einem harten Blick steckt.

Oft hat es den Anschein, dass ein Hund einen Kampf begonnen hat, während er in Wirklichkeit nur auf das harte Starren des wahren Anstifters re-

Dieser Hund zeigt einen harten Blick. Möglicherweise bewacht er etwas.

Die Pupillen dieses ängstlichen Hundes sind stark vergrößert.

agiert hat; seine Handlungen waren nur offensichtlicher. Hier ist ein perfektes Beispiel: Eines Tages waren meine Hündin Sierra und ich in einem Park bei uns spazieren. Als wir einen schmalen Feldweg hinaufstiegen, begegneten wir einer Frau, die mit ihrem Neapolitanischen Mastiff unterwegs war. Als sie uns kommen sah, wich sie neben den Weg aus und ließ ihn sich hinsetzen. Alles war in Ordnung, bis Sierra im Vorbeigehen an den beiden ihren Kopf drehte und dem Hund ihren patentierten „Blick des Todes" zuwarf, wie ich ihn nenne.

Der Mastiff, der die Körpersprache von Hunden sehr gut versteht, verstand die Botschaft sofort und reagierte, indem er sich auf uns stürzte und seine arme Besitzerin hinter sich herzog. Innerhalb von Sekunden hatte der riesige Hund uns erreicht. Ich stellte mich vor Sierra, bevor der Hund sie erreichen konnte, und drängte ihn zurück. Glücklicherweise wurde niemand verletzt. Die Frau zog ihren Hund weg und eilte ohne ein Wort davon. Ich konnte sehen, dass es ihr peinlich war. Immerhin hatte ihr Hund versucht, die arme Sierra ohne Grund anzugreifen, oder? Falsch! In Wirklichkeit war es Sierra, die mit diesem harten Blick angefangen hatte. Dieser Vorfall ereignete sich übrigens, als ich Sierra gerade frisch zu mir genommen hatte. Der Blick des Todes gehört heute nicht mehr zu ihrem Repertoire.

Achten Sie also bei Ihrem Hund genau auf den starren Blick. Wenn Sie feststellen, dass Ihr Hund andere Hunde, die Sie beim Spaziergang passieren, mit strengem Blick ansieht, so ist ein Aufmerksamkeitstraining sehr hilfreich. Dazu kommen wir gleich noch. Übrigens: Wenn Sie zu Hause zwei Hunde haben, die sich streiten, können Sie durch aufmerksames Beobachten feststellen, wer die Scharmützel durch ein Starren tatsächlich anstiftet. So können Sie auch sofort eingreifen, indem Sie die Aufmerksamkeit des Anstifters erregen und ihn auffordern, zu Ihnen zu kommen oder auf seinen Platz zu gehen, um einen Kampf zu vermeiden. (Mehr dazu, wenn Ihre eigenen Hunde streiten, finden Sie in meinem Buch „Vertragt Euch!".)

Maul

Während es schwierig sein kann, zu erkennen, was die Augen eines Hundes von einem Moment auf den anderen aussagen, ist oft viel einfacher zu erkennen, was der andere Teil des Hundegesichts – das Maul – tut. Bei vielen Hunden ist das Maul in der Regel teilweise geöffnet, sodass es einem entspannten Grinsen ähnelt, wobei manchmal die Zunge heraushängt. (Womit wir wieder beim Golden Retriever wären.) Aber wenn der Hund etwas sieht, das zum Beispiel einen anderen Hund betrifft, kann sich das Maul kurzzeitig schließen, während sein Gesicht und sein Körper vor Spannung erstarren. In diesem Moment überlegt der Hund, wie er reagieren soll. Liegt eine Bedrohung vor? Soll ich mich auf ihn stürzen oder mich zurückziehen? Das Erstarren kann nur wenige Sekunden oder länger dauern. Danach kann der Hund einen Ausfall machen, sich zurückziehen oder einfach seiner Wege gehen, nachdem er festgestellt hat, dass es keinen Grund zur Sorge gibt. Ein „Einfrieren" kommt auch beim Spielen vor und sollte in diesem Zusammenhang nicht als problematisch angesehen werden, solange alles andere in Ordnung ist.

Manche Hunde neigen, wenn sie besorgt sind, dazu, ihre Lefzen auf einer oder beiden Seiten aufzublähen. Wenn der Hund sich wieder ruhig und sicher fühlt, entspannen sich die Gesichtsmuskeln und das wunderbare Grinsen kehrt zurück.

Wenn ein Hund Angst hat, können die Lefzenwinkel, die so genannten Kommissuren, waagerecht eingezogen werden, während das Maul geschlossen bleibt. Ich erinnere mich, dass ich ein virales Video gesehen habe, in dem ein „lächelnder Hund" diese Art von Körpersprache zeigte. Die Kommentare sagten unweigerlich sowas wie „Guck mal, ist das nicht lustig!“. Aber in Wirklichkeit lächelte der Hund keineswegs, wie der Ausdruck des Mundes, die zusammengekniffenen Augen und ein leichtes Zusammenzucken zeigen. Jeder, der sich mit der Körpersprache von Hunden auskennt, kann sehen, dass der arme Hund Angst ausstrahlt. Daran war gar nichts zum Lachen.

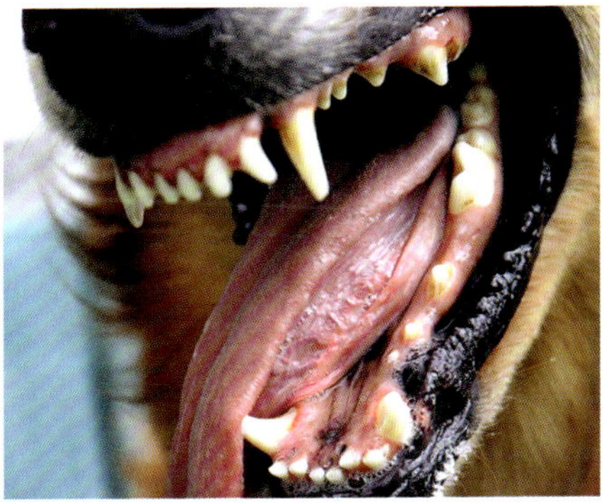

Unterwürfiges Grinsen

Nach vorne gerichtete, C-förmige Kommissuren

Wenn die Kommissuren horizontal zurückgezogen sind und das Maul teilweise geöffnet ist, sodass man die Zähne bis zu den Backenzähnen sehen kann, spricht man von einem unterwürfigen Grinsen. Ein unterwürfiges Grinsen ist, wie der Name schon sagt, ein Zeichen der Unterwürfigkeit. Es kann auftreten, wenn sich ein Hund bei der Begegnung mit einem anderen Hund oder Menschen unsicher fühlt. Oft wird das unterwürfige Grinsen von abgeflachten Ohren, einer tief wedelnden Rute, einem gesenkten Kopf und sanften Augen begleitet. Das gesamte Verhalten des Hundes vermittelt Ehrerbietung und zeigt, dass er keine Bedrohung darstellt.

Am anderen Ende des Spektrums, bei einem drohenden Fletschen, sind die Lippen vertikal eingezogen, um die langen, spitzen Eckzähne zu zeigen. Die Kommissuren werden nach vorne geschoben, um eine C-Form zu bilden, und der Nasenrücken kann faltig sein. Wenn Sie jemals einen Dokumentarfilm über Wölfe gesehen haben, sind Sie zweifellos Zeuge des drohendenden Zähnefletschens geworden. Diese Drohgebärde wird oft von einem Knurren und einem starren Blick begleitet. Die Zunge kann rein- und rausschnellen. Das drohende Fletschen signalisiert: Guck meine Schneidezähne! Mach weiter so und du wirst sie aus der Nähe sehen! Die Position der Kommissuren ist wichtig, um den emotionalen Gesamtzustand Ihres Hundes zu erkennen.

Ein letztes nützliches Signal der Mimik mit dem Maul ist eine Geste, bei der sich einseitig nur eine Ecke der Oberlippe des Hundes leicht anhebt und auf und ab zucken kann, und die ich das „Elvis-Lippenanheben" nenne. Wenn diese kleine Bewegung nicht beachtet wird, kann sie von einem Knurren und einem drohenden Fletschen gefolgt werden.

Knurren ist das Frühwarnsystem des Hundes. Hunde knurren, wenn ihnen etwas unangenehm ist oder um andere zu warnen. Bestrafen Sie Ihren Hund niemals für das Knurren! Hunde, die fürs Knurren bestraft wurden, beißen oft ohne Vorwarnung zu. Entschärfen Sie stattdessen die Situation in aller Ruhe, überlegen Sie, warum das Knurren aufgetreten ist und unternehmen Sie Schritte, um das zugrunde liegende Problem zu beheben.

Schwerpunktverlagerung

Wenn ein Hund ruhig steht, ist sein Gewicht gleichmäßig auf die Vorder- und Hinterbeine verteilt. Das Ausmaß, in dem sich die Haltung ändert, kann uns viel über die Stimmung des Hundes verraten. Wenn ein Hund Angst hat, verlagert er sein Körpergewicht nach hinten, weg von der Sache, die ihn ängstigt. In einer Situation, die extreme Angst auslöst, kann sich der Körper in eine zusammengekauerte Haltung begeben oder sogar ganz abflachen. Es sieht so aus, als ob der „Pfannkuchenhund" möchte, dass der Boden ihn verschluckt. Zusammen mit dem abgeflachten Körper können die Ohren flach am Kopf anliegen und die Rute kann eingeklappt sein.

Das Gegenteil ist der Fall bei einem Hund, der sich selbstbewusst oder übermütig fühlt oder Dominanz oder Aggression zeigt. Dieser Hund ist groß und hat das Sagen! Bei der Begegnung mit einem anderen Hund wird das Körpergewicht stärker auf die Vorderbeine verteilt und der Hund lehnt sich nach vorne. Er kann seine Brust aufblähen, um noch größer zu wirken und sich sogar auf die Zehenspitzen stellen. Die Ohren sind nach vorne gerichtet und die Rute wedelt steif in einem hohen Bogen. Auch der Körper ist steif. Dies ist nicht zu verwechseln mit einer unterwürfigen Haltung. Allerdings sollte nicht allein aufgrund der Verteilung des Körpergewichts von antagonistischen Absichten ausgegangen werden, wenn die begleitende bedrohliche Körpersprache nicht vorhanden ist. Ein Hund kann sich auch einfach deshalb nach vorne lehnen, weil er aufmerksam ist. Selbst wenn

Beachten Sie die Schwerpunktverlagerung der beiden Hunde.

sich zwei Hunde beim Zusammentreffen nach vorne lehnen und Dominanz zeigen, können die beiden nach einem kurzen Moment und ein paar prüfenden Schnüffeleinheiten zum Spiel übergehen.

Piloerektion

Die Piloerektion, bei der sich die Nackenhaare des Hundes aufrichten und die Haare zu Berge stehen, ist das Ergebnis einer unwillkürlichen Kontraktion der kleinen Muskeln an der Basis der Haarfollikel. Es handelt sich dabei um eine reflexartige Reaktion des sympathischen Nervensystems. Mit anderen Worten: Die Piloerektion unterliegt ebenso wenig der bewussten Kontrolle des Hundes wie die Gänsehaut beim Menschen. Die Piloerektion ist normalerweise das Ergebnis von Aufregung, Angst oder Erregung. Leider wird sie häufig als sicheres Anzeichen von Aggression missverstanden. Es ist zwar richtig, dass die Piloerektion mit aggressivem Verhalten einhergehen kann, sie sollte jedoch nie als alleiniger Indikator verstanden werden, da sie manchmal sogar beim gemeinsamen Spiel von Hunden beobachtet werden kann.

Die Piloerektion ist bei Mojo gut zu sehen.

Zum Glück für den verängstigten Hund, dem die Haare zu Berge stehen, lässt ihn die Piloerektion größer, höher und einschüchternder auf andere Hunde wirken. Bei einer Konfrontation könnte diese Erscheinung einen anderen Hund zum Zögern veranlassen, sodass der ängstliche Hund Zeit hat, zu fliehen oder die Möglichkeit, einen Konflikt zu vermeiden, da der andere Hund sich zurückzieht. Wenn Sie bei der Begegnung Ihres Hundes mit einem anderen Hund eine Piloerektion bemerken, sollten Sie diese in Kombination mit der übrigen Körpersprache Ihres Hundes bewerten.

Kampf- oder Fluchtreaktion

Die unwillkürliche, instinktive Reaktion, angesichts einer wahrgenommenen Gefahr zu kämpfen oder zu fliehen, wird als Kampf- oder Fluchtreaktion bezeichnet. Wenn diese lebenserhaltende Reaktion über das sympathische Nervensystem [Anm. d. Übers.: durch die Amygdala] ausgelöst wird, treten innerhalb eines Augenblicks physiologische Veränderungen auf. Abfolgen von Nervenzellen feuern und Adrenalin und andere Stresshormone werden in den Blutkreislauf abgegeben. Herzschlag und Atmung beschleunigen sich und die Verdauung verlangsamt sich, sodass das Blut aus dem Magen in die Gliedmaßen umgeleitet werden kann. Diese inneren Veränderungen sollen den Hund vor Schaden bewahren, indem der Körper auf Kampf oder Flucht vorbereitet wird.

Wenn nun eine ernsthafte Bedrohung auftaucht und ein Hund die Möglichkeit zu fliehen hat, wird ein ausgeglichener Hund normalerweise die Flucht wählen. Wenn er angeleint ist, könnte ein Hund, der fliehen möchte, stattdessen kauern, versuchen, sich hinter seinem Besitzer zu verstecken oder sich anstrengen, um so weit wie möglich von der Bedrohung wegzukommen. Wenn keine Flucht möglich ist, kann eine Bedrohung aus der Nähe zu einem Kampf führen. Jeder noch so sanftmütige Hund kann beißen, wenn er keine andere Möglichkeit hat, als sich zu verteidigen.

Neben dem Kampf oder der Flucht (Fight or Flight) gibt es zwei weitere Reaktionen, die Hunde zeigen können, wenn sie mit einer Gefahr konfrontiert werden. Die erste besteht darin, einfach an Ort und Stelle stehen zu bleiben [Anm. d. Übers.: in der Psychologie als „Freeze"-Reaktion bekannt]. Wie bereits erwähnt, gibt das Stehenbleiben dem Hund einen Moment Zeit, die Situation einzuschätzen und seine Optionen zu überdenken. Die zweite Möglichkeit ist das Zappeln oder Herumalbern (engl. „Flirt" oder „Fiddle“). Ein Hund, der diese Art von Verhalten zeigt, schnüffelt am Boden oder führt andere hündische Äquivalente des menschlichen Zappelns aus, oder er hüpft oder wackelt herum und verhält sich so, wie wir es für albern halten würden. Auch wenn diese Verhaltensweisen sinnlos erscheinen mögen, haben Zappeln und Herumalbern einen bestimmten Zweck: eine bedrohliche Situation zu entschärfen.

Stopp-Signale

Stellen Sie sich eine Gruppe von Jungen vor, die sich prügeln, bis ein Kind, das sich überfordert fühlt, ruft: „Auszeit!“ Abbruchsignale sind das hündische Äquivalent zum Ruf nach einer Auszeit. Sie sollen verhindern, dass eine Situation zu einem Konflikt eskaliert. Unterbrechungssignale sind in der Welt des Hundeverhaltens auch als Beruhigungssignale bekannt und könnten auch als Stresssignale bezeichnet werden.

Hunde setzen diese Signale ein, um zu zeigen, dass sie keine Bedrohung darstellen oder um Unbehagen zu signalisieren. Diese Signale werden häufig in sozialen Situationen mit anderen Hunden und Menschen eingesetzt, wobei Hunde oft besser als Menschen erkennen können, was ein Hund zu vermitteln versucht. Wölfe verwenden Abgrenzungssignale recht effizient gegenüber anderen Wölfen. Wolfsethologen – Wissenschaftler, die das Verhalten von Wölfen in ihrer natürlichen Umgebung studieren – haben herausgefunden, dass diese äußerst effizienten sozialen Signale ein Hauptgrund dafür sind, dass Meinungsverschiedenheiten zwischen Wölfen nur selten zu einer ausgewachsenen Aggression eskalieren.

Im Folgenden finden Sie Beschreibungen einiger gängiger Unterbrechungs-, Beschwichtigungs- oder Stresssignale. Wenn Sie erst einmal damit begonnen haben, auf diese Signale zu achten, werden Sie wahrscheinlich feststellen, dass Ihr Hund zumindest eines oder zwei davon in bestimmten Situationen regelmäßig zeigt:

Gähnen

Gähnen ist ein natürliches Verhalten von Hunden. Genau wie bei Menschen ist das Gähnen oft ein einfaches Zeichen für Müdigkeit. Hunde können aber auch gähnen, wenn sie besorgt oder ängstlich sind, um Unterwerfung zu signalisieren oder um zu zeigen, dass sie keine Bedrohung darstellen. Das Gähnen kann sich wiederholen und allein oder in Kombination mit anderen Signalen von Stress auftreten.

Ich beobachtete einmal einen Gruppenunterricht beim Gehorsamkeitstraining, in dem ein Mann seinen großen, schönen Deutschen Schäferhund trainierte. Jedes Mal, wenn der Hund etwas tat, was dem Mann nicht gefiel, ruckte er grob an der Leine, wodurch sich die Würgekette straffte. Jedes Mal, wenn der Hund auf diese Weise korrigiert wurde, gähnte er und schaute weg. Der arme Hund versuchte, seinem Besitzer zu sagen, er solle sich bitte beruhigen! Leider hat der Besitzer das nicht verstanden. Sein einziger Kommentar war ein angewidertes: „Sieh mal, sie langweilt sich beim Training." Wie traurig. Wenn Sie darauf achten, was in der Umgebung vor sich geht, wenn Ihr Hund gähnt, können Sie herausfinden, ob er sich vor etwas fürchtet oder sich unwohl fühlt.

Lippenlecken

Ein Hund, der die Lefzen eines anderen Hundes leckt, demonstriert höchstwahrscheinlich Unterwürfigkeit, aber bei dem hier beschriebenen Zeichen handelt es sich um einen Hund, der seine eigenen Lefzen leckt. Vor Jahren, als ich eine Rettungsstation für Wölfe und Wolfshunde mit leitete, beobachtete ich bei ängstlichen Wölfen häufiges Lippenlecken. Heutzutage sehe ich das oft bei den ängstlichen Hunden meiner Kunden. Die Zunge eines Hundes kann nach oben zur Nase oder nach unten über die Unterlippe schnalzen. Die Bewegung kann schnell oder langsam, einmalig oder wiederholend sein.

Wenn Sie das nächste Mal ein Kind sehen, das einen Hund umarmt, achten Sie darauf, ob der Hund sich die Lefzen leckt. Obwohl wir Umarmungen als Zuneigung interpretieren, tun Hunde das nicht. Tatsächlich ist das für Hunde eine Art Einschränkung oder Begrenzung – und das macht sie nervös, und sie fühlen sich unwohl. Andere Situationen, in denen ein Hund sich die Lippen leckt, sind die Begegnung mit einem fremden Hund oder einer fremden Person, wenn er sich in einer bestimmten Umgebung, z. B. beim Tierarzt, unwohl fühlt, oder wenn eine Kamera auf ihn gerichtet ist. Ich habe eine ganze Reihe von Fotos von Wölfen, die sich in dem Moment, in dem ich das Foto gemacht habe, die Lippen geleckt haben, und das lag nicht daran, dass sie mich für Rotkäppchen hielten! Die meisten Besitzer

Achten Sie einmal darauf, wie oft auf Fotos festgehaltene oder umarmte Hunde „züngeln“: Was oft als freundliche Zuneigung interpretiert wird, ist ein Wahrheit in Stresssignal.

von ängstlichen Hunden haben zumindest ein paar Fotos, auf denen ihr Fellknäuel „die Zunge in die Kamera streckt“, weil das Objektiv einem riesigen, starrenden Auge ähnelt.

Wegdrehen, Augen abwenden

Stellen Sie sich vor, Sie kommen eines Morgens aus Ihrer Haustür und sehen einen Grizzlybären auf Ihrer Veranda stehen. Würden Sie sich wohler fühlen, wenn der Körper des Bären zur Seite gedreht wäre oder wenn er Ihnen frontal gegenüberstünde? Man muss kein Ethologe sein, um herauszufinden, dass die seitliche Haltung weniger beängstigend ist. Das ist instinktiv; eine frontale Haltung gegenüber einer potenziellen Gefahr wird eher als Bedrohung empfunden.

Hunde drehen manchmal ihren Kopf leicht weg, wenn sie einem anderen Hund begegnen, um zu signalisieren: „Ich bin keine Bedrohung“. Ein gedrehter Kopf wird oft von einem abgewandten Blick begleitet. Vielen ängstlichen oder unsicheren Hunden fällt es schwer, Menschen oder anderen Hunden in die Augen zu sehen, so wie es auch unsicheren Menschen schwerfällt, direkten Augenkontakt mit anderen herzustellen. Das Abwenden kann sich nur auf den Blick, den Kopf oder den ganzen Körper beziehen.

Ich beobachtete einmal einen Mann in einer Zoohandlung, der versuchte, seinen Hund zum Hinlegen zu bewegen. Der Mann hatte das verbale Kommando dreimal hintereinander gegeben, mit zunehmender Lautstärke. Schließlich beugte er sich verzweifelt über den Hund, schaute ihm in die Augen und brüllte: „Hinlegen!“ Der Hund legte sich hin, aber erst, nach-

Auch hier zeigt der Hund durch Wegdrehen des Kopfes und die heruntergedrückten Ohren sein deutliches Missfallen an der Situation.

dem er seinen Körper so gedreht hatte, dass er sich vollständig von dem Mann abgewandt hatte. Beobachten Sie Ihren Hund bei seinen täglichen Interaktionen genau und achten Sie darauf, was ihn dazu veranlasst, seinen Kopf oder Körper wegzudrehen. Das kann die Begrüßung von Besuchern sein, das Zusammentreffen mit anderen Hunden oder das Betreten unbekannter Orte. Wenn Sie feststellen, dass Ihr Hund sich während der Trainingsübungen häufig von Ihnen abwendet (oder gähnt oder sich die Lippen leckt), sollten Sie überlegen, ob Ihre Stimme sanfter sein könnte oder ob Ihr Hund überfordert ist und eine Pause braucht.

Kratzen und Schnüffeln

Kratzen ist ein Signal, das manchmal eingesetzt wird, um eine Pause zu machen oder Spannungen abzubauen. Wenn ein Hund seinen Kopf von einem Hund wegdreht, der ihm unangenehm ist, während er sich mit einem Hinterbein kratzt, könnte er auch sagen: „Ich bin gleich bei dir, du großes, furchterregendes Ding, mich juckt es nur so!“ Ebenso kann es sein, dass der Hund plötzlich etwas Faszinierendes auf dem Boden entdeckt und beginnt, daran zu schnüffeln. Das ist in etwa so, als würde er sagen: „Ich würde dir gerne gegenüberstehen, aber … Oh, sieh mal hier!" Das Schnüffeln kann mit oder ohne Abwenden des Körpers einhergehen, aber die Nase des Hundes ist immer auf den Boden gerichtet und nicht hochgehalten, wie beim Schnüffeln im Wind. Schnüffeln kann auch als Beschwichtigungsverhalten eingesetzt werden oder um einem anderen Hund mitzuteilen, dass er keine Bedrohung darstellt.

Körpersprache-Übung

Wählen Sie eine Tageszeit, zu der Ihr Hund normalerweise aktiv ist. Positionieren Sie Ihr Smartphone auf einer Tischplatte oder einem Mini-Stativ und richten Sie es auf Ihren Hund. Die Kamera sollte so eingestellt sein, dass sie Videos in Zeitlupe aufnimmt. (Die meisten Smartphones verfügen über diesen Modus; falls nicht, reicht der normale Videomodus aus). Halten Sie Papier und Stift bereit. Während die Kamera die Handlungen Ihres Hundes aufzeichnet, notieren Sie jede Körpersprache, die Sie beobachten, ob offensichtlich oder subtil. Ihre Liste sollte größere Aktionen wie „zum Wassernapf gelaufen" bis hin zu winzigen Bewegungen wie „leicht angehobene Mundwinkel" oder „leicht geweitete Augen" enthalten. Wenn Sie zwei oder mehr Hunde haben, achten Sie besonders auf ihre Interaktionen, z. B. auf einen Blick, den der eine dem anderen zuwirft, oder auf ihre Körpersprache, wenn sie aneinander vorbeigehen. Beenden Sie nach ein oder zwei Minuten die Aufnahme und sehen Sie sich die Zeitlupenwiedergabe an. Vergleichen Sie sie mit Ihrer Liste. Haben Sie etwas übersehen? Körperhaltungen und Gesten von Hunden passieren so schnell, dass man leicht wichtige Informationen übersieht. Diese Übung ist von unschätzbarem Wert, und ich empfehle Ihnen dringend, sie auszuprobieren. Die Fähigkeit, die Körpersprache Ihres Hundes bis ins kleinste Detail einschätzen zu können, ist eine äußerst wichtige Fähigkeit, die Ihnen letztendlich helfen wird, sein Verhalten zu verbessern.

Bei meinen letzten Hunden konnte ich den Moment herunterzählen, in dem Soko einen plötzlichen Juckreiz entwickeln oder einen fabelhaften unsichtbaren Gegenstand auf dem Boden entdecken würde. Das geschah unweigerlich, kurz nachdem Mojo, der mit seinen 60 Kilo groß und stets federführend war, anfing, zu grob zu spielen. Sokos Handlungen sollten signalisieren: „Bleib bitte ruhig!" Mojo gehorchte manchmal, manchmal nicht. Wenn er zu sehr außer Kontrolle geriet, schritt Mama natürlich ein und erinnerte beide Hunde sanft daran, wer wirklich das Sagen hatte.

Widersprüchliches Verhalten

So offensichtlich manche Körpersprache von Hunden auch ist, wenn ein Hund widersprüchliche Emotionen zeigt, kann es schwieriger sein, sie zu deuten. Zum Beispiel könnte der Körper Ihres Hundes beim Bellen nach vorne geneigt sein, aber seine Ohren liegen flach an seinem Kopf an. In diesem Fall versucht er vielleicht, einen Hund zu vertreiben, vor dem er Angst hat. Ein Hund, der seine Schnauze nach vorne streckt, um einen anderen Hund zu beschnuppern, hat sein Gewicht vielleicht stärker auf sein Vorderteil verteilt, aber seine Hinterbeine sind gespreizt, was den Eindruck eines Hundes erweckt, der nervös und bereit ist, jeden Moment zu fliehen.

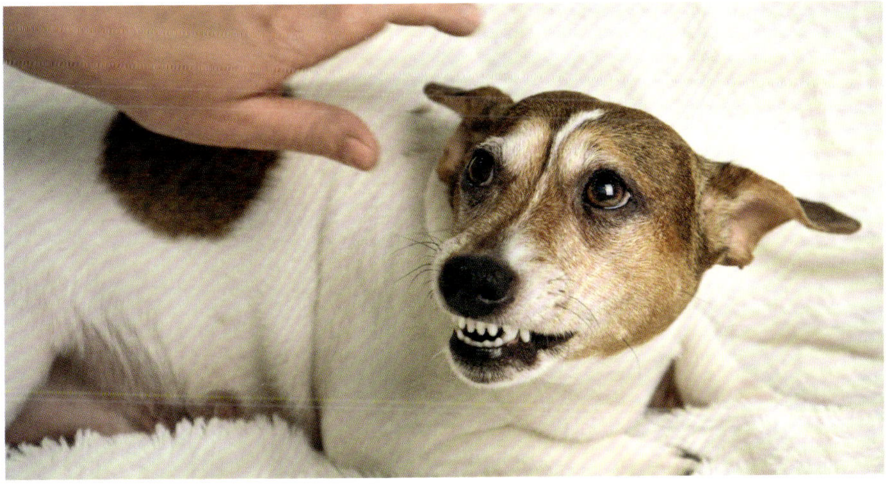

Dieser Hund signalisiert, dass er nicht gestreichelt werden möchte und seine Ohren verraten uns, dass er Angst hat.

Auch hier gilt: Wenn Sie lernen, wie die einzelnen Elemente der Körpersprache einzeln und in Kombination mit Ihrem Hund aussehen, können Sie Ihren Hund besser verstehen und wissen, wie er sich gerade fühlt.

Es gibt viel mehr über die Körpersprache von Hunden, als in ein Kapitel passen würde. In Seminaren, Webinaren und Fachliteratur dazu können Sie sich weiterbilden.

Beginnen Sie hier und jetzt damit, sich zur Gewohnheit zu machen, nicht nur die Körpersprache Ihres eigenen Hundes, sondern auch die anderer Hunde, denen Sie begegnen, wahrzunehmen. Je mehr Sie üben, desto schneller werden Sie sich in der fließenden, faszinierenden Welt der Körpersprache von Hunden zurechtfinden.

Kapitel 5
Die Auslöser identifizieren

Ein wesentlicher Schritt bei der Lösung jeglicher Art von Reaktivitätsproblemen besteht darin, die Ursache der Reaktion zu ermitteln. Wenn Ihr Hund beispielsweise auf Männer reagiert, wäre es wichtig zu wissen, ob der Auslöser alle Männer sind oder nur Männer mit Hüten oder Sonnenbrillen, Männer mit Bärten, Männer mit kräftiger Statur … Sie verstehen schon. Wenn es um andere Hunde geht, nehmen Sie sich einen Moment Zeit, um herauszufinden, was die Reaktionen Ihres Hundes auslöst. Selbst wenn Ihr Hund auf die meisten anderen Hunde reagiert, kann es bestimmte Hundetypen oder Umstände geben, auf die er mehr reagiert als auf andere.

Körperliche Merkmale

Ich habe Hunde gekannt, die nur auf Hunde einer bestimmten Fellfarbe reagierten. Der Terrier einer früheren Kundin war als Welpe auf einer Hundewiese von einem großen schwarzen Labrador Retriever angegriffen worden und reagierte seitdem auf große schwarze Hunde. Sowohl die Fellfarbe als auch die Größe, einzeln oder zusammen, können Auslöser sein. Vielleicht stellen Sie fest, dass Ihr Hund nur auf Hunde reagiert, die gleich groß oder größer sind als er selbst. Vielleicht reagiert er auch nur auf schwarze oder weiße Hunde. Bei Hunden mit dunklem Fell und dunklen Augen kann es für andere Hunde schwierig sein, den Gesichtsausdruck zu erkennen, was das Problem noch verschlimmert. Der Auslöser könnte sogar eine bestimmte Rasse oder ein bestimmter Rassetyp sein. Wenn Ihr Hund, wie im Falle des Terriers, ein traumatisches Erlebnis mit einer bestimmten Rasse hatte, ist er möglicherweise besonders misstrauisch gegenüber Hunden dieser Rasse.

Reagiert Ihr Hund eher auf Hunde, deren Ohren kupiert oder deren Schwanz kupiert wurde? Hunde sind Meister im Lesen von Signalen, die durch die kleinste Bewegung von Ohren und Schwanz eines anderen Hundes ausgesendet werden. Wenn die Ohren eines Hundes kupiert oder seine Rute kupiert ist, kann es für den Hund schwieriger sein, seine Gefühle auszudrücken. Wenn Ihr Hund die Körpersprache und die Absichten eines anderen Hundes nicht lesen kann, ist das für ihn ein Nachteil und kann zu Angst und Reaktivität führen. Achten Sie darauf, ob Ihr Hund stärker reagiert, wenn er Hunden mit kupierten Ohren oder kupierten Schwänzen begegnet. Wenn Sie das Kupieren Ihres eigenen Hundes in Erwägung ziehen, sollten Sie nicht nur bedenken, dass es sich um einen unnötigen, schmerzhaften Eingriff handelt, sondern auch, dass dies sein reaktives Verhalten verstärken kann, da andere Hunde seine Körpersprache weniger gut deuten können. Es gibt einige völlig unempfindliche Hunde, die sich diesen Eingriffen unterziehen und nach wiederholten Konflikten mit anderen Hunden schließlich selbst misstrauisch und reaktiv werden.

Distanz

Wenn Ihr Hund einen anderen Hund anbellt, wollen Sie nur, dass er damit aufhört. Versuchen Sie, sich zu merken, in welcher Entfernung Sie sich befanden, als Ihr Hund reagierte, denn diese Information ist für die Ausarbeitung eines Trainingsplans zur Verhaltensänderung von entscheidender Bedeutung: Sie müssen die Übungen in einer Entfernung beginnen, in der Ihr Hund sich wohlfühlt. Jeder Hund ist anders. Es kann sein, dass Ihr Hund ruhig bleibt, wenn andere Hunde in drei Metern Entfernung vorbeigehen, aber wenn sie näherkommen, wird aus der Ruhe ein Chaos. Vielleicht reagiert Ihr Hund aber auch schon, wenn er einen Hund auf der anderen Straßenseite oder in der Ferne erspäht. Wahrscheinlich haben Sie bereits eine ungefähre Vorstellung von der normalen Pufferzone Ihres Hundes, aber es ist hilfreich, diese so genau wie möglich zu kennen.

Richtung und Bewegung

Zwei weitere Faktoren, die die Reaktivität bestimmen, sind Richtung und Bewegung. Die meisten Hunde werden sich weniger auf einen Hund stürzen und ihn anbellen, der sich entfernt, als auf einen, der auf sie zugeht. Ein Hund, der quer durch das Sichtfeld eines Hundes läuft, kann eine Reaktion hervorrufen, die irgendwo dazwischen liegt. Auch die Geschwindigkeit, mit der sich ein anderer Hund bewegt, ist wichtig. Ein älterer Hund, der sich langsam bewegt, löst zum Beispiel weniger wahrscheinlich eine Reaktion aus als ein Junghund, der rennt und spielt. Achten Sie auf das Bewegungstempo anderer Hunde und darauf, ob das Tempo zusammen mit der Richtung einen Faktor für die Reaktionen Ihres Hundes bildet.

Standort

Vielleicht stellen Sie fest, dass Ihr Hund je nach dem Ort, an dem Sie anderen Hunden begegnen, mehr oder weniger stark reagiert. So könnte Ihr Hund zum Beispiel bei Spaziergängen in Ihrer eigenen Nachbarschaft am reaktionsfreudigsten sein. Wir denken zwar oft, dass ein Hund sein eigenes Haus und seinen eigenen Garten als Territorium betrachtet, aber wenn ein Hund Tag für Tag durch dieselbe Gegend geführt wird, könnte er anfangen, die gesamte Gegend als sein Revier zu betrachten. Reagiert Ihr Hund anders, wenn Sie mit ihm in der Nähe spazieren gehen, als wenn Sie ihn an einen neuen Ort bringen? Wenn Sie mit dem Training also in einer völlig anderen Gegend beginnen, haben Sie vielleicht einen Fuß in der Tür, um das Programm zum Erfolg zu führen. Danach können Sie wieder in der gewohnten Umgebung spazieren gehen.

Wer ist am anderen Ende der Leine?

Oft höre ich von Kunden, dass ihr Hund auf andere Hunde reagiert. Nehme ich ihn dann aber an die Leine, gibt es keine Probleme. Der Besitzer ist überrascht und sogar frustriert, dass sein Hund sich nicht so verhält, wie er es normalerweise tut. Was geht hier vor? Besitze ich magische Kräfte? Oder ist das „Murphys Gesetz der Hundewelt", so wie dann, wenn man sein Auto in die Werkstatt bringt und es plötzlich perfekt funktioniert? Keineswegs! Es hat damit zu tun, wie sich der Hund mit der Person am Ende der Leine fühlt. Es ist völlig verständlich, dass Sie, nachdem Sie erlebt haben, dass Ihr Hund andere Hunde anspringt, selbst nervös werden, wenn Sie andere Hunde erspähen. Ohne dass Sie sich dessen bewusst sind, spannen Sie vielleicht die Leine fester, halten den Atem an, gehen langsamer oder schneller oder versteifen sich sogar ganz unmerklich.

Viele Hundebesitzer verkürzen absichtlich die Leine, wenn sie einen anderen Hund auf sich zukommen sehen, weil sie glauben, dass es besser ist, ihren Hund in der Nähe zu halten. Das ist verständlich, aber ob Sie sich nun bewusst anspannen oder nicht, diese Spannung überträgt sich über die Leine auf Ihren Hund und kann zu seinem Erregungsniveau beitragen. Wenn ein Trainer die Leine eines ihm unbekannten Hundes übernimmt, wird sie locker gehalten, um Spannungen zu vermeiden. (Außerdem hat dieser Hund in der Vergangenheit keine stressigen Begegnungen mit dem Trainer gehabt, der mit ihm spazieren geht, sodass er nicht so nervös ist.) Bemühen Sie sich immer, ruhig zu bleiben und die Leine locker zu halten. Das Ziel ist, die Leine durchhängen zu lassen. Stellen Sie sich das so vor, als ob Sie ein lockeres U bilden, das für Unterschwelle steht.

Wenn mehr als eine Person mit Ihrem Hund spazieren geht, versuchen Sie herauszufinden, mit wem der Hund weniger reaktiv reagiert. Wenn zum Beispiel Ihr Lebensgefährte sagt, dass Ihr Hund beim Spaziergang kaum auf andere Hunde reagiert, Sie aber manchmal unangenehme Konfrontationen haben, sollte Ihr Partner mit dem Training zur Verhaltensänderung beginnen und zu Ihnen wechseln, sobald sich das Verhalten Ihres Hundes verbessert hat. Gewöhnen Sie sich an, auch auf Ihr eigenes Verhalten und Ihre Körpersprache zu achten, damit Ihr Hund so ruhig wie möglich bleiben kann.

Teil II

Grundlagenprogramm

Kapitel 6
Grundlagenprogramm

Bevor Sie Ihrem Hund Fähigkeiten und Verhaltensweisen beibringen können, die ihm helfen, stressige Situationen zu bewältigen, müssen Sie eine solide Grundlage schaffen, auf der das Lernen stattfinden kann. Genau wie Kinder müssen auch Hunde körperlich und geistig gesund sein, um lernen zu können. Ziel des Grundlagen-Programms ist es, die Voraussetzungen für das Lernen und den Aufbau von Selbstvertrauen zu schaffen, indem Sie einen gesunden Körper und Geist fördern und Ihren Hund darauf vorbereiten, sich an Ihnen zu orientieren.

Die vier Säulen des Programms sind:

1. Ernährung
2. Bewegung
3. Geistige Stimulation
4. Führungsqualitäten

Vielleicht wenden Sie bereits einige der Grundsätze des Programms an. Wenn Sie feststellen, dass sich ein Vorschlag stark von dem unterscheidet, was Sie derzeit mit Ihrem Hund tun, machen Sie sich keine Sorgen. Sie müssen nicht alles auf einmal ändern. Beginnen Sie mit ein oder zwei kleinen Änderungen, und wenn Ihr Hund sich daran gewöhnt hat, nehmen Sie nach und nach weitere Änderungen vor.

Möglicherweise werden Sie feststellen, dass Sie im Rahmen des Grundlagenprogramms auch ein paar Ihrer eigenen Gewohnheiten ändern müssen. Erwarten Sie nicht, dass sich bei Ihnen beiden über Nacht etwas ändert! Entspannen Sie sich und gehen Sie es langsam an. Das Programm zielt darauf ab, Stress abzubauen, nicht, ihn zu verursachen. Bevor wir uns mit den einzelnen Säulen befassen, möchte ich daher kurz auf das Management in der Zwischenzeit eingehen, denn wenn Sie alles so einrichten, dass sich Ihr Hund in Ihrem Alltag so wohl wie möglich fühlt, können Sie gemeinsam eine solide Grundlage schaffen. Sie werden feststellen, dass Ihr Hund in den ersten Wochen der Anwendung des Vier-Säulen-Programms insgesamt entspannter wird… und Sie vielleicht auch.

Kapitel 7
Management in der Zwischenzeit

Beim Durcharbeiten der Trainingspläne werden Sie die Übungen so gestalten, dass der Stresspegel Ihres Hundes unterhalb seiner Reizschwelle bleibt. Während dieser Phase ist es wichtig, dass Sie Reaktivität auslösende Alltagssituationen für Ihren Hund meiden. So wäre etwa die Begegnung mit anderen Hunden aus nächster Nähe beim Spazierengehen nicht nur eine solche Alltagssituation, sondern dies würde sich dazu noch nachteilig auf die allgemeinen Fortschritte Ihres Hundes auswirken. Bedenken Sie, dass Ihr Hund bei jeder Begegnung, die seine Reizschwelle überschreitet, Adrenalin und andere Stresshormone ausschüttet. Auch wenn sich der Adrenalinspiegel in relativ kurzer Zeit wieder normalisiert, können andere Stresshormone tagelang in seinem Körper verbleiben. Spaziergänge an den folgenden Tagen werden dadurch noch angespannter verlaufen.

Ein weiterer Grund, Reaktivität so weit wie möglich zu vermeiden, ist – wie bereits erwähnt –, dass die Reaktionen anderer Hunde auf das Verhalten Ihres Hundes wiederum verstärkend wirken könnten. Die Körpersignale Ihres Hundes zielen darauf ab, andere Hunde zu vertreiben, und aus seiner Sicht funktioniert das auch! Die Erfahrung hat ihn gelehrt, dass andere Hunde weggehen, wenn er bellt und sich nach vorne wirft. Natürlich wären die anderen ohnehin mit ihren Besitzern weitergezogen, aber weil Ihr Hund glaubt, dass seine Aktionen wirksam sind, wird er diese Strategie weiterhin anwenden.

Bei all dem Stress, den das Gassigehen mit Ihrem Hund mit sich bringt, könnten Sie nun versucht sein, seltener mit ihm zu gehen seltener oder dies gar ganz einzustellen. Die menschliche Psychologie ist der Hundepsychologie nicht unähnlich: Je unangenehmer eine Erfahrung ist, desto geringer ist die Wahrscheinlichkeit, dass wir sie wiederholen wollen. Leider führt der Verzicht auf regelmäßige Ausflüge zu einem Zwiespalt. Ihr Hund wäre unterfordert und unterstimuliert und dadurch wahrscheinlich noch reaktiver, sobald er endlich ausgeführt wird. Die gute Nachricht ist: Sie können die Alltagsplanung so gestalten, dass Sie und Ihr Hund nicht zu Mönchen werden müssen.

Wo und wann man spazieren geht

Der erste Schritt in einem soliden Managementplan besteht darin, herauszufinden, wie Sie bei Spaziergängen einen sicheren Abstand zu anderen Hunden einhalten können. Wenn Sie in einer Vorstadtsiedlung leben, in der Hunde hauptsächlich morgens und abends ausgeführt werden, können Sie außerhalb dieser Zeiten spazierengehen oder, falls dies nicht möglich ist, Ihren Hund in eine weniger überfüllte Gegend bringen. Wenn Sie in einem belebten Stadtgebiet leben, ist es vielleicht schwieriger, andere Hunde zu meiden, aber es gibt auch hier Lösungen. In einem mehrstöckigen Wohnhaus können Sie beispielsweise die Treppe statt des Aufzugs nehmen, um zu vermeiden, dass Sie sich in einem kleinen, geschlossenen Raum mit anderen Hunden befinden. Wenn es nicht möglich ist, die Treppe zu nehmen, können Sie Ihrem Hund eine Beruhigungskappe aufsetzen, während er sich im Aufzug befindet. Die Kappe aus durchsichtigem, dehnbarem Material bedeckt die Augen Ihres Hundes und reduziert die Menge an Licht und visuellen Reizen gerade so weit, dass die Angst verringert wird. Setzen Sie sie Ihrem Hund auf, bevor Sie Ihre Wohnung verlassen, und nehmen Sie sie ab, wenn Sie das Gebäude verlassen haben. (Weitere Informationen zu Beruhigungskappen finden Sie im Kapitel „Reaktivität im Auto“ und im Serviceteil). Und natürlich sollten Sie sich für Ihre Spaziergänge weniger frequentierte Wege suchen. Selbst in Großstädten gibt es immer wieder weniger belebte Gegenden zu finden.

Google Earth ist ein kostenloser Online-Geobrowser, der Satelliten- und Luftbilder nutzt. Geben Sie Ihre Adresse ein. Sobald die Übersichtskarte Ihres Hauses erscheint, zoomen Sie ein wenig heraus und untersuchen Sie potenzielle Wandergebiete. Sie können sogar einen bestimmten Punkt heranzoomen und von der Draufsicht zur Straßenansicht wechseln. Beides kann nützlich sein, um große Parks oder offene Naturgebiete zu finden, in denen es einfacher ist, Abstand zu anderen Hunden zu halten. Suchen Sie nach Plätzen, die viele abzweigende Wege oder zumindest große Flächen an den Seiten der Wege haben, damit Sie bei Bedarf leicht zur Seite gehen können.

Neben den typischen Bereichen, in denen Menschen mit ihren Hunden spazieren gehen, sollten Sie auch über den Tellerrand hinausschauen. Manche Einkaufszentren verfügen über Grünflächen im Freien, auf denen Hunde erlaubt sind, aber nur wenige Menschen nutzen diese Möglichkeit. Diese Flächen können eine gute Option sein, vor allem außerhalb der Hauptgeschäftszeiten. Alternativ gibt es in einigen Mini-Einkaufszentren große Parkplätze, die eine perfekte Umgebung dafür bieten, anderen Hunden aus dem Weg zu gehen. Einigen meiner Kunden habe ich sogar empfohlen, mit ihrem Hund auf einem nahegelegenen Friedhof spazieren zu gehen, da die Wahrscheinlichkeit, einem anderen Hund zu begegnen, sehr gering ist. (Zu Problemen mit der Reaktivität von Hunden auf Friedhöfen siehe mein Buch „Hilfe für Ihren geisterreaktiven Hund." – Scherz. Da müssen Sie alleine durch). Wenn eine Fahrt in eine andere Gegend nicht in Frage kommt, ändern Sie Ihren Zeitplan ein wenig, um die typische Rushhour für Hundespaziergänge zu vermeiden. Das kann bedeuten, dass Sie eine Stunde früher aufstehen oder nach Einbruch der Dunkelheit mit einem Scheinwerfer oder einer Taschenlampe spazieren gehen müssten, damit Sie andere Hunde schon von Weitem erkennen können.

Wachsamkeit in der Umgebung

Das Ziel besteht darin, Ihren Hund auf Distanz zu anderen Hunden zu halten. Deshalb ist es wichtig, dass Sie sich angewöhnen, Ihre Umgebung mit den Augen abzusuchen. Ich bin in einer nicht ganz so sicheren Gegend aufgewachsen, nämlich in Brooklyn, New York, und das ständige nebenher stattfindende Absuchen der Umgebung nach potenziellen Gefahren wurde mir schnell zur zweiten Natur. Wer hätte gedacht, dass mir diese Angewohnheit später im Leben bei der Arbeit mit reaktiven Hunden nützlich sein würde? Wenn Sie mit Ihrem Hund spazieren gehen, scannen Sie die Umgebung vor Ihnen, achten Sie auf Dinge, die in Ihrem peripheren Blickfeld erscheinen, und drehen Sie regelmäßig den Kopf, um zu sehen, wer sich von hinten nähern könnte. Ich will damit nicht erklären, dass Sie paranoid sein sollten, aber Sie müssen sich Ihrer Umgebung sehr bewusst werden. Machen Sie sich keine Sorgen, wenn die Wachsamkeit gegenüber der Umgebung noch nicht zur Gewohnheit geworden ist. Dies lässt sich leicht entwickeln. Wenn Sie einen anderen Hund erkennen, bevor Ihr Hund es tut, dann können Sie angemessen reagieren und Konflikte vermeiden.

Apropos Umgebungsbewusstsein: Wie sieht es mit der Wachsamkeit Ihres Hundes zu Hause aus? Wenn Ihr Hund ständig andere Hunde anbellt, die an Ihrem Wohnzimmerfenster oder Ihrem Garten vorbeigehen, wird die Verhaltensänderung umso schwieriger, je mehr Sie sich bemühen, seine Reaktivität zu überwinden. Diese Probleme werden im Kapitel „Reaktivität zu Hause“ eingehend behandelt.

Ablenkungen

Wenn wir in unserer eigenen kleinen Welt versunken sind, achten wir nur allzu leicht weniger auf das, was um uns herum vor sich geht. Und wie Murphys Gesetz der Hundewelt besagt, sind das genau die Momente, in denen ein anderer Hund auftaucht und unsere Aufmerksamkeit weckt. Ich sehe nur zu oft Leute, die mit gesenktem Kopf und völlig in ein Handy vertieft spazieren gehen, ohne auf ihre Hunde zu achten. Passe ich selbst nicht auf, würden manche von ihnen geradewegs in mich und meine Hunde hineingelaufen! Es ist unmöglich, 100 %ig wachsam zu sein, während man ein Telefongespräch führt oder eine SMS schreibt, weil man seine Aufmerksamkeit aufteilt.

Wenn Sie beim Spazierengehen Musik hören, können Sie auch nicht das Klingeln von Hundemarken oder die Gespräche anderer hören, die sich mit ihren Hunden nähern. Seien Sie kein abgelenkter Spaziergänger!

Notsituationen

Trotz all unserer sorgfältigen Planung kommt es manchmal eben erstens anders, und zweitens als man denkt. Im Abschnitt „Fertigkeiten“ lernen Sie eine Technik, die „Walk Away“ genannt wird. Sobald Sie diese Technik beherrschen, können Sie Ihren Hund, wenn Sie von einem Team aus Hund und Mensch aus nächster Nähe überrascht werden, schnell und einfach dazu bringen, das Gebiet zu verlassen und Ihnen in eine andere Richtung zu folgen. Wenn Sie jedoch von einer Begegnung mit einem Hund aus nächster Nähe überrascht werden, sollten Sie sich so gut wie möglich in die Defensive begeben, indem Sie eine kurze Strecke abseits des Weges gehen, die Straße überqueren, eine Kehrtwende machen und sich dorthin zurückziehen, wo Sie sicher abwarten können, oder einen anderen Weg um den Hund herum finden.

Leider gibt es Situationen, die dringenderes Handeln erfordern. Sie sind zum Beispiel mit Ihrem Hund unterwegs und entdecken einen freilaufenden Hund. Egal ob es sich um einen streunenden Hund handelt oder ob sein Besitzer ihn von der Leine gelassen hat – Sie haben nur wenige Sekunden Zeit, um zu entscheiden, was zu tun ist, um sich und Ihren Hund in Sicherheit zu bringen. Da Sie sich in einer solchen Situation wiederfinden könnten, bevor Sie die empfohlenen Fertigkeiten erlernt oder die Trainingspläne durchgearbeitet haben, schlage ich an dieser Stelle einen kurzen Abstecher ins Kapitel 24 vor: „Begegnungen mit freilaufenden Hunden und Streunern". Wenn Sie zurück sind, beschäftigen wir uns mit den vier Säulen des Grundlagen-Programms.

Kapitel 8
Ernährung

Sie fragen sich vielleicht, was ein Kapitel über Ernährung in einem Buch über das Verhalten von Hunden zu suchen hat. Sie könnten sogar versucht sein, dieses Kapitel zu überspringen, um zum Kern der Sache zu kommen, nämlich was Sie gegen die Reaktivität Ihres Hundes tun können. Aber das wäre ein Fehler. Die Ernährung, sowohl bei Menschen als auch bei Hunden, hat viel mehr mit dem Verhalten zu tun, als den meisten Menschen bewusst ist.

Wenn Sie zu viel Junkfood essen, fühlen Sie sich vielleicht gereizt oder können sich nur schwer konzentrieren. Kinder, die zu viele zuckerhaltige Snacks zu sich nehmen, befinden sich oft auf einer Blutzucker-Achterbahnfahrt mit Stimmungsschwankungen und Hyperaktivität. Was ein Hund frisst, beeinflusst ebenfalls sein Verhalten. Ein Hund, der in der Nähe anderer Hunde ängstlich oder reaktionsfreudig ist, wird dies umso mehr sein, je weniger ausgewogen seine Ernährung ist. Da Sie möchten, dass Ihr Hund gesund und sein Verhalten erfolgreich ist, sollten Sie sich einen Moment Zeit nehmen, um darüber nachzudenken, was Sie füttern und ob eine Änderung von Vorteil sein könnte.

Werden Sie Etiketten-Checker

Es gibt so viele Hundefuttermarken auf dem Markt und so viele Behauptungen der Hersteller, dass man ganz verwirrt wird, wenn man herauszufinden versucht, welches Futter wirklich nahrhaft ist. Lernen Sie, die Etiketten zu lesen. So fallen Sie nicht auf überzogene Werbeaussagen herein und können sich ein realistisches Bild von der Qualität eines Produkts machen.

> Wenn Ihr Hund an einer Krankheit leidet, besprechen Sie jede angedachte Ernährungsumstellung mit Ihrem Tierarzt.

Die Hersteller von Hundefutter sind gesetzlich verpflichtet, die Inhaltsstoffe in absteigender Reihenfolge nach vorverarbeitetem Schüttgewicht anzugeben. Ein Beutel Trockenfutter, bei dem als erste drei Zutaten „Hühnermehl, Hühnernebenerzeugnismehl, Reis" aufgeführt sind, enthält beispielsweise mehr Hühnermehl als jede andere Zutat. Man sollte jedoch nicht davon ausgehen, dass ein Futter von hoher Qualität ist, nur weil es eine Form von Fleisch enthält, sondern die verschiedenen Klassifizierungen kennen.

Die in den Vereinigten Staaten am häufigsten verwendeten Fleischquellen in Hundefutter sind Huhn, Pute, Lamm und Rind. Am Beispiel von Huhn definiert die Association of American Feed Control Officials (AAFCO) „Huhn" als „die reine Kombination von Fleisch und Haut mit oder ohne begleitende Knochen, gewonnen aus Teilen oder ganzen Schlachtkörpern von Hühnern oder einer Kombination davon, ohne Federn, Köpfe, Füße und Eingeweide". Da Fleisch schwer ist, weil es etwa 70 Prozent Feuchtigkeit enthält, kann es durchaus als erste oder zweite Zutat auf einer Liste erscheinen. Man könnte meinen, das würde bedeuten, dass das Lebensmittel einen hohen Proteingehalt hat. Das in Trockenfutter verwendete Fleisch, das viel Fett, Bindegewebe und Knochen enthält, kann jedoch höchstens 8 % Eiweiß enthalten. Der Proteingehalt wird auf dem Etikett angegeben.

„Hähnchenmehl" ist Hähnchenfleisch, das hydrolisiert wurde, d.h. es wurde hohen Temperaturen ausgesetzt, um Krankheitserreger abzutöten und eine bestimmte Menge an Feuchtigkeit und Fett von den Knochen zu entfernen. Das Ergebnis ist ein Lebensmittel mit einem Feuchtigkeitsgehalt von nur etwa zehn Prozent, das bei Raumtemperatur monatelang haltbar ist. Bei Futtermitteln, die sowohl Huhn als auch Hühnermehl enthalten, ist es das Hühnermehl, das den Großteil des Proteins liefert. Enthält das

Trockenfutter zwar Huhn, aber kein Hühnerfleisch, muss die erforderliche Menge an Eiweiß aus pflanzlichen Quellen stammen. Kurz gesagt: Trockenfutter, die sowohl Huhn als auch Hühnermehl enthalten, oder solche, die nur Hühnermehl enthalten, sind solchen vorzuziehen, die nur Huhn enthalten.

„Hühnernebenerzeugnisse" bestehen aus gemahlenen, wärmebehandelten, gereinigten Teilen des Schlachtkörpers geschlachteter Hühner, wie Hälse, Füße, unentwickelte Eier und Därme. („Hühnernebenerzeugnismehl" enthält dieselben Zutaten, aber in trockener Form.) Obwohl bestimmte, als Nebenerzeugnisse bezeichnete Zutaten einen gewissen Nährwert haben, ist es unmöglich, die genaue Zusammensetzung der Nebenerzeugnisse einer bestimmten Marke zu kennen. Lebensmittel, die Nebenerzeugnisse enthalten, sind in der Regel nicht von hoher Qualität, vor allem, wenn diese Zutaten ganz oben auf der Zutatenliste stehen.

Mais sollte ebenfalls nicht an oberster Stelle der Zutatenliste stehen sollte. Mais ist ein Füllstoff, den manche Hersteller verwenden, weil er billiger ist als Fleisch. Mais ist nicht leicht verdaulich und keine dem Fleisch vergleichbare Proteinquelle; er ist hauptsächlich ein Kohlenhydrat. Außerdem müssen die Hersteller den Mais gewissenhaft testen, um sicherzustellen, dass er kein Aflatoxin enthält. Das ist ein Gift, das von bestimmten Pilzen produziert wird, die auf einigen landwirtschaftlichen Nutzpflanzen, einschließlich Mais, vorkommen. Aflatoxin ist ein Karzinogen, das bei Hunden Leberschäden verursachen kann. Einige Hersteller sind bei den Tests sorgfältiger als andere, und einige Futtermittel werden schließlich wegen Krankheitserregern zurückgerufen.

Mais kann sich auch auf das Verhalten auswirken, da er einen hohen Gehalt der Aminosäure Tyrosin aufweist. Tatsächlich kann Tyrosin durch eine Reihe chemischer Reaktionen im Körper die Menge an Serotonin verringern, die im Gehirn zirkuliert. Serotonin ist ein Neurotransmitter, der unter anderem dafür sorgt, dass wir uns ruhig fühlen. Mais erschwert es den Aminosären, die für die Serotoninproduktion notwendig sind, die Blut-Hirn-Schranke zu passieren. Damit ist Mais also einem ruhigen Gemütszustand nicht zuträglich. Es liegt auf der Hand, dass Sie kein Lebensmittel füttern sollten, das den Serotoninspiegel senken und damit Stress, Angst und Reaktionsfähigkeit erhöhen könnte.

> Vorsicht ist geboten! Manche hinterlistige Hersteller zerlegen weniger gute Zutaten in einzelne Bestandteile, damit sie separat aufgeführt werden können und daher in der Zutatenliste weiter unten erscheinen. Zum Beispiel könnte die Liste lauten: „Hühnermehl, gemahlener Mais, Maismehl, Maisklebermehl". Würden alle Maiserzeugnisse zusammengefasst, wäre in Wirklichkeit mehr Mais als Hühnerfleisch vorhanden, sodass der Mais an erster Stelle aufgeführt werden müsste.

Zu den weiteren Zutaten, die es zu meiden gilt, gehören künstliche Farbstoffe oder Aromen sowie Zutaten, die nicht nach ihrer Herkunft gekennzeichnet sind, wie z. B. „tierisches Fett" oder „Fleischmehl". Lesen Sie auch die Zutatenliste, die mit „Konserviert mit …" beginnt. Erwünschte Konservierungsstoffe sind die Vitamine E (manchmal als „gemischte Tocopherole" aufgeführt) und C (oft als „Ascorbinsäure" bezeichnet). Zu den ungesunden, potenziell krebserregenden Konservierungsstoffen gehören BHA, BHT und Ethoxyquin.

Im Allgemeinen ist das im Supermarkt angebotene Hundefutter von geringerer Qualität als das im Zoofachhandel erhältliche (Ausnahmen bestätigen die Regel). Bessere Futtersorten sind oft teurer, aber es gibt auch hochpreisige Futtersorten, die zwar gut vermarktet werden, aber von geringer Qualität sind. Angenommen, ein teureres Futter enthält tatsächlich mehr Nährstoffe, dann wird pro Mahlzeit weniger gefüttert. Da der Körper mehr Nährstoffe aufnehmen kann, fallen auch weniger Abfallprodukte an – ein Vorteil für die Häufchenaufsammler unter uns. Die Fütterung eines hochwertigen Futters ist eine Investition in die Gesundheit Ihres Hundes. Wenn Sie jetzt etwas mehr ausgeben, können Sie in Zukunft die Kosten und die Häufigkeit von Tierarztbesuchen reduzieren.

Wenn Sie sich für eine Futterumstellung entscheiden, sollten Sie diese schrittweise über einen Zeitraum von zwei Wochen vornehmen, indem Sie nach und nach mehr von dem neuen Futter zuführen, während Sie die Menge des alten Futters reduzieren. Eine zu schnelle Umstellung oder ein ständiger Wechsel des Futters birgt die Gefahr von Magen-Darm-Problemen. Lesen Sie unbedingt die empfohlenen Fütterungsrichtlinien für das neue Futter, da sie sich von denen Ihrer alten Marke unterscheiden können. Vorausgesetzt, Ihr Hund hat keine Allergien oder medizinischen Probleme, die dagegensprechen, spricht nichts dagegen, das Futter ein paar Mal im

Jahr zu wechseln, da Ihr Hund von einer Vielzahl von Proteinen und Mikronährstoffen profitieren kann.

Getreidefrei oder nicht?

Im Jahr 2018 gab die FDA eine Warnung über den möglichen Zusammenhang zwischen getreidefreiem Hundefutter und nicht erblicher dilatativer Kardiomyopathie (DCM) bei Hunden heraus. DCM ist eine Erkrankung des Herzmuskels, die zu einem vergrößerten Herzen führt und zu Herzversagen führen kann. Als diese Information bekannt wurde, machte sich schnell Panik breit, und viele Hundebesitzer wechselten zu getreidehaltigem Hundefutter. Nach einer Aktualisierung der FDA ist jedoch nicht entscheidend, ob ein Futter getreidefrei ist, sondern ob es Zutaten aus Leguminosen (auch „Hülsenfrüchte" genannt), wie Erbsen und Linsen, in großen Mengen enthält. Diese Inhaltsstoffe sind an sich nicht gefährlich, aber sie werden in vielen getreidefreien Futtersorten in größeren Mengen verwendet als in den meisten getreidehaltigen Rezepturen. Es wird empfohlen, Lebensmittel zu meiden, bei denen diese Zutaten weit oben auf der Zutatenliste stehen.

Die FDA, die Tierärzte und die wissenschaftliche Gemeinschaft arbeiten zusammen, um fundierte wissenschaftliche Informationen zu finden. Ich schlage vor, dass Sie sich auf dem Laufenden halten, indem Sie regelmäßig die Website der FDA besuchen und die ausgezeichnete Publikation Whole Dog Journal (siehe Ressourcen) abonnieren, die das Thema von Anfang an verfolgt hat und laufend aktualisierte Informationen liefert. In der Zwischenzeit sollten Sie die Inhaltsstoffe des Hundefutters überprüfen, damit Sie eine fundierte Entscheidung treffen können.

Das steckt in der Dose

Viele Besitzer füttern nur Trockenfutter. Einige entscheiden sich stattdessen für Nassfutter, während andere eine Kombination aus beidem füttern. Lange Zeit herrschte die Meinung vor, dass Dosenfutter weniger nahrhaft ist, doch inzwischen produzieren immer mehr Hersteller Dosenfutter von höherer Qualität. Solange man sich für ein hochwertiges Futter entscheidet, kann die ausschließliche Fütterung mit Dosenfutter eine durchaus gesunde Option sein, die von vielen Hunden bevorzugt wird. Dosenfutter ist in der

Regel frischer als Trockenfutter, hat hochwertigere Zutaten und enthält weniger Chemikalien und Konservierungsstoffe. Außerdem enthalten Dosenfuttermittel fast immer einen höheren Fleischanteil als Trockenfutter.

Wie bei Trockenfutter gibt es auch hier von Marke zu Marke große Qualitätsunterschiede, sodass ein wenig Spionage auf dem Etikett angesagt ist. Achten Sie darauf, dass eine Vollfleischquelle als erste Zutat oder zumindest in der Nähe der ersten Zutat aufgeführt ist, da Wasser oder Brühe, die für die Verarbeitung benötigt werden, an erster Stelle stehen können. Für die Bewertung der Inhaltsstoffe von Dosenfutter gelten dieselben Regeln wie für die Bewertung der Inhaltsstoffe von Trockenfutter. Unabhängig davon, ob Sie Dosen- oder Trockenfutter füttern, sollten Sie bei Welpen nach einem Futter suchen, das speziell für Welpen entwickelt wurde. Ansonsten ist ein Futter für Erwachsene geeignet.

Rohfütterung

Einige Besitzer verzichten ganz auf verarbeitete Lebensmittel und bevorzugen eine rohe Ernährung. Das Grundnahrungsmittel für diese Art der Ernährung sind rohe, fleischige Knochen, d.h. Rücken und Hälse von Hühnern oder Puten, Markknochen von Rinderoberschenkeln und andere Formen von rohem Fleisch. Die Ernährung umfasst normalerweise auch pulverisiertes rohes Gemüse und andere gesunde Lebensmittel sowie Nahrungsergänzungsmittel. Befürworter der Rohfütterung schreiben der Ernährung alles Mögliche zu, von einer verbesserten Gesundheit des Hundes und einer längeren Lebensdauer bis hin zu einem besseren Verhalten und sogar der Heilung von Krankheiten. Einige Tierärzte haben Bedenken gegen die Rohfütterung, weil durch Lebensmittel übertragbare Infektionskrankheiten auftreten können, ein Knochen den Darm oder Magen eines Hundes durchbohren kann oder ein Hund sich die Zähne ausbricht oder an einem Knochen erstickt. Die beiden letztgenannten Probleme lassen sich vermeiden, indem das Fleisch mitsamt den Knochen zerkleinert wird.

Wenn Sie eine selbst zubereitete Rohfütterung ausprobieren möchten, sollten Sie sich sorgfältig informieren, um sicherzustellen, dass die Fütterung ausgewogen ist und Sie die richtigen Ergänzungsmittel geben. Vielleicht ziehen Sie es vor, ein fertiges Rohfutter zu füttern, das bereits ausgewogen ist. Im Handel ist eine Vielzahl von Rohkostprodukten erhältlich, von denen viele nach einem bestimmten Zeitplan versandt und bei Ihnen zu Hause im Gefrierschrank aufbewahrt werden können. Die Mahlzeit für den nächsten Tag tauen Sie einfach über Nacht im Kühlschrank auf. Achten Sie auch hier auf eine sichere Handhabung, da beim Umgang mit rohem Fleisch immer die Gefahr von Salmonellen besteht.

Gefriergetrocknet

Bei gefriergetrocknetem Hundefutter wird die Feuchtigkeit durch Gefriertemperaturen und einen mehrstufigen Trocknungsprozess entzogen, sodass das Futter trocken und haltbar ist und bei Zugabe von Wasser wieder aufquillt. Einige der Futtersorten werden leicht gekocht, während andere vor der Verarbeitung roh bleiben. Einige werden einem Hochdruckverfahren (HPP) unterzogen, einem Pasteurisierungsprozess, der dazu dient, die Menge an Bakterien wie Listerien, Salmonellen und E. coli zu verringern. Während viele Menschen der Meinung sind, dass gefriergetrocknete Rohkost sicherer zu handhaben ist als Rohkost, äußern einige Tierärzte immer noch Bedenken, dass die Gefriertrocknung allein nicht ausreicht, um mikrobielle Krankheitserreger aus den Marken zu entfernen, die nicht einmal leicht gekocht werden. Gefriergetrocknetes Futter ist auf jeden Fall einfacher zu handhaben als Rohfutter und kann problemlos auf Reisen mitgenommen werden.

Kommerziell zubereitete Lebensmittel

Es gibt eine Reihe von Unternehmen, die verzehrfertiges (oder fast verzehrfertiges) Hundefutter auf Fleischbasis anbieten. Diese kommerziell zubereiteten Produkte sind praktisch und machen es einfach, sicherzustellen, dass Ihr Hund die richtige Nährstoffbalance erhält. Einige Hersteller bieten komplette Mahlzeiten an, die gekocht und dann vor dem Versand eingefroren werden. Andere Mahlzeiten werden in Form von gefriergetrocknetem Futter, Rohfutter oder Trockenfutter angeboten, das nur mit heißem Wasser zubereitet wird. Wieder andere bestehen aus Gemüsemischungen und anderen Nährstoffen, die einem von Ihnen gelieferten Fleisch zugesetzt werden können. Einige Produkte sind im örtlichen Zoofachhandel erhältlich, während andere im Abonnement geliefert werden können.

Selbst kochen

Manche fleißigen Besitzer kochen für ihre Hunde. Meine kulinarischen Fähigkeiten enden bei Makkaroni mit Käse. Aber gekochtes Hühnchen, Gemüse und andere gesunde Lebensmittel sind für Ihren Hund unendlich viel nahrhafter als das, was in den meisten Trockenfuttersorten enthalten ist. Wenn Sie sich für selbstgekochtes Futter entscheiden, sollten Sie sorgfältig recherchieren, wie Sie eine ausgewogene Ernährung erreichen können und welche Nahrungsergänzungsmittel notwendig sind. Eine ausgewogene Ernährung ist natürlich für alle Hunde wichtig, aber sie ist besonders wichtig, wenn Ihr Hund an einer Krankheit leidet. Es gibt einige ausgezeichnete Bücher (siehe Ressourcen), die Sie bei der Zubereitung nahrhafter, gesunder Mahlzeiten für Ihren Hund unterstützen können.

Die Ernährung von Hunden und die Zusammensetzung der im Handel erhältlichen Futtermittel ist ein faszinierendes und wichtiges Thema, aber es würde den Rahmen dieses Buches sprengen, darauf näher einzugehen. Wenn Sie mehr darüber erfahren möchten, finden Sie im Anhang empfohlene Bücher.

Kapitel 9
Bewegung

Wir alle wissen, dass Hunde Bewegung brauchen. Regelmäßige körperliche Betätigung ist besonders wichtig für Hunde mit Reaktivitätsproblemen, da sie die Intensität des Verhaltens beeinflussen kann. Denken Sie einmal darüber nach, wie Sie sich fühlen, wenn Ihnen jemand im Straßenverkehr den Weg abschneidet, während Sie vor nervöser Energie nur so vibrieren oder wenn Sie gerade von einer langen Wanderung oder einem Training kommen. Wie Sie wird auch Ihr Hund nicht so schnell reagieren, wenn sein Körper auf angenehme Weise erschöpft ist. Aber es kann eine Herausforderung sein, einen Weg zu finden, Ihren Hund zu trainieren, wenn er die Gesellschaft anderer Hunde nicht schätzt. Kein Grund zur Sorge! Es gibt viele Möglichkeiten, die körperlichen Bedürfnisse Ihres Hundes zu befriedigen und gleichzeitig Konfrontationen zu vermeiden.

Spaziergänge und Wanderungen

Wenn Ihr Hund andere Hunde angreift und anbellt, ist das Letzte, worauf Sie Lust haben, mit ihm spazieren zu gehen. Ich weiß das, ich habe das auch schon erlebt. Aber Spaziergänge zu vermeiden bedeutet, dass Ihr Hund weniger Bewegung bekommt, was wiederum dazu führt, dass sich nervöse Spannungen aufbauen, die kein Ventil finden. Das führt dann leider dazu, dass Ihr Hund beim Spazierengehen noch reaktiver wird und einen sich selbst verstärkenden Stresskreislauf in Gang setzt. Der Schlüssel zum Durchbrechen dieses Kreislaufs liegt darin, Situationen zu vermeiden, in denen Sie beide angespannt sind, aber trotzdem ein angemessenes Training zu absolvieren.

Falls Sie das Kapitel über Management übersprungen haben, gehen Sie dahin zurück und lesen Sie die Vorschläge dazu, wo und wann Sie mit Ihrem Hund spazierengehen sollten. Wie oft und wie lange Sie mit Ihrem Hund spazierengehen sollten, hängt von der Rasse, der Größe, dem Alter und der körperlichen Verfassung Ihres Hundes ab. Ein halbstarker Labrador Retriever braucht zum Beispiel viel mehr Bewegung – mindestens eine Stunde pro Tag, vorausgesetzt, er ist gesund – als ein neunjähriger Neufundländer.

Tägliche Spaziergänge sind in zweierlei Hinsicht von Vorteil: Sie bieten nicht nur körperliche Bewegung, sondern auch eine Bereicherung in Form von interessanten Gerüchen. Für einen Hund ist das Erschnüffeln von Spuren, die andere Hunde hinterlassen haben, wie das Durchblättern von Nachrichten in den Social Media für uns, zum Beispiel „Eine halbwüchsige Hündin ist in der Nachbarschaft eingezogen!" und unser Hund würde ein „Like" hinterlassen. Natürlich ist der tägliche Spaziergang auch für Sie eine gute Gelegenheit, sich zu bewegen. Ich betrachte meine Hunde Sierra und Bodhi als meine Personal Trainer!

Wanderungen

Für Hunde sind Wanderwege wie Pfade durch ein fabelhaftes Hunde-Wunderland. Eine Wanderung bietet die Möglichkeit, über Hügel zu toben und im Dickicht der Bäume zu spielen und dabei die Pflanzenwelt, Wasserstellen und ein Füllhorn voller natürlicher Düfte zu entdecken. Dank des unebenen Geländes sind Wanderungen auch ein hervorragendes Training, denn Ihr Hund muss klettern, über Hindernisse springen und ständig das Gleichgewicht halten. Wählen Sie für Ihre Wanderung ein Gebiet, in dem Sie sich bei Bedarf vom Weg entfernen können. Wenn Ihr Hund noch nie gewandert ist, sollten Sie die ersten Ausflüge kurzhalten. Passen Sie die Wanderungen immer an das Wohlbefinden und die körperlichen Fähigkeiten Ihres Hundes an. Befolgen Sie außerdem die ausgeschilderten Regeln und achten Sie stets auf Ihre Umgebung.

Obwohl dies eigentlich selbstverständlich sein sollte, sollten Sie Ihren Hund bei Wanderungen immer an der Leine führen. Solange die Probleme Ihres Hundes nicht gelöst sind, sollten Sie zu Zeiten wandern, in denen die Wahrscheinlichkeit geringer ist, dass Sie auf andere Menschen treffen. Spazierengehen und Wandern bieten sowohl geistige als auch körperliche Anregung und die Möglichkeit, in der Natur in Ruhe und Frieden zusammenzukommen. Planen Sie Ausflüge bei kühlem Wetter und nehmen Sie Wasser für Mensch und Hund mit.

Ausdauertraining

Spaziergänge und Wanderungen sind schön und gut, aber wie sieht es mit intensiverem Ausdauertraining aus? Denken Sie daran, dass ein Hund, dessen Bewegungsbedürfnisse befriedigt werden, eine geringere Reaktivität an den Tag legt. Wenn Ihr Hund jung und sportlich ist, braucht er vielleicht intensiveres Training. Wenn Sie ein Jogger oder Läufer sind, könnte Ihr Hund, vorausgesetzt, er ist in guter körperlicher Verfassung, mit Ihnen joggen oder laufen. Wenn Sie gerne Fahrrad fahren, könnte Ihr Hund mit einem speziell für diesen Zweck angefertigten Geschirr mitlaufen (siehe Serviceteil). Ich würde Ihnen nur dann raten, mit Ihrem Hund Fahrrad zu fahren, wenn Sie eine Gegend finden, in der sich keine anderen Menschen aufhalten. Andernfalls könnten Sie am Ende wegen eines vorbeifahrenden Pudels im Dreck landen.

Tipps zum Üben

- Wenn Ihr Hund nicht an regelmäßige Bewegung gewöhnt ist, fangen Sie langsam an und steigern Sie die Dauer und Intensität schrittweise, ganz so, als würden Sie selbst ein neues Trainingsprogramm beginnen.
- Wenn Ihr Hund noch ein Welpe ist, fragen Sie bei Ihrem Tierarzt nach, ab welchem Alter er rennen oder springen darf, um seine wachsenden Gelenke und Muskeln nicht zu beeinträchtigen.
- Verlassen Sie sich nicht darauf, dass Ihr Hund Ihnen signalisiert, wann er müde ist. Viele Hunde werden bis zur Erschöpfung rennen und Bällen hinterherjagen, wenn man sie lässt.
- Genau wie bei einem menschlichen Sportler ist es wichtig, dass die Muskeln Ihres Hundes aufgewärmt werden, bevor er sich anstrengt. Drehen Sie mit Ihrem Hund vor Beginn der Aktivität eine kurze Aufwärmrunde und am Ende eine kurze Abkühlrunde.
- Wann immer es möglich ist, sollten Sie lange Spaziergänge oder Joggingrunden auf unbefestigten Wegen oder asphaltierten Straßen anstatt betonierten Wegen unternehmen, da Beton für die Gelenke Ihres Hundes (und für Ihre Gelenke) deutlich härter ist.
- Achten Sie bei Apportierspielen darauf, dass Sie den Gegenstand nicht zu hoch in die Luft werfen, da sich Ihr Hund bei der Landung nach einem vertikalen Sprung am Rücken verletzen könnte.

Wenn Sie einen Hinterhof haben oder eine Hundewiese außerhalb der Öffnungszeiten besuchen können, wenn diese leer ist, ist ein Training leicht zu bewerkstelligen: Werfen Sie einen Ball, eine weiche Flugscheibe oder was immer Ihr Hund gerne apportiert. Wenn Sie das Glück haben, einen Swimmingpool zu besitzen, haben Sie eine eingebaute Trainingsmöglichkeit! Schwimmen ist ein großartiges Herz-Kreislauf-Training und stärkt die Muskeln, ohne die Gelenke zu belasten, was es zu einer besonders guten Wahl für Hunde mit Arthrose und anderen Gelenkproblemen macht.

Training für drinnen

Tauziehen ist ein aufregendes Spiel, bei dem Sie ein Ende eines Seils, eines Handtuchs oder eines anderen Gegenstands halten und Ihren Hund am anderen Ende ziehen lassen. Es ist eine gute Möglichkeit zur Bewegung und hat den zusätzlichen Vorteil, dass es das Vertrauen des Hundes stärkt. Vielleicht haben Sie schon einmal „Tauziehen macht Hunde aggressiv" gehört. Das ist ein alter Mythos. Das Spiel sollte jedoch Regeln und eine Struktur haben. Eine Voraussetzung für ein richtiges Tauzieh-Spiel ist, dass Ihr Hund das Kommando „Aus!" versteht. Normalerweise fordert dieser Satz einen Hund auf, sich von dem Gegenstand, den er gerade untersucht, zurückzuziehen, aber in diesem Fall bedeutet er, dass Ihr Hund sein Maul öffnen und den Gegenstand, den er in der Hand hält, nämlich das Tau-Spielzeug, loslassen soll. Wenn Ihr Hund das noch nicht beherrscht, bringen Sie sie ihm anhand der folgenden Anweisungen bei.

Das Kommando „Aus“

Nehmen Sie ein Leckerli in die geschlossene Faust mit der Handfläche nach oben und halten Sie es direkt vor die Nase Ihres Hundes, sodass er es erreichen kann. Warten Sie. Ihr Hund wird an Ihrer Hand schnüffeln, sie anstupsen und vielleicht sogar das Maul aufreißen, um an das Leckerli zu gelangen. Bewegen Sie Ihre Hand nicht! In dem Moment, in dem Ihr Hund auch nur für eine Sekunde zurückweicht, sagen Sie „Ja!“, öffnen sofort die Faust, loben ihn und geben ihm das Leckerli. Wiederholen Sie dies, bis Sie vorhersagen können, dass Ihr Hund innerhalb weniger Sekunden nach dem Zeigen der Faust zurückweichen wird. Als Nächstes halten Sie wie zuvor ein Leckerli in der geschlossenen Faust. Lassen Sie Ihren Hund ein oder zwei Sekunden daran schnuppern und sagen Sie dann: „Aus!“ In diesem Fall darf Ihre Stimme ruhig ein wenig fester sein. Wenn Sie Ihren Hund schließlich mit dem Stichwort auffordern, etwas in Ruhe zu lassen, z. B. einen Gegenstand auf einer Arbeitsplatte oder auf dem Boden, werden Sie das wahrscheinlich kaum in einem angenehmen Singsang sagen. Ihr Hund sollte sich zurückziehen. Sagen Sie „Ja!“ und geben Sie ihm das Leckerli und ein Lob. Sobald Ihr Hund konsequent auf „Aus!“ reagiert, sobald Sie das verbale Signal geben, versuchen Sie es mit dem Zerrspielzeug anstelle des Leckerlis. Halten Sie das Zerrspielzeug – vorzugsweise ein geflochtenes Seil – an beiden Enden fest und lassen Sie Ihren Hund den mittleren Teil in den Mund nehmen und daran ziehen. Sie können das Spielzeug sanft hin- und herbewegen, aber lassen Sie Ihren Hund den größten Teil des Zupfens übernehmen. (Ziehen Sie das Spielzeug nicht nach oben, da dies den Hals Ihres Hundes verletzen könnte.) Nach ein oder zwei Sekunden sanften Ziehens bleiben Sie an Ort und Stelle stehen. Sagen Sie, ohne die Arme zu bewegen und, falls nötig, mit gegen den Körper gestemmten Ellbogen: „Aus!“. Sofern Ihr Hund ausreichend trainiert ist, wird er das Seil loslassen und sich zurückziehen. Wenn Sie ihm zusätzlich ein paar Sekunden geben, dann setzt er sich vielleicht sogar automatisch. Sobald er zurückweicht, belohnen Sie ihn mit einem Lob, sagen Sie dann „Nimm's“ und setzen Sie das Spiel fort. Das auf diese Weise gespielte Tauziehen hat den zusätzlichen Vorteil, dass es Hunden zur Entwicklung von Eigenkontrolle verhilft, was ein wichtiger Bestandteil der Arbeit an einem Reaktivitätsproblem ist. Wenn die Zähne Ihres Hundes zu irgendeinem Zeitpunkt während des Spiels Ihre Haut berühren, sagen Sie genau in diesem Moment: „Schade“, und legen Sie das Spielzeug sofort weg. Ihr Hund wird schnell lernen, dass der Spaß aufhört, wenn die Zähne die Haut berühren, und wird viel besser darin werden, seine Zähne auf dem Spielzeug zu lassen. (Es kann sein, dass Ihr Hund während des Spiels knurrt; das ist völlig normal. Wenn Sie sich Sorgen machen, dass sein Verhalten etwas anderes als normales Spiel sein könnte, wenden Sie sich an einen professionellen Trainer). Erlauben Sie Ihrem Hund, ab und zu zu gewinnen; das ist eine gute Möglichkeit, sein Selbstvertrauen zu stärken. Wenn Sie mit dem Spielen fertig sind, legen Sie das Spielzeug weg.

Kauen

Kauen als Freizeitbeschäftigung trainiert die Kiefer Ihres Hundes, ist ein hervorragendes Ventil für überschüssige Energie und bringt den entscheidenden Vorteil, dass es Stress bei Hunden abbaut. Stellen Sie regelmäßig geeignete Kauartikel zur Verfügung. Vermeiden Sie Rohhaut und Schweineohren – wenn davon große Stücke verschluckt werden, weil nicht gründlich gekaut wurde, können diese gefährlich für Ihren Hund werden. Komprimierte Rohhaut oder Kauartikel mit der Aufschrift „ohne Rohhaut" sind sicherere Versionen des Originals. Die bessere Alternative sind Bully-Sticks. Bully Sticks sind natürlich, zerfallen nicht in große Stücke, wie es bei Rohhaut der Fall ist, und sind in vielen Geschäften für Heimtierbedarf erhältlich. Es gibt sie auch in verschiedenen Breiten und Größen. Es gibt eine riesige Auswahl an Kauartikeln für Hunde. Beobachten Sie Ihren Hund jedoch unabhängig davon, für welchen Kauartikel Sie sich entscheiden, denn selbst „sichere" Kauartikel können gefährlich werden, wenn das letzte, kleine Stück ganz verschluckt wird. Mein Lieblingskauartikel, der Kong, wird im folgenden Kapitel über mentale Stimulation beschrieben.

Hundesport

Durch die Teilnahme an Hundesportarten können Sie mit Ihrem Hund Spaß haben und gleichzeitig Ihre Bindung stärken. Sie fragen sich wahrscheinlich, wie Sie Hundesport betreiben können, wenn andere Hunde in der Nähe sind. Es stimmt zwar, dass ein reaktiver Hund einige Sportarten ausschließt, aber es gibt andere, bei denen Sie nicht in unmittelbarer Nähe zu anderen Hunden sein müssen.

Nasenarbeit

Nasenarbeit ist der perfekte Sport für hundereaktive Hunde, und die meisten können unabhängig von ihrem Alter oder ihrer körperlichen Verfassung daran teilnehmen. Diese unterhaltsame Such- und Fährtenarbeit beginnt in der Regel damit, dass der Hund ein Lieblingsleckerli oder Spielzeug sucht, das in einer von mehreren Boxen versteckt ist. Natürlich wird er für seinen Fund belohnt. Sobald der Hund den Dreh raushat, kann die Suche auf ganze Räume, Außenbereiche und sogar Fahrzeuge ausgeweitet werden. Wenn die Hunde an Vertrauen gewinnen, werden Zielgerüche eingeführt und Wettkampffähigkeiten trainiert. Sie können in diesem Sport so weit gehen, wie Sie möchten oder ihn einfach nur zum Spaß betreiben. Das Beste ist, dass die Hunde einzeln gearbeitet werden. Hunde, die nicht arbeiten, warten in Kisten oder Fahrzeugen, damit auch reaktive Hunde die Aktivität genießen können. Da der Schwerpunkt darauf liegt, den Jagdinstinkt Ihres Hundes anzuzapfen und seine eigenständigen Problemlösungsfähigkeiten zu fördern, sind keine vorherigen Trainings- oder Gehorsamkeitskenntnisse erforderlich. Kurz gesagt ist Nasenarbeit eine hervorragende Möglichkeit, Ihrem Hund zur Kalorienverbrennung zu verhelfen, ihn gleichzeitig mental zu stimulieren und gemeinsam Spaß zu haben. Es ist auch eine großartige Möglichkeit, Vertrauen aufzubauen. Im Internet finden Sie eine Vielzahl von Büchern und Videos, in denen beschrieben wird, wie Sie Fährtenspiele zu Hause durchführen können.

Fährten

Eine weitere Sportart, bei der die erstaunlichen olfaktorischen Fähigkeiten Ihres Hundes genutzt werden, ist die Fährtensuche. Dabei muss Ihr Hund einer Duftspur folgen, um einen bestimmten Gegenstand zu finden. Das Erschnüffeln des Bodens ist etwas, das Hunde rasseunabhängig von Natur aus tun, und die meisten Hunde lernen die Fährtensuche schnell. Diese Sportart ist körperschonend und kann auch von älteren oder körperlich weniger fitten Hunden ausgeführt werden. Außerdem bietet sie eine geistige Anregung, sodass die Fährtensuche für viele Hunde, ob reaktiv oder nicht, perfekt geeignet ist. Fährtenarbeit findet normalerweise in Gruppen statt, wobei stets nur ein Hund die Fährte aufnimmt. Wenn Sie es jedoch vorziehen, dass Ihr Hund den Spaß, die Stimulation und die Vertrauensbildung des Fährtengehens genießt, ohne in einer Gruppe zu sein, geben Sie in eine beliebige Suchmaschine „Fährtenausbildung“ ein, um mehr darüber zu erfahren, wie Sie Fährtenspiele bei sich zu Hause oder im Garten veranstalten können.

Agility

Beim Agility-Sport werden Hunde durch einen Hindernisparcours aus Sprüngen, Tunnel und Stangen geführt. Ein Kurs in der Gruppe wäre für einen reaktiven Hund jedoch wahrscheinlich zu viel, da andere Hunde, die den Parcours durchlaufen, ihn übermäßig stimulieren würden. Die gute Nachricht ist, dass es jetzt vorgefertigte Agility-Parcours für zu Hause gibt, die Sie in Ihrem eigenen Garten aufbauen können. Diese lustigen Parcours umfassen in der Regel Sprünge, Tunnel, Stangen und vieles mehr. Wenn Ihr Hund körperlich in guter Verfassung ist, kann Agility eine gute Wahl sein. Auf YouTube finden Sie zahlreiche Anleitungen dazu, wie Sie Ihrem Hund beibringen können, die einzelnen Hindernisse zu bewältigen. Agility zu Hause stärkt das Selbstvertrauen Ihres Hundes und die Bindung, die Sie durch die gemeinsame Arbeit aufbauen.

Wenn Ihr Hund noch ein Welpe ist, müssen bestimmte Sportarten mit hoher Belastung, wie z. B. Agility mit vollem Parcours, warten, bis er älter ist und sich seine Epiphysenfugen geschlossen haben. Hunde mit verletzten oder geschwächten Schultern, Knien, Knöcheln oder Hüften sollten ebenfalls nicht springen oder an anstrengenden Sportarten teilnehmen. Erkundigen Sie sich bei Ihrem Tierarzt, bevor Sie Ihrem Hund die Teilnahme an einem Bewegungsprogramm oder Sport erlauben.

Hüten

Ja, wie bei Schafen! Beim Hüten werden die instinktiven Fähigkeiten des Hundes genutzt, um die Bewegung des Viehs zu kontrollieren. Border Collies und andere Hütehunderassen sind oft Naturtalente, auch wenn sie noch nie einen Bauernhof betreten haben. Der Sport ist jedoch nicht auf bestimmte Rassen beschränkt, und Sie müssen auch nicht an Prüfungen teilnehmen. Sie können sich einfach einen Ausbilder suchen und einen Termin vereinbaren, um zu testen, ob Ihr Hund die erforderliche Eignung besitzt, und wenn ja, regelmäßige Unterrichtsstunden vereinbaren. Hüten ist eine hervorragende Beschäftigung für energiegeladene Hunde.

Spaziergänge, Wanderungen, Spielen zu Hause, Kauartikel und Hundesportarten tragen also dazu bei, dass Ihr Hund insgesamt ruhiger wird und Vertrauen fasst. Als Nächstes werden wir nun untersuchen, wie Sie Ihren Hund auch mental stimulieren können.

Kapitel 10
Mentale Beschäftigung

Denken Sie einmal an die letzte Gelegenheit, bei der Sie eine Denksportaufgabe bearbeitet oder ein Problem gelöst haben, für dessen Lösung Sie kreativ denken mussten. Wahrscheinlich fühlten Sie sich trotz des Gefühls, etwas geschafft zu haben, hinterher auch ein wenig erschöpft. Geistige Anstrengung kann genauso anstrengend sein wie körperliche Übungen, manchmal sogar noch anstrengender. Für reaktive Hunde kann mentale Auslastung besonders vorteilhaft sein, da sie die Grundlage für einen ruhigeren Geisteszustand schafft.

Ein Hund, dessen Geist unterfordert ist, hat wahrscheinlich mehr nervöse Energie, was sich in weniger Selbstbeherrschung und mehr Reaktivität bei Begegnungen mit anderen Hunden äußern kann. Unterstimulation kann sich auch in Form von Ängstlichkeit, Kauen auf ungeeigneten Gegenständen, Unruhe oder Hyperaktivität oder allgemein schlechterem Verhalten äußern. Ein Hund, der regelmäßig und gezielt mental beschäftigt ist und sich ausreichend bewegt, ist dagegen viel ruhiger. Sehen wir uns nun einige Möglichkeiten an, wie Sie Ihren Hund mental stimulieren können.

Aktivspielzeuge

Aktivspielzeuge sind eine tolle Möglichkeit, die Problemlösungskompetenz Ihres Hundes zu fördern. Diese cleveren Geräte gibt es in verschiedenen Formen und Größen und sie können zu den Mahlzeiten mit dem Futter Ihres Hundes gefüllt werden. Die Aufgabe Ihres Hundes besteht darin, herauszufinden, wie er das Spielzeug mit seiner Nase und seinen Pfoten bewegen kann, damit die Leckereien herausfallen. Der Schwierigkeitsgrad hängt von der Größe des Lochs und der Form des Balls ab und davon, wie leicht er zu manipulieren ist. Wölfe, Verwandte des Hundes, müssen für ihre Nahrung hart arbeiten. Wenn sie Großwild jagen, sind sie nur in etwa zehn Prozent der Fälle erfolgreich; das ist eine große Anstrengung! Und jetzt, Tausende von Jahren später, präsentieren wir unseren Hunden eine Schüssel mit Futter und sagen: „Guten Appetit!“ Die Fütterung in einem Napf ist ab und zu in Ordnung, aber lassen Sie Ihren Hund doch die meiste Zeit für seine Mahlzeiten arbeiten, indem Sie einen Futterspender verwenden. Die Futterspender können auch mit kleinen, trockenen Leckerlis gefüllt werden, was eine gute Möglichkeit ist, Ihren Hund in der Mittagspause oder an den Tagen, an denen Sie nicht trainieren oder mit ihm spazieren gehen können, mental zu beschäftigen oder zu stimulieren. Sofern Ihr Hund diese Art von Spender nicht zerlegt – die meisten sind aus Kunststoff –, können Sie den Futterspender auch füllen und dem Hund gegen Langeweile geben, wenn Sie nicht da sind. Andernfalls sollten Sie ihm den Spender nur unter Aufsicht geben.

In meinem Buch „Der ängstliche Hund“ habe ich zum ersten Mal die Bedeutung der mentalen Stimulation durch Aktivspielzeuge erörtert. Damals beschrieb ich einige meiner Lieblingsprodukte. Seit dem Druck dieses Buchs kann man manche dieser Produkte nur schwer bekommen und es gibt dafür eine ganze Reihe neuer Produkte auf dem Markt. Schauen Sie im Internet oder in Ihrem Lieblings-Tierbedarfsgeschäft nach, um ein Produkt zu finden, das zu Ihrem Hund passt.

Kong

Keine Diskussion über Futterspender für Hunde wäre vollständig, ohne den klassischen Kong zu erwähnen. Der Kong hat die Form eines Schneemanns und verfügt über ein kleines Loch oben und ein größeres unten. Meiner Meinung nach ist er eine der besten Erfindungen, die je gemacht wurden, um Hunde zu beschäftigen und mental zu stimulieren. Er besteht aus robustem Gummi – die schwarze Version ist sogar noch robuster als die rote – und ist in verschiedenen Größen erhältlich, vom kleinen „Welpen-Kong“ bis zur Größe XXL. Achten Sie darauf, dass er nicht zu klein ist, denn dann bietet dieser nur wenig Platz für Leckerlis. Stopfen Sie einfach das kleinere Loch mit einem kleinen, formbaren Leckerli oder einem Stück Trockenfut-

Sierra genießt ihren täglichen Kong.

ter. Drehen Sie dann den Kong um und füllen Sie den großen Hohlraum. Der Gedanke dahinter ist, dass man den Hohlraum schichtweise füllt. Zu diesem Zweck können Sie weichere Lebensmittel wie leicht überreife Bananen, zerdrückte Süßkartoffeln oder Hundefutter in Dosen (mit einer pateartigen Konsistenz) mit härteren Schichten aus Hundekeksen oder Trockenfutter abwechseln. Schließen Sie Ihr Hundeparfait mit einer Schicht Dosenfutter oder etwas Ähnlichem ab, damit nichts herausfallen kann. Online lassen sich eine Fülle an Rezepten für Kong-Füllungen finden.

Sobald Ihr Hund ein Profi im Herauspuhlen des Inhalts aus Kongs ist, können Sie den gefüllten Kong auch einfrieren, um die Sache noch schwieriger zu machen. Wenn Sie jetzt in mein Gefrierfach schauen würden, würden Sie zehn gefrorene Kongs sehen. Nein, ich habe keine zehn Hunde, nur die beiden! Auch wenn meine Hunde jetzt dreizehn Jahre alt sind, möchte ich sie immer noch täglich geistig stimulieren. Ich ziehe es vor, Kongs für die kommende Woche zuzubereiten, so wie manche Leute am Wochenende die Mahlzeiten für die ganze Woche kochen. (Das Einfrieren sorgt dafür, dass der Hund lange Spaß am Herauspuhlen hat, und an heißen Tagen ist es besonders schön, ihm etwas Kaltes anzubieten.)

Sie können auch ganze Mahlzeiten Ihres Hundes in den Kong füllen. Stopfen Sie das kleine Loch mit einem weichen, feuchten Leckerli oder einem Stück Trockenfutter. Messen Sie die Flocken ab und mischen Sie sie entweder mit Nassfutter (wie bereits erwähnt, verwenden Sie ein Dosenfutter mit einer pateähnlichen Konsistenz) und löffeln Sie die gesamte Mischung hinein, oder schichten Sie abwechselnd Nass- und Trockenfutter, beginnend mit einer Schicht Trockenfutter und endend mit etwas Nassfutter, damit alles drinbleibt.

Wie lange wird Ihr Hund brauchen, um die versteckten Schätze des Kongs zu plündern? Das hängt davon ab, wie dicht der Kong gepackt ist und von der Energie und Ausdauer Ihres Hundes. Ein locker gepackter Kong kann in weniger als zehn Minuten geleert werden. Fest verpackt oder gefroren kann es über eine Stunde dauern. Wenn Ihr Hund diese Art des Leerens noch nie geübt hat, sollten Sie es vorsichtig angehen. Packen Sie die Schichten locker ein und lassen Sie einen Keks oder ein Leckerli herausragen, damit Ihr Hund sofort Erfolg hat. Wenn sich seine Fähigkeiten verbessern, packen Sie die Lagen fester, um die Herausforderung zu erhöhen. Falls Ihr Hund Angst vor dem Alleinsein hat, können Sie ihm einen gut gefüllten Kong geben, der ihn in der entscheidenden Anfangsphase des Aufbruchs beschäftigt, und das Kauen sorgt für Stressabbau. (Sofern Ihr Hund an Trennungsangst leidet, lesen Sie mein Buch „Lass mich nicht allein!“) Ich prophezeie Ihnen, dass Ihre Hunde, genau wie meine, bald zu echten Kongaholics werden!

Leckerchen werfen

Leckerchenwerfen ist eine weitere kreative Möglichkeit, die Fütterungszeit in eine mentale Stimulation zu verwandeln. Das Spiel nutzt das natürliche Riechvermögen Ihres Hundes und bietet eine urbane Version der Jagd nach Futter. Messen Sie genug Futter für eine Mahlzeit ab, und dann – wusch! Werfen Sie es über den ganzen Hof. Das mag zwar seltsam klingen, aber für Hunde ist das Spiel ein großer Spaß. Ihr Hund wird freudig durch das Gras stapfen, die Nase auf den Boden halten und mit dem Schwanz wedeln, wenn er jeden leckeren Happen entdeckt. Wenn Sie keinen Garten haben und es Ihnen nichts ausmacht, dass der Leckerbissen auf dem Boden liegt, reicht auch der Wohnzimmer- oder Küchenboden. Spielen Sie dieses Spiel nicht mit mehreren Hunden, wenn diese dazu neigen, sich um das Futter zu streiten, oder wenn der eine den anderen um seinen Anteil bringen könnte.

Schnüffelmatten

Schnüffelmatten sind ein neueres Produkt auf dem Markt. Sie sind in der Regel rund, quadratisch oder rechteckig und sehen aus wie eine Matte mit Stoffstreifen, die aus ihr herausragen. Die Stofffinger machen die Schnüffelmatte zu einem hervorragenden interaktiven Futterspender für Trockenfutterstücke. Ihr Hund muss sich durch den Stoffwald wühlen, um die einzelnen Häppchen zu finden. Dadurch wird nicht nur sein Fressverhalten verlangsamt, sondern er wird auch mental stimuliert und kann seine überschüssige Energie abbauen. Ihr Hund sollte mit der Matte nicht unbeaufsichtigt gelassen werden, und sie ist möglicherweise keine gute Wahl, wenn Ihr Hund dazu neigt, Dinge zu zerfetzen. Aber Schnüffelmatten sind ziemlich genial, und es lohnt sich, sie auszuprobieren.

Lust auf eine Spritztour?

Für Hunde ist eine Autofahrt ein wahres Sammelsurium an Gerüchen. Hunde lieben es, ihre Nase aus dem Fenster zu strecken, um den Geruch von Bäumen, Menschen und so ziemlich allem anderen in der Umgebung aufzunehmen, den wir Menschen kaum wahrnehmen. Autofahrten haben auch eine visuelle Komponente, da Ihr Hund Dinge zu sehen bekommt, die er nicht jeden Tag sieht. Eine Autofahrt bietet nicht nur mentale Stimulation, sondern auch Spaß!

Wenn Sie Ihren Hund mitnehmen, um Besorgungen zu machen oder Freunde zu besuchen, ist das eine gute Möglichkeit, ihn an die frische Luft zu bringen. Das gilt vor allem, wenn Sie nicht viel Zeit für Spaziergänge oder andere Aktivitäten im Freien haben. Achten Sie nur darauf, ihn an heißen Tagen nicht für längere Zeit im Auto zu lassen und die Fenster während der Fahrt gerade so weit herunterzulassen, dass er seine Nase, aber nicht seinen ganzen Kopf herausstrecken kann – herumfliegender Staub und ähnliches könnten seine Augen erblinden lassen. Regelmäßige Autofahrten tragen dazu bei, dass Ihr Hund mental angeregt wird und damit insgesamt ruhiger bleibt. Da Ihr Hund wahrscheinlich reagiert, wenn er einen Hund in einem anderen Auto sieht, ist es am besten, Situationen zu vermeiden, die eine Reaktion hervorrufen könnten. Wenn Sie einen Hund bemerken, der den Kopf aus dem Fenster eines Autos auf der nächsten Fahrspur steckt, halten Sie sich weiter hinten und fahren nicht direkt neben diesem Auto her. Die Reaktivität im Auto ist ein so häufiges Problem, dass ich diesem ein ganzes Buchkapitel gewidmet habe.

Clickertraining

Das Clickertraining wird hier und nicht im Abschnitt über das Training behandelt, weil es mental eben so anregend ist. Diese zwanglose Trainingsmethode wurde bereits bei Meeressäugern wie Delfinen und Killerwalen sowie bei exotischen Tieren wie Löwen, Tigern und Bären eingesetzt. Das Clickertraining ist eine hervorragende Methode, um Hunde zu trainieren, und da es von ihnen verlangt, nachzudenken und zu rätseln, bietet es auch eine großartige Gelegenheit zur Stärkung des Vertrauens.

Der traditionelle Clicker ist eine kleine Plastikbox mit einer Metalllasche, die beim Drücken ein Klickgeräusch erzeugt. Das Klicken dient als Marker, der dem Hund genau anzeigt, wenn er etwas richtig macht.

> Wenn Ihr Hund geräuschempfindlich ist, können Sie anstelle eines normalen Clickers einen weichen Click wie den eines Kugelschreibers verwenden. Es gibt auch handelsübliche Clicker mit einem leiseren Geräusch. Sie können auch einfach „Ja!“ sagen, anstatt zu klicken.

Clicker gibt es in verschiedenen Formen und Größen.

Nehmen wir an, Sie wollen Ihrem Hund beibringen, sich hinzulegen. Sie könnten ihn mit einem Leckerli in die richtige Position locken und dann in dem Moment klicken, in dem sein Körper flach auf dem Boden liegt, um ihm mitzuteilen, dass dies genau die gewünschte Position war. Ein Click ist schneller und präziser als Worte, und er klingt immer gleich. Doch warum sollte sich ein Hund für einen Click interessieren? Weil auf jeden Click ein Leckerli folgt! Hunde müssen herausfinden, wie sie sich einen Click verdienen können, um ein Leckerli zu bekommen. Es ist faszinierend zu beobachten, wie ein Hund „es kapiert“ und anfängt, Verhaltensweisen anzubieten, in der Hoffnung, einen Click und ein Leckerli zu bekommen.

Verhalten formen

Clicken kann wie beschrieben in Verbindung mit Locken eingesetzt werden. Richtig Spaß macht es aber, wenn es für das sogenannte „Formen“ (engl. Shaping) eingesetzt wird, also für eine Art der Verhaltenskonditionierung. Hier beginnen sich die mentalen Räder Ihres Hundes wirklich zu drehen! Beim Formen belohnen Sie kleine Verhaltensweisen – erfolgreiche Annäherungen –, um ein Ziel zu erreichen. Formen ist vergleichbar mit dem Kinderspiel „Heiß und Kalt“, bei dem die Versuchsperson vom Rest der Gruppe darauf hingewiesen wird, wann sie „heißer“ oder „kälter“ wird, wenn sie sich einem vorher ausgewählten Objekt nähert oder entfernt. Beim Formen gibt es kein „kälter“, aber der Click dient als „heißer“-Signal, das dazu beiträgt, die Bewegungen der Versuchsperson in Richtung des endgültigen Ziels zu lenken. Wenn Sie Ihrem Hund beispielsweise beibringen möchten, zu seinem Körbchen zu gehen, klicken Sie und belohnen Sie ihn mit einem Leckerli, wenn er nur einen Blick zum Körbchen wirft (werfen Sie zuerst ein paar Mal ein Leckerli auf das Körbchen und warten Sie dann).

Sobald Ihr Hund wiederholt in Richtung Körbchen schaut, warten Sie auf jede kleine Bewegung in Richtung Körbchen, z. B. wenn sich eine Pfote nach vorne bewegt, bevor Sie klicken und belohnen. Klicken Sie weiterhin in kleinen, progressiven Schritten, z. B. wenn Ihr Hund eine Pfote auf dem Körbchen hat, dann zwei usw., bis er vollständig auf dem Körbchen steht, und zwar ohne verbale Ermutigung, mit Ausnahme des Lobs bei der Übergabe des Leckerlis. Sobald Ihr Hund das gewünschte Verhalten verstanden hat und Sie vorhersehen können, dass er von sich aus zum Körbchen gehen wird, sagen Sie „Körbchen“, kurz bevor er dies tut. Schon bald können Sie das Verhalten mit Hilfe des verbalen Hinweises auslösen.

Verhalten einfangen

Möglicherweise noch faszinierender als das Formen ist das Einfangen von Verhalten. Es bedeutet, ein natürlich auftretendes Verhalten abzurufen. Nehmen wir an, Sie möchten, dass Ihr Hund neben Ihnen geht, anstatt an der Leine zu ziehen. Jedes Mal, wenn Ihr Hund neben Ihnen geht, klicken Sie, um den Moment zu markieren, und belohnen ihn dann mit einem Leckerli. Ihr Hund wird bald lernen, dass der wertvollste Platz an Ihrer Seite ist. Das Einfangen kann auch dabei helfen, Verhaltensweisen zu trainieren, die sonst nur schwer zu erlernen sind.

Nehmen wir an, Sie möchten ein Wortsignal für „Streck dich" trainieren. Es könnte schwierig sein, Ihren Hund dazu zu ermutigen, sich zu strecken, aber vielleicht haben Sie bemerkt, dass Ihr Hund sich jedes Mal streckt, wenn er nach einem Nickerchen aufsteht. Klicken Sie einfach und belohnen Sie jede Dehnung. Ein Hund, der sich mit dem Clicker auskennt, versucht immer herauszufinden, was er getan hat, um den Click zu verdienen, sodass er bald anfangen wird, das Verhalten anzubieten. Sobald er das tut, fügen Sie das verbale Signal „Streck dich!" oder etwas Kreatives wie „Verbeuge dich vor der Königin!" hinzu, sobald er beginnt, sich zu strecken. Sie können Ihrem Hund auf diese Weise sogar beibringen, auf Kommando zu gähnen, zu niesen oder zu rülpsen, obwohl ich von Letzterem abraten würde!

Die Prinzipien des Clickertrainings mögen Ihnen seltsam vorkommen, wenn Sie Hunde auf traditionelle Weise trainiert haben, aber es lohnt sich, sich mit dieser Methode zu beschäftigen. Clickertraining ist nicht nur faszinierend, kreativ und effektiv, sondern bietet auch eine völlig neue Art der Kommunikation mit Ihrem Hund. Es gibt viele Bücher zu diesem Thema und eine Vielzahl von Lehrvideos auf YouTube.

Kapitel 11
Führungsqualitäten

Stellen Sie sich vor, Sie planen eine Reise in ein fremdes Land und müssten sich zwischen zwei Reiseleitern entscheiden. Der erste Kandidat, Adam, kennt das Land gut, spricht die Sprache und wirkt sachkundig. Er ist entspannt und strahlt eine gewisse Zuversicht aus. Ihr anderer Kandidat, Bob, war noch nie in diesem Land und ist auch noch nicht sehr lange als Reiseleiter tätig. Bob scheint Angst vor dem Ausflug zu haben, versichert aber nervös, dass er sein Bestes geben wird. In der ersten Reisewoche schlendern Sie über einen malerischen Markt, als Sie eine Explosion hören. Was werden Sie tun? Mit Adam als Reiseleiter würden Sie sich sicherlich an ihn wenden, da Sie sich sicher sind, dass er die Situation meistern und Sie in Sicherheit bringen wird. Mit Bob dagegen könnten Sie das Bedürfnis verspüren, Ihre Sicherheit lieber selbst in die Hand nehmen zu wollen. Während Bobs Verhalten nicht das Gefühl von Sicherheit vermittelt, strahlt Adam Führungsqualitäten aus.

Und jetzt überlegen Sie mal, wie wichtig es für einen Hund ist, seinen Menschen in Situationen, in denen er sich nicht wohlfühlt oder nicht weiß, wie er reagieren soll, sich bedroht fühlt oder am liebsten um sich beißen würde, als starke Führungspersönlichkeit anzusehen. Der Border Collie Einstein ist zum Beispiel nervös, wenn andere Hunde auf Spaziergängen an ihm vorbeigehen. Wenn er kein Vertrauen in seinen Besitzer hat, könnte er das Bedürfnis verspüren, die Sache selbst in die Hand nehmen zu müssen, zu bellen und sich nach vorne zu werfen, um die fremden Hunde zu vertreiben. Sieht er sein Frauchen jedoch als fähige Führungspersönlichkeit, kann Einstein sich entspannen, weil er weiß, dass sie mit jeder stressigen Situation umgehen kann, die sich den beiden bietet.

Bedenken Sie, dass sich ein reaktiver Hund in den allermeisten Fällen so verhält, weil er das Bedürfnis hat, etwas Großes, Furchterregendes vertreiben zu müssen. Wenn die Person am Ende der Leine die Situation souverän meistert, besteht kein Grund, einzugreifen. Ist die Person, die mit dem Hund spazieren geht, hingegen nervös, überträgt sich diese Anspannung auf die Leine und kann auch den Hund ängstlich machen. Genau wie Hunde sind auch wir Menschen darauf konditioniert, in gewohnter Weise zu reagieren, wenn wir immer wieder dieselbe Art von beunruhigenden Situationen erleben. Wenn Sie, wie bereits erwähnt, wissen, dass Ihr Hund austickt, wenn er einen anderen Hund sieht, werden Sie wahrscheinlich seine Reaktion vorwegnehmen und Ihre Muskeln anspannen, die Leine straffen oder schneller gehen. Diese Reaktionen sind zwar völlig verständlich, aber sie signalisieren Ihrem Hund, dass er auf der Hut sein muss. Selbst wenn es Ihnen gelingt, die Leine locker zu halten, kann Ihr Hund Ihre nervöse Energie aufgreifen. Wenn Sie hingegen das Gefühl haben, dass Sie das Verhalten Ihres Hundes besser kontrollieren können, werden Sie auch in der Lage sein, in potenziell brisanten Situationen gelassen zu bleiben. Ich habe die Erfahrung gemacht, dass ein Hund, der einem Paar gehört, in der Regel weniger reaktiv ist, wenn er von der ruhigeren und selbstbewussteren Person der beiden ausgeführt wird.

Die Sprache der Führung

Gute Führungspersonen setzen beim Führen und Lehren eher auf Psychologie als auf körperliche Gewalt. Sie müssen Ihrem Hund nicht beweisen, dass Sie das Sagen haben, indem Sie körperlich übermächtig sind. In einem Wolfsrudel sind es die mittleren Rudelmitglieder – die Möchtegern-Alphas –, die sich ständig streiten und versuchen, ihren Status zu verteidigen. Ein wahres Alphatier braucht nichts zu beweisen. Dasselbe Phänomen ist in menschlichen sozialen Gruppen zu beobachten.

Die Aura eines wahren Anführers ist unverkennbar. Das selbstbewusste Auftreten spiegelt sich im Tonfall und in der Körpersprache der Person wider. Die Kommunikation erfolgt kurz und bündig. Die Anweisungen sind klar und direkt. Eine gute Führungskraft ist fair, konsequent und geduldig. Auch wenn Sie von Natur aus keine Führungsqualitäten besitzen, können Sie lernen, sie so gut zu verkörpern, dass Ihr Hund überzeugt ist, dass Sie das Sagen haben. Und so geht‘s:

1. Bemühen Sie sich um ein ruhiges, selbstbewusstes Auftreten. Wann immer Sie spüren, dass Sie angespannt sind, atmen Sie ein paar Mal tief durch.
2. Geben Sie klare Signale mit den Händen und durch Ihre Körpersprache. Vermeiden Sie unnötige Bewegungen. Stehen Sie aufrecht und kommunizieren Sie ruhig und klar.
3. Halten Sie die verbalen Signale einfach und umgeben Sie sie nicht mit überflüssigem Geschwätz. Es heißt nicht: „Buddy, komm doch jetzt her!“ Sondern: „Buddy, komm!“
4. Geben Sie verbale Signale nur einmalig. Ihr Hund kann hören, wie ein Kartoffelchip auf den Teppich im Nebenzimmer fällt; also hört er auch Sie beim ersten Rufen. Wenn Sie generell dazu neigen, verbale Signale zu wiederholen, atmen Sie sofort nach dem ersten Aussprechen der Worte tief durch. Warten Sie. Wenn Ihr Hund ein Kommando gut eingeübt hat und absolut beherrscht, aber er Ihnen trotzdem nicht folgt, sollte das eine Konsequenz nach sich ziehen. Wenn er zum Beispiel aufgefordert wurde, vor der Haustür sitzen zu bleiben, wenn es Zeit für einen Spaziergang ist, aber aufgestanden ist, sollte die Tür sofort wieder geschlossen werden. Gehen Sie dann weg, kommen Sie in einer Minute zurück und wiederholen Sie Ihre Aufforderung. Die Chancen stehen gut, dass der Hintern Ihres Hundes auf dem Boden kleben bleibt.

Wenn Sie ein Verhalten unterbrechen müssen, ob zu Hause oder in der Öffentlichkeit, verwenden Sie ein sanftes, aber scharfes, tiefes „Eh-eh!“ anstelle eines lauten „Nein!“ (Mütter, benutzen Sie Ihre Mutterstimme!) Sobald Ihr Hund mit seiner Tätigkeit aufgehört hat, leiten Sie ihn ruhig zu einer anderen Aktivität um, z.B. zum Kauen an einem geeigneten Gegenstand. Bitten Sie ihn um ein „Sitz“, bevor Sie ihm das Spielzeug geben, damit er für das „Sitz“ und nicht für die unangemessene Aktivität belohnt wird.

Ein Wort zur Dominanz

Leider wurde das Konzept der Dominanz in der Hundeerziehung im Laufe der Jahre stark übertrieben und missbraucht. „Bailey springt dich an? Er ist dominant! Trixie läuft an der Leine vor Ihnen her? Das ist eindeutig Dominanz! Luna springt Gäste an? Was für ein dominanter Hund!“ Nein, nein, und nochmals nein! Zu viele Menschen bezeichnen ihre Hunde als „dominant“, obwohl das Verhalten in Wirklichkeit auf einen einfachen Mangel an Training zurückzuführen ist, möglicherweise in Kombination mit der Lebensphase des Hundes. Ein typischer halbwüchsiger Labrador Retriever, der seine Besitzer anspringt und vor ihnen durch die Tür springt, ist zum Beispiel nicht „dominant“, sondern einfach ein wilder Teenager, dem es an Manieren mangelt.

Es kann sich nachteilig auf die Beziehung zu Ihrem Hund auswirken, wenn Sie ihn in Ihrer Vorstellung als dominant einstufen, weil Sie dann alles, was er tut, in diesem Zusammenhang sehen. Ihr Hund mag zwar aufdringlich sein oder eine Alpha-Persönlichkeit haben, aber das bedeutet nicht, dass er ständig versucht, Ihr Reich zu stürzen oder dass er in jeder Situation der Platzhirsch sein will. Wie Kinder fühlen sich auch Hunde sicherer, wenn sie Regeln und Grenzen haben. Bringen Sie Ihrem Hund gute Manieren bei und zeigen Sie ihm, welche Verhaltensweisen in bestimmten Situationen erwartet werden.

Programm für Führungsqualitäten

Das Führungstraining ist keine Übung, die hier und da exerziert wird, sondern eine Reihe von Regeln und Gewohnheiten, die Sie in Ihre tägliche Routine aufnehmen. Führung bedeutet, dass Sie die Regeln aufstellen und die Ressourcen kontrollieren. Die Regeln bei Ihnen zu Hause können anders sein als bei anderen, aber es ist wichtig, dass Sie mehr Einfluss auf das Verhalten Ihres Hundes haben als umgekehrt. Und es ist entscheidend für den Erfolg des Programms, dass die einmal aufgestellten Regeln auch eingehalten werden.

Es ist wichtig, dass sich alle Familienmitglieder an das Programm halten. Wie bei jedem Trainingsprogramm ist es kontraproduktiv, einen „Untrainer" in der Familie zu haben, der die Regeln verbiegt und die harte Arbeit aller anderen zunichte macht. Inkonsequenz ist auch verwirrend und unfair gegenüber Ihrem Hund. Sorgen Sie dafür, dass alle auf dem richtigen Weg bleiben, indem Sie sich gegenseitig sanft daran erinnern, wenn jemand vom Plan abweicht. Ein gemeinsames Auftreten macht die Erwartungen für Ihren Hund deutlich und führt zu schnelleren und zuverlässigeren Ergebnissen. Es kann hilfreich sein, die diesbezüglichen Hausregeln an einem zentralen Ort, z.B. am Kühlschrank oder am schwarzen Brett in der Küche, auszuhängen, besonders, wenn Sie Kinder haben.

Apropos Kinder: Wenn Sie Kinder haben, wissen Sie bereits alles über die Verwaltung von Ressourcen. Sie kontrollieren ihr Taschengeld und den Zugang zu elektronischen Geräten, und wenn Sie Teenager haben, halten diese sich an Ihre Regeln für die Sperrstunde und die Benutzung des Autos (zumindest hoffen Sie das). Menschen und Hunde verstehen von Natur aus, dass derjenige, der die Ressourcen kontrolliert, das Sagen hat. In diesem Sinne lautet Ihr offizieller Titel „Hüter aller guten Dinge". Überlegen Sie, was für Ihren Hund eine wertvolle Ressource ist. Mal sehen … er bekommt kein Taschengeld, und wir werden ihm sicher nicht die Autoschlüssel geben … aber halt! Es gibt immer noch Futter, Spiel und andere Dinge, die Sie leicht kontrollieren können.

Futter

Da Futter wohl eine der wichtigsten Ressourcen für einen Hund ist, ist es wichtig, dass Ihr Hund versteht, dass Futter von Ihnen kommt. Leider glauben viele Hunde, dass es von dem runden Ding auf dem Boden kommt, das irgendwie immer auf magische Weise voll ist. Freies Füttern – also das ständige Bereitstellen von Futter – ist kein Weg, um eine Führungsposition aufzubauen. Wenn Sie nicht gerade extrem lange arbeiten, gibt es keinen Grund, frei zu füttern. (Wasser ist zwar auch eine wichtige Ressource, aber es sollte immer zur Verfügung stehen). Geplante Fütterungen helfen nicht nur beim Aufbau der Führungsposition, sondern können auch als Diagnoseinstrument dienen. Wenn Ihr Hund normalerweise sofort frisst und sein gesamtes Futter aufisst, wissen Sie, dass etwas nicht stimmt, wenn er bei einer Mahlzeit die Nase rümpft.

Um Ihren Hund von der freien Fütterung auf regelmäßige Fütterungen umzustellen, bieten Sie ihm morgens eine Mahlzeit an, wann immer es Ihnen passt. Lassen Sie das Futter zehn bis fünfzehn Minuten stehen, nehmen Sie dann die nicht gefressene Portion auf und stellen Sie sie weg. Ein Hund, der daran gewöhnt ist, dass das Futter den ganzen Tag über zur Verfügung steht, wird wahrscheinlich nicht sehr viel gefressen haben. Das ist nicht schlimm. Bieten Sie bei der nächsten Mahlzeit erneut Futter an. Warten Sie fünf bis zehn Minuten, und nehmen Sie dann die nicht gefressene Portion weg. Es ist völlig normal, dass Sie sich in dieser Übergangsphase als gemeine Hundemutter oder -vater fühlen, aber kein Hund wird sich zu Tode hungern. Ihr Hund wird bald begreifen, dass das Futter nur für eine begrenzte Zeit zur Verfügung steht, und Ihr ehemals mäkeliges Schleckermäulchen wird schon bald jedes Mal dann fressen, wenn eine Mahlzeit angeboten wird.

Um auf unsere Freunde, die Wölfe, zurückzukommen: In einem Rudel frisst normalerweise der Anführer zuerst. Leider wurde diese Information in einigen Kreisen in die Ermahnung umgewandelt, dass man immer zuerst essen sollte, bevor der Hund frisst. Ich kannte einmal eine Frau, die darauf bestand, vor ihrem Hund immer erst einen Cracker zu essen, bevor sie ihm seine Mahlzeit überließ, weil sie der Meinung war, dass sie damit ihren höheren Rang unter Beweis stellte. Im Ernst! Füttern Sie Ihren Hund, wann immer es Ihnen passt, sei es vor oder nach Ihrer eigenen Mahlzeit. Sie sind derjenige, der das Sagen hat, also entscheiden Sie, wann das geschieht. Die Regeln selbst sind nicht so wichtig wie die Tatsache, dass Sie sie aufstellen.

Spielen Sie

Wenn Ihr Hund wie die meisten ist, ist Spiel ein wertvolles Gut. Hunde haben große Freude daran, Bällen hinterherzujagen, Tauziehen zu spielen und wie kleine Verrückte herumzurennen. Sehr oft ist es der Hund, der das Spiel beginnt, indem er einen Ball oder ein Spielzeug vor seinem Besitzer fallen lässt. Gehorsame Menschen wie wir es sind, fügen sich sofort. Daran ist nichts Schlechtes, aber jedes Mal, wenn Ihr Hund etwas will, seinem Aufmerksamkeitsbedürfnis nachzukommen, ist nicht gerade förderlich für den Aufbau einer Führungsposition.

Zu Ihrer Rolle als Hüter aller guten Dinge gehört auch, dass Sie für Spaß sorgen. Das soll nicht heißen, dass Sie Ihren Hund nie mit Spielzeug allein lassen sollten, aber die wirklich lustigen, hochwertigen Spielzeuge sollten interaktiv sein. Mit anderen Worten: Ihre Anwesenheit und Beteiligung sind erforderlich, damit diese besonderen Spielzeuge funktionieren. Nehmen wir an, das Lieblingsspielzeug Ihres Hundes ist ein Gummiball. Bewahren Sie den Ball versteckt auf. Wann immer Sie möchten, holen Sie ihn heraus und bieten ihn zum Spielen an. Spielen Sie so lange, wie Sie möchten, beenden Sie dann das Spiel und legen Sie den Ball weg. Da die besten Spielzeuge und lustigen Spiele nur durch Sie zugänglich sind, wird Ihr Status automatisch aufgewertet.

Wenn Ihr Hund eines seiner immer verfügbaren Spielzeuge mitbringt und es Ihnen vor die Füße legt, liegt es an Ihnen, ob er ein Spiel bekommt oder nicht. Wenn Sie spielen möchten, fordern Sie Ihren Hund auf, sich zu setzen, niederzulegen oder etwas anderes aus seinem Repertoire zu tun, bevor Sie das Spiel beginnen. Wenn Sie zu diesem Zeitpunkt nicht spielen möchten, sagen Sie: „Nicht jetzt“. Verschränken Sie dann Ihre Arme, schauen Sie nach oben und zur Seite und ignorieren Sie Ihren Hund. Achten Sie darauf, dass Sie ihn nicht ansehen oder mit ihm sprechen, sobald Sie den Satz gesagt haben. Ihr Hund wird bald lernen, dass „Nicht jetzt“ bedeutet, dass er sich eine andere Beschäftigung suchen kann, da keine weitere Interaktion stattfinden wird.

Ich bringe allen meinen Hunden die Bedeutung von „Nicht jetzt“ bei und empfehle Ihnen, dasselbe mit Ihrem eigenen Hund zu tun. In meinem Fall war dieser Satz besonders nützlich bei meinem vorherigen Hund Soko, einem Deutschen Schäferhund, der völlig ballbesessen war. Immer, wenn mein Mann und ich zu Abend aßen, lag Soko in der Nähe mit ihrem Ball vor sich und schaute von mir zu dem Ball, als wollte sie sagen: Hör auf zu essen und wirf ihn endlich! In den dreizehn Jahren, in denen wir sie hatten, kam ich nicht ein einziges Mal dieser Aufforderung nach, aber da sie ein Border Collie im Körper eines Deutschen Schäferhundes war, dachte Soko immer noch, wenn sie nur lange genug darauf beharrte, könnte es passieren. Von uns ignoriert lag sie da und starrte mich eindringlich an. Als ich es schließlich leid war, mit diesen großen braunen Augen zu essen, die mich durchbohrten, sah ich sie an und sagte ruhig: „Soko, nicht jetzt." Dann nahm sie ihren Ball, trottete zu ihrem Bett in der Ecke und legte sich mit einem großen, dramatischen Seufzer hin. Nachricht angekommen!

Standort, Standort und nochmals Standort!

Nicht nur Immobilienmakler wissen um den Wert einer großartigen Lage. Auch wenn der Zugang zu einem bestimmten Bereich nicht als offensichtliche Ressource erscheint, versuchen viele Hunde, ihn zu kontrollieren. Manche Hunde legen sich zum Beispiel quer in Türöffnungen, um den Verkehr in und aus einem Raum zu kontrollieren. Meine Hündin Sierra versperrt oft den Weg, wenn Bodhi in mein Arbeitszimmer kommen will, um mich zu sehen. Er traut sich nicht, die bissige, fellbedeckte Straßensperre zu passieren. Ich erwarte jedoch, dass Sierra aufsteht und sich bewegt, wenn ich sie darum bitte.

Während es bis zu einem gewissen Grad akzeptabel ist, dass Hunde untereinander Machtspiele treiben, ist es nicht zulässig, dass sie dies mit Ihnen tun. Was tun Sie, wenn Ihr Hund quer vor einer Tür liegt oder Ihnen anderweitig den Weg versperrt? Bitten Sie ihn, wegzugehen? Gehen Sie um ihn herum? Steigen Sie über ihn hinweg? Als Anführer sollten Sie den physischen Raum kontrollieren. Wenn Sie davon ausgehen, dass Ihr Hund Sie nicht anschnauzen wird (falls doch, sollten Sie einen Fachmann hinzuziehen), machen Sie den Shoe Shuffle. Halten Sie Ihre Füße in Kontakt mit dem Boden, als ob sie durch magnetische Kraft verbunden wären. Schlurfen Sie sanft auf Ihren Hund zu, als ob er nicht da wäre. Die meisten Hunde werden sofort aufstehen und weitergehen.

Eine andere Möglichkeit, Ihren Hund dazu zu bringen, seinen Wachposten an der Tür zu verlassen, besteht darin, ein paar Meter entfernt zu stehen und ihn zu Ihnen zu rufen. Loben Sie ihn, wenn er kommt, und gehen Sie dann zu Ihrem ursprünglichen Ziel. Wenn Ihr Hund weiß, was „Geh auf deinen Platz" bedeutet, können Sie ihn auch dorthin schicken, um ihn von

Ihrem Weg abzubringen. Indem Sie Ihren Hund dazu bringen, Ihnen entgegenzukommen, und nicht umgekehrt, setzen Sie Ihre Führungsposition durch.

Möbel sind ein weiterer wertvoller Ort. Ein Hund, der knurrt oder die Elvis-Lippe zieht, wenn er aufgefordert wird, runterzugehen, sollte gar nicht erst auf Möbel gelassen werden. Abgesehen von Aggressionsproblemen ist es eine persönliche Entscheidung, ob Sie Ihren Hund auf die Couch oder das Bett lassen. Vergewissern Sie sich nur, dass sich alle Familienmitglieder darüber einig sind, welche Möbelstücke erlaubt sind. Es geht nicht an, dass Mama Spike auf der Couch liegen lässt, während Papa auf der Arbeit ist und es vorzieht, dass Spike nicht auf die Möbel darf. Machen Sie es zu einer Familienregel, dass Ihr Hund eingeladen werden muss, um Zugang zu den Möbeln zu erhalten. Fordern Sie Ihren Hund einfach auf, sich zu setzen, und streicheln Sie dann die Couch neben Ihnen, um ihn einzuladen. Diese kurze, einfache Sequenz sagt viel über Ihren Status aus.

Persönlicher Raum

Eine andere Art von physischem Raum ist der, der Ihren Körper umgibt. Sowohl Hunde als auch Menschen haben ein Bewusstsein für ihren persönlichen Raum. Wenn Ihr Hund in diesen Raum eindringt, sollten Sie ihm bessere Manieren beibringen, indem Sie eine Sprache verwenden, die er versteht: die Körpersprache. Wenn er Sie bedrängt, während Sie stehen, schieben Sie ihn mit Ihrem Unterkörper sanft zurück. Wenn Ihr Hund mittelgroß oder groß ist, können Sie ihn leicht aus der Hüfte schubsen, indem Sie Ihre Hüfte vorschieben. Bei kleineren Hunden schieben Sie ihn sanft mit dem Unterschenkel. Achten Sie darauf, dass Sie eine sanfte Bewegung und keinen Tritt verwenden. Bodhi hat normalerweise gute Manieren, aber wenn ich das Heilige Kabinett der wunderbaren Dinge öffne, verliert er leicht den Verstand und seine Manieren. Da sich sein Kopf fast auf Höhe meiner Hüfte befindet, mache ich, um ihn daran zu erinnern, dass er mich nicht bedrängen soll, einen Hüftcheck, begleitet von einem schockierten Blick und dem Ausruf „Wie bitte?!“ Bodhi schaut kurz erschrocken, setzt sich dann hin und sieht mich verlegen an, als wolle er sagen: „Tut mir leid, Mama, ich habe kurz den Verstand verloren!“

Wenn Sie sitzen und Ihr Hund Ihren Platz einnimmt oder versucht, auf Ihren Schoß zu klettern, können Sie ihn kaum mit Ihrem Unterkörper wegschieben. Sie können jedoch Ihre Arme benutzen. Nehmen wir an, Sie sitzen am Esstisch und Ihr Hund drängt sich an Sie, um zu sehen, was auf Ihrem Teller liegt. Beugen Sie Ihren Arm und benutzen Sie Ihren Unterarm, um ihn sanft wegzuschieben. Das Gleiche können Sie tun, wenn Sie vor dem Fernseher sitzen oder am Computer arbeiten. Sprechen Sie dabei nicht mit Ihrem Hund und schauen Sie ihn auch nicht an; wenn er Aufmerksamkeit sucht, wäre beides eine Belohnung. Achten Sie auch hier darauf, dass Sie keine schnellen, schiebenden Bewegungen machen. Dies könnte nicht nur Ihren Hund verletzen, sondern auch als Aufforderung verstanden werden, zu Ihnen zurückzukommen und zu spielen.

Türöffnungen

Wenn Sie und Ihre Großmutter gleichzeitig versuchen würden, durch eine Tür zu gehen, würden Sie sie dann mit dem Ellbogen zur Seite schieben, damit Sie zuerst gehen können? Natürlich nicht! Das wäre zum einen gefährlich und zum anderen respektlos. Wenn Ihr Hund an Türen, Treppen oder Fluren an Ihnen vorbeirauscht oder Ihren persönlichen Bereich bedrängt, sagt das nicht viel über Ihre Führungsqualitäten aus. Ihr Hund würde es nicht wagen, sich einem anderen Hund gegenüber so zu verhalten, den er als ranghöher ansieht, und er sollte sich auch Ihnen gegenüber nicht so verhalten.

Wenn sich Ihr Hund an der Tür an Ihnen vorbeidrängt, bringen Sie ihm bei, auf Erlaubnis zu warten. Üben Sie an einem anderen Ort als der Haustür, zum Beispiel an der Tür, die zur Garage führt. Wenn Ihre Haustür die einzige Tür in Ihrem Haus ist, leinen Sie Ihren Hund an. Fordern Sie ihn auf, sich zu setzen. Wenn er weiß, wie man auf Kommando stehen bleibt, bitten Sie ihn, dies zu tun. Öffnen Sie die Tür nur einen Spalt. Solange Ihr Hund sitzen bleibt, öffnen Sie die Tür weiter. Wenn er anfängt, aufzustehen oder sich vorwärtszubewegen, schließen Sie sie schnell wieder. Wenn nötig, versperren Sie ihm mit Ihrem Körper den Weg und gehen in seinen Bereich, um ihn dazu zu bringen, zum Ausgangspunkt zurückzukehren. Wahrscheinlich müssen Sie bei Ihren ersten Versuchen ein paar Mal mit dem Körper blockieren; das ist völlig normal. Wiederholen Sie die Übung so lange, bis Sie die Tür weit öffnen können und Ihr Hund an seinem Platz bleibt. Treten Sie dann durch die Tür und rufen Sie ihn zu sich. Mit etwas Übung sollte sich Ihr Hund so weit verbessern, dass er ständig an der Tür sitzt und auf die Erlaubnis zum Durchgehen wartet. (Beim Spazierengehen ist es ebenfalls eine gute Angewohnheit, an Bordsteinkanten zu sitzen und auf die Erlaubnis zu warten, weiterzugehen).

Wenn Sie eine Tür haben, die in den Hinterhof führt, machen Sie die gleiche Übung, aber mit weit geöffneter Tür und ohne Leine. Wenn Ihr Hund versucht, an Ihnen vorbeizugehen, blockieren Sie ihn mit dem Körper. Wenn er bei weit geöffneter Tür sitzt und stehen bleibt, geben Sie ein Freigabewort oder einen Satz wie „Jetzt!" Es spielt keine Rolle, ob er in diesem Fall vor Ihnen draußen ist, da es Ihre Entscheidung ist, es zu erlauben. Diese Routine ist hilfreich, wenn Sie Ihren Hund auf den Hof lassen wollen, ohne selbst hinauszugehen. Die gleiche Strategie kann übrigens auch hilfreich sein, wenn Sie einen Hund haben, der dazu neigt, Sie zu bedrängen oder auf einer Treppe in Ihrem Haus anzustoßen. Gewöhnen Sie Ihrem Hund an, sich hinzusetzen und mit dem Hinuntergehen der Treppe zu warten, bis Sie den unteren Treppenabsatz erreicht haben und das Freigabesignal geben. Diese Abfolge schult nicht nur die Führungsqualitäten, sondern kann auch Verletzungen vorbeugen.

Wie weit sollte ein Führungstraining gehen?

Es ist zwar wichtig, dass Ihr Hund Sie als Autoritätsperson ansieht, an die er sich in schwierigen Situationen wenden kann und Ihnen vertraut, dass Sie für seine Sicherheit sorgen. Aber ein Führungstraining soll Ihren Hund nicht in einen Roboter verwandeln oder ihn ständig unter Ihrer Kontrolle halten. Wenn Ihr Hund zu Ihnen kommt, um gestreichelt zu werden, bitten Sie ihn, wenn Sie möchten, zuerst etwas Einfaches zu tun, wie sich hinzusetzen oder hinzulegen. Wenn Sie Apportieren spielen und Ihr Hund Ihnen den Ball zurückwirft, bitten Sie ihn, sich zu setzen, bevor Sie ihn erneut werfen. Dies sind nur zwei Beispiele für alltägliche Aktivitäten, die Sie kontrollieren können. Müssen Sie von Ihrem Hund verlangen, dass er sich alles, was er will, verdient? Ganz und gar nicht. Die Regeln bestimmen Sie selbst. Wichtig ist, dass Sie ihn bei Bedarf dazu bringen können, sich zu fügen, und das ist es, was in brenzligen Situationen wie dem Vorbeigehen an anderen Hunden auf der Straße zum Tragen kommt.

Teil III

Die Fähigkeiten

Kapitel 12
Ein paar Schlüsselbegriffe

Wir haben bereits über Management gesprochen und darüber, wie wichtig es ist, die Erregungsschwelle Ihres Hundes niedrig zu halten. In diesem Abschnitt lernen Sie spezifische Fähigkeiten kennen, die Sie in der Öffentlichkeit einsetzen können, damit Ihr Hund ruhig bleibt und Ihren Anweisungen folgt. Jede dieser Übungen ist Teil einer Gesamtstrategie, um das reaktive Verhalten Ihres Hundes zu ändern. Einige Fähigkeiten werden eingesetzt, um Ihren Hund dazu zu bringen, dass er sich sofort auf Sie konzentriert, während andere Alternativen zu denjenigen Verhaltensweisen bieten, die Ihr Hund gewöhnlich in einem Erregungszustand an den Tag legt. Wieder andere Fähigkeiten ermöglichen es Ihnen, die Reaktivität ihres Hundes zu unterbrechen, ehe eine Situation eskaliert. Bevor wir uns daher mit der Vermittlung spezifischer Fertigkeiten befassen, möchte ich Ihnen im Folgenden einige Schlüsselkonzepte vorstellen, die Ihnen während des gesamten Prozesses der Verhaltensänderung von Nutzen sein werden.

Was steckt in einem Wort?

Jede Fähigkeit, die Sie unterrichten, wird durch ein verbales Signal ausgelöst. Aber egal, welche Worte Sie verwenden, sie sind bedeutungslos, wenn Sie Ihrem Hund nicht genau beigebracht haben, wie er reagieren soll. Stellen Sie sich vor, ich komme auf Sie zu und verlange: „Fizzyboom!" Was nun? Sie würden mich ausdruckslos anstarren. „Fizzyboom!" Ich würde es wiederholen, diesmal etwas lauter. Bei der dritten Wiederholung erkennen Sie an meinem Tonfall, dass ich wütend werde und dass ich eindeutig erwarte, dass Sie etwas tun. Aber was? Jetzt fühlen Sie sich ängstlich und wissen nicht, wie Sie reagieren sollen. Wie laut ich auch schreien würde, Sie wären nicht in der Lage, der Aufforderung nachzukommen, weil Sie nicht wüssten, was das Wort Fizzyboom bedeutet. Traurigerweise sind wir beide gestresst, weil es einfach an Kommunikation mangelt. Das hätte leicht verhindert werden können, wenn ich sichergestellt hätte, dass Sie die Bedeutung des Wortes kennen, bevor ich es benutze. Bei der Ausbildung Ihres Hundes ist das nicht anders.

Wenn Sie diesen Abschnitt durcharbeiten, werden Sie bestimmte Wörter und Ausdrücke finden, mit denen Verhaltensweisen ausgelöst werden. Es steht Ihnen frei, diese Kommandos zu ändern, aber halten Sie die verbalen Hinweise kurz und knapp und verzichten Sie auf Fremdwörter. Sagen Sie zum Beispiel nicht: „Hey, Gizmo, sieh mich an!", wenn „Gizmo!" ausreichen würde. Seien Sie konsequent in der Wortwahl und im Tonfall. Wenn Sie in einer realen Situation einen verbalen Hinweis geben, versuchen Sie, unabhängig davon, wie angespannt Sie gerade sind, denselben Tonfall zu verwenden, den Sie auch beim Training verwenden. Apropos Tonfall: Wenn Sie Ihren Hund loben, sollte dies immer fröhlich und glücklich klingen. Ein hoher Tonfall ist angenehmer und belohnender als ein strenger Tonfall. Kurz gesagt, bemühen Sie sich stets um eine klare, prägnante und konsequente verbale Kommunikation.

Ablenkungen

Genauso wie es für Sie schwierig wäre, eine neue Sprache zu lernen, während eine Blasmusikkapelle um Sie herum marschiert, ist es für Hunde schwierig, neue Aufgaben zu lernen, wenn sie abgelenkt werden. Wenn Sie ein Haus voller spielender Kinder, dröhnender Fernseher oder sonstigem Chaos haben, sollten Sie einen ruhigen Ort finden, um mit Ihrem Hund zu üben. Notfalls schließen Sie sich dafür in ein Badezimmer ein. Halten Sie die Trainingseinheiten kurz; drei bis fünf Minuten am Stück sind ausreichend. Hunde lernen, genau wie Menschen, besser in kleinen Schritten. Für jede der in diesem Abschnitt beschriebenen Fähigkeiten werden Anweisungen gegeben, wie Sie schrittweise Ablenkungen hinzufügen können. Ziel ist es, dass Ihr Hund irgendwann selbst dann in der Lage ist, eine oder eine Kombination der Übungen auszuführen, wenn andere Hunde vorbeikommen.

Der Trick mit den Leckerlis

Leckerlis sind eine schnelle und einfache Möglichkeit, Ihren Hund für eine gut ausgeführte Aufgabe zu belohnen. Sie sollten mundgerecht und feucht sein, damit sie schnell verzehrt werden können – je schwieriger die Übung, desto wertvoller sollte die Belohnung sein. Während im Haus ein normales Trainingsleckerli ausreicht, sind bei der Arbeit in stark ablenkenden Situationen Würstchenscheiben, gebratenes Hähnchen oder ein handelsübliches Leckerli, das Ihr Hund absolut liebt, die bessere Wahl. Heben Sie die Top-Leckerlis für schwierige Situationen auf, damit deren Werthaltigkeit bewahrt bleibt.

Sollte Ihr Hund eine Fähigkeit besonders gut ausführen oder Sie sehen, wie ihm geradezu ein Licht aufgeht, wenn er eine neue Übung zum ersten Mal „versteht", ist es Zeit für einen Jackpot! Ein Jackpot zeigt Ihrem Hund auf eindrucksvolle Weise, dass er etwas richtig gemacht hat. Um einen Jackpot zu vergeben, füttern Sie ein Leckerli nach dem anderen in schneller Folge und loben Sie ihn dabei enthusiastisch: „Du bist der beste Hund auf der ganzen Welt! Das war hervorragend! Es gibt keinen besseren Hund als dich!" Es ist völlig egal, was Sie sagen – Sie könnten auch sagen: „Beagles sind auf dem Mars gelandet" – solange Sie glücklich klingen und die Leckerlis nicht ausgehen. Jackpots können auch im Verhaltenstraining eingesetzt werden. Um ihre Besonderheit zu bewahren, sollten Sie Jackpots genau für die Momente reservieren, in denen sich Ihr Hund wie ein Rockstar verhält.

Wenn Sie zum ersten Mal eine neue Fähigkeit trainieren, belohnen Sie Ihren Hund für jede Wiederholung. Sobald er die Fertigkeit ausreichend geübt und beherrscht hat, können Sie zu variabler Verstärkung übergehen. Von zehn erfolgreichen Wiederholungen einer Übung wird Ihr Hund zum Beispiel nur für die dritte, fünfte und neunte Wiederholung belohnt. Beim nächsten Mal wird er vielleicht für die vierte und siebte Wiederholung belohnt. Ihr Hund wird das Spiel immer wieder spielen, weil er weiß, dass es eine Belohnung gibt, wenn er lange genug spielt. Es ist das gleiche Prinzip, das Spielautomaten so verlockend macht: Die Spieler spielen weiter, weil sie vielleicht gewinnen. Variable Verstärkung stärkt die Zuverlässigkeit, denn Ihr Hund wird weiterarbeiten, weil er eine Belohnung erwarten kann. Wenn das Training fortschreitet und sich das Verhalten Ihres Hundes verbessert, können Sie dazu übergehen, ihn noch häufiger und noch variabler zu belohnen.

Lassen Sie zu Hause die Leckerlis allmählich weg und ersetzen Sie sie durch reale Belohnungen: Wenn Ihr Hund sich auf Aufforderung an der Haustür hinsetzt, öffnet sich zur Belohnung die Tür und er kann spazieren gehen. Wenn er sich hinlegt, wenn er dazu aufgefordert wird, bekommt er sein Bäuchlein gestreichelt. Auch wenn Sie einfache Verhaltensweisen zu Hause nicht mehr mit Leckerlis belohnen müssen, sollten Sie sie beim Training in stark ablenkenden oder schwierigen Umgebungen weiterhin verwenden. Nehmen Sie auf Spaziergängen immer hochwertige Leckerlis mit. Wie Sie im vierten Teil sehen werden, spielen diese besonderen Leckerlis eine wesentliche Rolle bei der Verhaltensänderung.

Sollten Sie feststellen, dass Ihr Hund beim Spazierengehen kein Interesse an Leckerlis zu haben scheint, probieren Sie andere Leckerlis aus, die vielleicht verlockender sind. Sie könnten auch versuchen, ihm vor dem Spaziergang die Mahlzeit vorzuenthalten. Beurteilen Sie auch, ob die Umgebung zu sehr ablenkt oder ob Ihr Hund überfordert ist. Wenn ein Hund Angst hat oder gestresst ist, ist das Letzte, was er tun möchte, zu fressen – genau wie beim Menschen. Wenn Ihr Hund generell nicht futtermotiviert ist, überlegen Sie, was ihn zum Strahlen bringt. Ist es Spielzeug? Spiele? Wenn Ihr Hund gerne Tauziehen spielt, nehmen Sie ein Zergel mit und bewahren Sie es so auf, dass Sie es schnell erreichen können. Wenn es an der Zeit ist, ihn zu belohnen, nehmen Sie das Seil, ermuntern Sie Ihren Hund ein paar Augenblicke zum Tauziehen und legen Sie es dann wieder weg. Ein Nebeneffekt ist, dass Tauziehen nicht nur belohnend ist, sondern auch ein Ventil für überschüssige nervöse Energie bietet. Vielleicht ist Ihr Hund ein Ballliebhaber. In diesem Fall nehmen Sie einen Ball mit und werfen Sie ihm diesen zur Belohnung zu. Lassen Sie ihn ein paar Minuten lang mit sich herumtragen, während Sie spazieren gehen, und nehmen Sie ihn dann vorsichtig zurück. Wenn Ihr Hund wirklich nicht durch Futter oder Spiel motiviert ist, genießt er es vielleicht, gestreichelt zu werden. In diesem Fall könnte die Belohnung aus einem Lob und ein paar leckeren Streicheleinheiten bestehen, die Ihren Hund vor Freude zappeln lassen. Nehmen Sie sich einen Moment Zeit, um darüber nachzudenken, was Ihren Hund motiviert und was er als Belohnung empfindet und beziehen Sie dies in Ihr Training ein. Wo immer in einem Trainingsplan Belohnungen mit Leckerli erwähnt werden, sollten Sie bei Bedarf die bevorzugte Belohnung Ihres Hundes einsetzen.

Überspringen Sie nichts!

Wenn Sie ein neues Verhalten lehren, kann es sehr verlockend sein, Schritte zu überspringen. Tun Sie das nicht! Viele Menschen gehen davon aus, dass ihr Hund eine Fähigkeit, die sie ihm im Haus beigebracht haben, in jeder Umgebung ausführen kann. Auch wenn Ihr Hund schlau ist und schnell lernt, bedeutet das nicht, dass er gründlich darauf konditioniert wurde, eine Aufgabe in jeder Umgebung und unter allen Umständen zu erfüllen. Nur weil Ihr Hund zu Hause auf Zuruf aus dem Nebenzimmer kommt, heißt das noch lange nicht, dass er auch dann kommt, wenn er sich im örtlichen Park im Gras wälzt. Das Ziel ist es, die Fähigkeiten so gründlich zu konditionieren, dass Ihr Hund auf Ihr Signal hin sofort reagiert, ohne seine Optionen abzuwägen. Konditionierung ist eines der Dinge, bei denen Übung wirklich den Meister macht. Es gibt keine Abkürzungen. Seien Sie geduldig und gehen Sie im Tempo Ihres Hundes vor. Steigern Sie den Schwierigkeitsgrad erst dann, wenn er erfolgreich ist und genug Übung in der aktuellen Stufe hat.

- Wenn Ihr Hund bei einer Trainingsübung Schwierigkeiten hat, gehen Sie zu einem Schritt zurück, bei dem er erfolgreich war, und bauen Sie von dort aus kleinere Schritte auf.
- Jedes Mal, wenn Sie einen Faktor einer Übung oder eines Verhaltensänderungsprotokolls erschweren, machen Sie einen anderen einfacher, wenn möglich, um Ihren Hund auf den Erfolg vorzubereiten.

Trainingsphilosophie

Wie Sie sicher schon vermutet haben, werden Sie in diesem Kurs nur positive, sanfte Methoden zur Verhaltensänderung erlernen. Es besteht niemals die Notwendigkeit, Ihren Hund physisch zu regulieren oder harte Strafen anzuwenden. Das heißt nicht, dass es keine Konsequenzen für unerwünschte Verhaltensweisen gibt und dass Ihr Hund tun kann, was er will. Aber wenn Sie Ihren Hund in kleinen Schritten erziehen, wie Sie es bei einem Kind tun würden, und jede Leistung auf dem Weg belohnen, werden Sie ihn zum Erfolg führen. Wenn Ihr Hund ein Verhalten, das Sie ihm beibringen wollen, nicht richtig ausführt, bestrafen Sie ihn nicht, sondern gehen Sie einfach zu dem Schritt zurück, bei dem er erfolgreich war und bauen Sie von dort aus kleinere Schritte auf. Dieses wichtige Konzept hilft Ihrem Hund, leichter zu lernen und bewahrt auch Sie vor Frustration.

Jedes Mal, wenn Sie eine neue Fähigkeit einführen, sollten Sie die Trainingseinheit nur auf diese eine Fähigkeit konzentrieren. Sobald Ihr Hund einige Fähigkeiten erlernt hat, können Sie diese in einer Sitzung gemeinsam üben, aber halten Sie die einzelnen Übungsphasen relativ kurz. Auch hier gilt, dass Hunde besser lernen, wenn mehrmals täglich in kurzen Abschnitten geübt wird, als in einem einzigen langen Durchgang immer wieder auf diese Fertigkeiten zu drillen. Drei bis fünf Trainingseinheiten von drei bis fünf Minuten täglich sind einer einzigen dreißigminütigen Sitzung vorzuziehen. Beenden Sie jede Sitzung mit einem Erfolgserlebnis. Genauso wie Fernsehsendungen oft mit der Zusammenfassung „Vorher…" beginnen, sollten Sie bei jeder neuen Trainingseinheit nicht dort anfangen, wo Sie aufgehört haben, sondern einige Schritte zurückgehen, um das Gedächtnis Ihres Hundes aufzufrischen und ihn an die Lektion zu gewöhnen.

Achten Sie stets auf die Körpersprache Ihres Hundes und gehen Sie in einem Tempo vor, das für ihn angenehm ist. Seien Sie vor allem geduldig mit Ihrem Hund und mit sich selbst. Keiner erwartet – weder von Ihrem Hund noch von Ihnen – dass Sie alles auf einmal lernen.

Kapitel 13
Trainingsausrüstung

Wenn Sie neue Fähigkeiten einüben, werden Sie mit Ihrem Hund zunächst in geschlossenen Räumen und ohne Leine arbeiten. Sobald Sie sich jedoch in die freie Natur begeben, kann die von Ihnen gewählte Ausrüstung einen großen Unterschied in Bezug auf den Komfort Ihres Hundes, eine einfache Handhabung und den Erfolg Ihres Programms ausmachen. Bevor wir darüber sprechen, welche Ausrüstung hilfreich sein kann, sollten wir darüber sprechen, was man vermeiden sollte. Unter diese Kategorie fallen Hilfsmittel, die Schmerzen verursachen, wie zum Beispiel Würgeketten, Stachelhalsbänder und Schockhalsbänder (auch als Elektrohalsbänder oder E-Halsbänder bekannt). Diese Hilfsmittel haben zwar abgestuft wählbare Schmerzstufen und die Trainer, die sie einsetzen, besitzen ein breites Spektrum an Fähigkeiten und Erfahrungen, aber sie funktionieren alle nach dem Prinzip, dass ein Hund aufhört zu tun, was er gerade tut, weil er eine „Korrektur" erhält.

Das soll nicht heißen, dass Bestrafung nicht funktionieren kann. Nehmen wir an, Sie hätten eine Angewohnheit, die mich wahnsinnig macht, z. B. das nervöse Beißen auf die Unterlippe. Wenn ich Ihnen genau in dem Moment, in dem Ihre Zähne Ihre Lippe berühren, einen Klaps auf den Kopf geben würde, würden Sie nach ein paar Wiederholungen höchstwahrscheinlich aufhören, sich in meiner Gegenwart auf die Lippe zu beißen. Die Korrekturen wären nicht angenehm und würden Sie nicht dazu bringen, mich besonders zu mögen, aber sie würden funktionieren. Was ist also falsch daran, einen Hund zu korrigieren, wenn er einen anderen Hund anspringt und anbellt? Erstens assoziieren Hunde Dinge, die zur gleichen Zeit passieren, miteinander. Eine schmerzhafte körperliche Korrektur, während die Aufmerksamkeit Ihres Hundes bei einem Hund liegt, führt daher wahrscheinlich dazu, dass der Hund das unangenehme Gefühl mit diesem Hund assoziiert. Der Hund, der bereits auf andere Hunde reagiert hat, denkt nun: „Siehst du? Ich wusste doch, dass andere Hunde Ärger machen!"

Zweitens unterdrückt eine Korrektur nur das Verhalten und behebt nicht das eigentliche Problem. Und drittens: Warum sollten Sie Ihrem Hund Schmerzen zufügen? Es ist viel besser, ihm beizubringen, was Sie wollen, als ihn für etwas zu bestrafen, was Sie nicht wollen. Sagen wir es mal so: Wenn wir Walzer tanzen wollten, Sie aber noch nie Walzer getanzt haben – wäre es Ihnen da lieber, wenn ich Ihnen zuerst die Schritte beibringen würde, oder wenn ich Ihnen jedes Mal auf die Zehen treten würde, wenn Sie einen Fehler machen? Als Lernmethode sind Bestrafungen daher nicht gut geeignet. Außerdem dient das Hinzufügen von Schmerzen eher dem Gegenteil als einer guten Bindung zwischen Ihnen und Ihrem Hund.

Zurück zur Trainingsausrüstung: Etwas, was man ebenfalls vermeiden sollte, ist eine ausziehbare Leine, die sogenannte „Flexileine". Aufrollbare Leinen sind nicht nur unhandlich, sondern können sogar gefährlich sein. Nur allzu leicht kann sich die lange, dünne Schnur oder das Nylonband um einen Finger oder ein Bein wickeln und so Verletzungen verursachen. Außerdem kann Ihr Hund die Leine sehr leicht um Sie herumwickeln, wodurch Sie stürzen könnten. Am bedenklichsten ist vielleicht, dass Ihr Hund mit einer Flexileine einen anderen Hund erreichen kann, wenn Sie den Verriegelungsknopf nicht schnell genug drücken oder die Leine nicht richtig funktioniert. Wenn Ihr Hund zehn oder fünfzehn Meter vor Ihnen läuft und ein anderer Hund auftaucht, können Sie nicht viel tun.

Eine normale Leder- oder Nylonleine mit fester Länge ist da viel besser geeignet. Viele Trainer bevorzugen eine knapp zwei Meter lange Leine. Wenn ich mit reaktiven Hunden arbeite, verwende ich persönlich jedoch gerne Leinen, die nur einen Meter lang sind. Ich finde, dass die kürzere Leine leichter zu handhaben ist, vor allem, wenn ich mit Trainingsplänen arbeite, bei denen ich Leckerlis und die Leine handhaben muss. Eine kurze Leine kann sich nicht in der Hand verheddern.

Geschirr mit Leinenring auf der Brust

Lassen Sie uns nun über die Ausrüstung sprechen, die hilfreich sein kann. Eine Sache, die ich sehr mag, ist das Geschirr mit Leinenring vorn auf der Brust. Herkömmliche Hundegeschirre haben den Ring zum Einhaken der Leine auf dem Rücken befestigt, verhindern aber nicht das Ziehen. (Haben Sie schon einmal einen Schlittenhund ziehen sehen? Weitere Erläuterungen hierzu sind erlässlich und spare ich mir an dieser Stelle.) Manche Geschirre haben als Clou zusätzlich zum Leinenring auf dem Rücken einen weiteren vorn auf der Brust. Das verringert die Kraft, mit der der Hund ziehen kann und kann sogar dazu führen, dass der Hund einen Bogen zurück zum Besitzer macht, wenn er zu weit vorausläuft. Die meisten dieser Geschirre haben ein einfaches Design und lassen sich schnell und einfach an- und ausziehen. Meiner Erfahrung nach werden sie von den meisten Hunden ohne Weiteres akzeptiert. Ich kann mich nicht dazu durchringen, eine bestimmte Marke zu empfehlen, da sich auch meine Vorlieben im Laufe der Zeit mit der Einführung neuer oder verbesserter Produkte verändern. Außerdem scheinen bestimmte Geschirre für verschiedene Körpertypen besser geeignet zu sein. Suchen Sie nach einem Geschirr, bei dem die vorderen Gurte nicht durchhängen und die Seiten des Geschirrs die Schulterbewegungen Ihres Hundes nicht beeinträchtigen.

Es gibt eine große Auswahl an Hundegeschirren mit Leinenring vorn. Wählen Sie das Geschirr, das am besten zu Ihrem Hund passt.

Kopfhalfter

Wenn Ihr Hund groß und stark ist oder Sie eine größere Hebelwirkung benötigen, als ein Körpergeschirr bietet, könnte ein Kopfhalfter die Lösung sein. Kopfhalfter verringern die Kraft, mit der ein Hund ziehen kann, drastisch. Sie ermöglichen es Ihnen außerdem, den Kopf Ihres Hundes zu lenken, was besonders hilfreich sein kann, wenn Sie in einer stressigen Situation nicht in der Lage sind, seine Aufmerksamkeit zu erlangen. Zwei gängige Kopfhalfter, die es schon seit vielen Jahren gibt, sind der Gentle Leader und das Halti. Beide bestehen aus einem Riemen, der über die Schnauze gelegt wird, und zwei Riemen, die hinter dem Kopf befestigt werden. Bei beiden handelt es sich nicht um einen „Maulkorb“ im herkömmlichen Sinne, da der Hund weiterhin gähnen, fressen und bellen kann. Die Leine wird an einem kleinen Ring unter dem Kinn des Hundes befestigt. Es gibt feine Unterschiede zwischen den beiden Marken: Gentle Leader hat ein einzelnes Nylonband, das um den Maulkorb gelegt wird und mit einem Plastikclip sicher befestigt ist. Das Halti hat ebenfalls einen Maulkorbstreifen, aber zusätzlich zwei diagonale Streifen, die den Maulkorbstreifen mit den Nackenriemen verbinden. Anstelle eines Plastikclips gibt es einen kleinen Metallring, der dafür sorgt, dass sich der Maulkorbstreifen strafft, wenn der Hund daran zieht. Außerdem gibt es einen Sicherheitsriemen, der am flachen Schnallenhalsband des Hundes befestigt wird. Auf diese Weise ist die Leine immer noch am Halsband befestigt, wenn der Hund sich aus dem Kopfhalfter zieht.

Da Hunde es im Allgemeinen nicht mögen, wenn ihnen etwas über die Schnauze gelegt wird, ist oft eine kurze Eingewöhnungszeit notwendig. Viele Hunde werden versuchen, ein Kopfgeschirr loszuwerden, indem sie daran herumkratzen, es am Bein des Besitzers reiben oder eine Alligator-Todesrolle im Gras vollführen. Die meisten gewöhnen sich schließlich daran. Dann gibt es noch einen kleinen Prozentsatz von Hunden, die sich nicht mehr bewegen, regungslos daliegen und ganz und gar unglücklich aussehen. Für diese Hunde ist ein Kopfhalfter nicht die richtige Wahl.

Ehrlich gesagt, habe ich vor Jahren beim Training noch deutlich häufiger Kopfhalfter verwendet als heute. Die Eingewöhnungsphase kann für manche Hunde schwierig sein, während ein Geschirr mit Frontring auch ohne Eingewöhnungszeit eine größere Hebelwirkung bietet. Aber wenn das Kräftegleichgewicht zwischen Ihnen und Ihrem Hund stark divergiert, Sie körperlich eingeschränkt sind oder das Verhalten Ihres Hundes extrem und po-

Achtung: Beide sollten nur in Kombination mit einer zweiten Leine an Halsband oder Geschirr verwendet werden!

tenziell gefährlich ist, kann ein Kopfhalfter die richtige Wahl sein. Wenn Sie sich für ein Kopfhalfter entscheiden, achten Sie darauf, dass Sie Ihren Hund nicht herumreißen, da dies zu Verletzungen am Hals führen kann. Beachten Sie auch, dass Ihr Hund sich selbst verletzen kann, wenn er sich am Ende einer langen Leine vorwärts stürzt, während er ein Kopfhalfter trägt. Wenn Sie ein Halfter verwenden, sollten Sie immer eine kurze Leine mit fester Länge benutzen und mit zwei Leinen führen – eine am Halsband oder Geschirr, eine am Kopfhalfter. Nie sollte ein Hund allein am Kopfhalfter geführt werden. Unabhängig davon, ob Sie sich für ein Kopfhalfter oder ein Geschirr entscheiden, sollten Sie den Sitz regelmäßig überprüfen, da sich das Material mit der Zeit lockern kann.

Maulkörbe

Bei den meisten Hunden, die auf andere reagieren, ist ein Maulkorb nicht erforderlich. Wenn Ihr Hund jedoch bereits andere Hunde angegriffen hat, von einer Behörde als „gefährlicher Hund" eingestuft wurde oder ein solches Missverhältnis zwischen Ihrer eigenen Größe und Stärke und der Ihres Hundes besteht, dass er Sie zu einem anderen Hund hinziehen oder Ihnen die Leine aus der Hand reißen könnte, sollte Ihr Hund auf Spaziergängen einen Maulkorb tragen.

Es gibt zwei gängige Arten von Maulkörben. Ein Maulkorb aus Nylon, auch Stoffmaulkorb oder Grooming-Maulkorb genannt, besteht aus einem breiten Stück Stoff, das das Maul des Hundes umschließt und dieses weitgehend geschlossen hält. Maulkörbe aus Nylon sind für kurze Tragezeiten gedacht, z. B. wenn ein Hund von einem Tierarzt untersucht wird oder seine Krallen geschnitten werden müssen. Diese Art von Maulkorb wird nicht für Spaziergänge mit einem reaktiven Hund empfohlen und sollte niemals bei heißem Wetter getragen werden, da er den Hund daran hindert, mit offenem Maul zu hecheln.

Ein Korbmaulkorb ähnelt einem offen geflochtenen Korb aus Draht, Kunststoff oder Hartgummi. Er wird über Nase und Maul des Hundes gestülpt und mit einem oder zwei Riemen um den Kopf befestigt. Einige Marken bieten einen zusätzlichen Riemen an, der am Halsband befestigt wird und für zusätzliche Sicherheit sorgt, oder einen Riemen, der von der Oberseite des Maulkorbs über die Stirn des Hundes verläuft und an den Halsriemen befestigt wird. Ein Korbmaulkorb erlaubt es dem Hund, sein Maul zum Hecheln zu öffnen, sodass er auch bei heißem Wetter sicher getragen werden kann. Viele Hunde scheinen sich mit einem Korbmaulkorb wohlzufühlen, da das Maul nicht eingeengt wird. Einige Maulkörbe haben seitliche Lamellen oder andere Öffnungen, durch die kleine oder dünn geschnittene Leckerlis wie münzgroße Würstchenscheiben hindurchpassen, sodass der Hund bei Trainingsübungen belohnt werden kann. Diese Art von Maulkorb sollten Sie bei einem reaktionsfreudigen Hund verwenden. Es gibt viele Marken von Maulkörben, wobei der Baskerville Ultra Maulkorb von vielen als der Goldstandard angesehen wird.

Maulkörbe gibt es in verschiedenen Größen. Sie sind sowohl in Tierhandlungen als auch online erhältlich. Achten Sie darauf, die richtige Größe für Ihren Hund zu kaufen und die Anweisungen zur Anpassung zu befolgen. Der Maulkorb sollte weder so eng sein, dass er in das Fell Ihres Hundes einschneidet, noch so locker, dass er auf seinem Gesicht herumrutschen kann. Die Riemen sollten so angepasst sein, dass Sie gerade noch einen Finger zwischen den Riemen und den Kopf Ihres Hundes bekommen. Wählen Sie ein Modell mit seitlichen Lamellen oder einer anderen Art von Öffnung, die es Ihnen ermöglicht, Leckerlis zu füttern. Für kurznasige Hunde wie Bulldoggen und Möpse gibt es spezielle Maulkörbe.

Gittermaulkörbe, egal ob aus Metall oder Kunststoff, müssen so groß sein, dass sie das Maulöffnen und Hecheln ermöglichen.

Solche weichen Nylon-Maulschlaufen wirken nur auf den ersten Blick freundlicher. Sie liegen viel zu eng an und behindern damit die Atmung. Sie sind nur für den sehr kurzfristigen Einsatz wie z.B. beim Tierarzt gedacht.

Maulkorb-Don'ts:

- Lassen Sie Ihren maulkorbtragenden Hund nicht unbeaufsichtigt
- Lassen Sie Ihren Hund mit Maulkorb nicht mit anderen Hunden interagieren. Sollte er angegriffen werden, kann er sich nicht verteidigen.
- Verwenden Sie einen Maulkorb nicht als bequeme Alternative anstelle einer zu erzielenden Verhaltensänderung. Er ist lediglich eine Vorsichtsmaßnahme, um die Sicherheit aller zu gewährleisten, während Sie noch an dem zugrundeliegenden Problem arbeiten.

Maulkorbtraining

Während Sie Ihren Hund an den Maulkorb gewöhnen, sollten Sie eine entspannte und fröhliche Haltung an den Tag legen, so als ob Sie beide ein lustiges Spiel spielen würden. Halten Sie den Maulkorb und einige superleckere Leckerlis, wie z.B. Hotdog-Scheiben, hinter Ihrem Rücken. Halten Sie den Maulkorb mit einer Hand so, dass Ihr Hund ihn sehen kann, aber strecken Sie Ihren Arm nicht nach ihm aus. Wenn Ihr Hund den Maulkorb ansieht, geben Sie ihm mit der anderen Hand ein Leckerli. Beginnen Sie von vorne und wiederholen Sie die Übung! Ihr Hund sollte sich freuen, wenn der Maulkorb in sein Blickfeld gelangt, weil er damit das Erscheinen eines Leckerlis vorhersieht.

Der nächste Schritt besteht darin, den Maulkorb mit der Öffnung nach oben auf den Boden zu legen. Füttern Sie mit der anderen Hand ein paar Zentimeter davon entfernt Leckerlis. Bewegen Sie die Hand mit dem Leckerli bei jeder Wiederholung immer näher an den Maulkorb heran, bis sich das Leckerli direkt daneben befindet. Als Nächstes bewegen Sie das Leckerli, solange Ihr Hund sich wohlfühlt, direkt in die Öffnung des Maulkorbs. Zum Schluss lassen Sie ein Leckerli hineinfallen und erlauben Sie Ihrem Hund, seine Nase hineinzustecken, um das Leckerli zu holen. Sobald Ihr Hund es gewohnt ist, seine Nase in den Maulkorb zu stecken, während dieser auf dem Boden liegt, halten Sie den Maulkorb einige Zentimeter über den Boden und lassen Sie Leckerlis hineinfallen.

Sobald Ihr Hund regelmäßig Leckerlis aus dem Korb nimmt, beginnen Sie damit, den Maulkorb etwas näher an das Gesicht Ihres Hundes heranzuführen, wobei er immer unterhalb der Nasenhöhe bleiben sollte. Beachten Sie, dass dies nicht gleichbedeutend damit ist, den Maulkorb auf Ihren Hund zu richten, denn dies würde ihn wahrscheinlich dazu veranlassen, zurückzuweichen. Gehen Sie in einem Tempo vor, in dem sich Ihr Hund wohl fühlt. Wenn er zurückweicht, wenn der Maulkorb zu nahe gehalten wird, gehen Sie bis zu einem Abstand zurück, bei dem er sich wohlfühlt, machen Sie ein paar erfolgreiche Wiederholungen und beenden Sie die Übung. Gehen Sie beim nächsten Mal ein paar Schritte von der Entfernung zurück, bei der Ihr Hund sich zurückgezogen hat, und arbeiten Sie dann schrittweise in noch kleineren Schritten als beim letzten Versuch. Denken Sie daran, dass es keinen Grund gibt, all diese Schritte in einer Sitzung zu durchlaufen. Jeder Hund ist anders. Wenn der gesamte Prozess Tage oder sogar einige Wochen dauert, ist das völlig in Ordnung.

Sobald Ihr Hund freudig seine Nase in den Maulkorb steckt, während Sie ihn auf Gesichtshöhe halten, ist es an der Zeit, die Riemen anzulegen. Wenn er seine Nase in den Maulkorb steckt, um ein Leckerli zu bekommen, führen Sie die Riemen hinter seinem Kopf zusammen, sodass sie sich berühren, aber versuchen Sie nicht, sie zu befestigen. Halten Sie sie dann mit einer Hand zusammen und bieten Sie mit der anderen Hand ein zweites Leckerli durch die Öffnungen an. Halten Sie die Bänder ein bis zwei Sekunden lang zusammen und lassen Sie sie dann los.

Bei der nächsten Wiederholung halten Sie die Bänder noch ein paar Sekunden zusammen und lassen sie dann los, solange Ihr Hund ruhig bleibt. Steigern Sie die Zeit allmählich in Zwei-Sekunden-Schritten, indem Sie nacheinander Leckerlis durch die Öffnungen geben, bis Sie die Bänder zehn Sekunden lang zusammenhalten können.

Gehen Sie bei der Maulkorbgewöhnung langsam und schrittweise vor.

Der nächste Schritt besteht darin, die Riemen zu befestigen. Gehen Sie wie zuvor vor, aber diesmal befestigen Sie die Riemen schnell, während Ihr Hund ein Leckerli frisst. Füttern Sie in rascher Folge einige Leckerlis durch den Maulkorb, lösen Sie dann die Riemen und nehmen Sie den Maulkorb ab. Sobald der Maulkorb abgenommen wird, sollten keine Leckerlis mehr gefüttert werden. Gehen Sie allmählich dazu über, den Maulkorb für längere Zeit aufzusetzen. Auch dieser Prozess kann Tage, Wochen oder länger dauern, je nachdem, wie oft Sie mit Ihrem Hund üben. Lassen Sie sich nicht dazu verleiten, den Eingewöhnungsprozess komplett zu überspringen! Wenn Sie Ihrem Hund einfach einen Maulkorb überziehen, ohne ihn darauf vorzubereiten, wird er ihn mit ziemlicher Sicherheit nicht mögen und eine weitere negative Assoziation mit dem Anblick anderer Hunde haben.

Vielleicht befürchten Sie, dass die Leute Ihren Hund mit Maulkorb für einen hündischen Hannibal Lecter halten könnten. In diesem Fall muss das, was andere denken, hinter dem zurückstehen, was das Beste für Ihren Hund ist. Wenn Sie einen Maulkorb verwenden, sind Sie ein verantwortungsbewusster, proaktiver Hundehalter und sorgen für die Sicherheit der Öffentlichkeit, während Sie den Rehabilitationsprozess durchlaufen. Außerdem werden Sie viel entspannter sein, wenn Sie wissen, dass Ihr Hund niemandem wehtun kann, was wiederum den Hund entspannter macht. Ein zusätzlicher Bonus ist, dass andere weniger wahrscheinlich mit ihren Hunden auf Ihren Hund zugehen werden, um ihn zu begrüßen. Wenn Sie wirklich Angst haben, auffällig zu wirken, können Sie anfangs auch an anderen Orten als in Ihrer eigenen Nachbarschaft üben. (Dies sollten Sie ohnehin unbedingt tun, falls Ihr Hund in seinem eigenen Revier reaktionsfreudiger ist). Nachdem Sie Verbesserungen festgestellt haben, können Sie schließlich in Ihrer eigenen Nachbarschaft arbeiten, wo Ihr Hund bei konsequenter Übung im Idealfall nicht mehr lange einen Maulkorb tragen muss.

Es gibt übrigens inzwischen auch bunte Maulkörbe aus Biothane auf dem Markt, die in Farbe und Größe ganz individuell konfiguriert werden können. Die Idee dabei ist, dass farbenfrohe Maulkörbe auf andere Menschen weniger bedrohlich wirken als schwarze oder metallene, was tatsächlich gut zu funktionieren scheint.

Leckerlibeutel

Dies ist der einzige Ausrüstungsgegenstand, den ich Ihnen empfehle, auf Spaziergängen zu tragen. Eine Leckerlitasche, auch Leckerliebeutel oder Bauchtasche bekannt (außer in Australien, wo „Bauchtasche" kein höfliches Wort ist, wie ich auf einem Seminar dort auf die harte Tour gelernt habe), bietet eine einfache Möglichkeit, Leckerlis griffbereit zu halten. Die meisten Leckerlibeutel, die um die Taille getragen werden, haben einen Reißverschluss, während andere einen federverstärkten Rand haben, der durch Drücken geschlossen werden kann. Einige kleinere Taschen haben einen Haken, mit dem sie an einem Gürtel oder Taillenband getragen werden können. Ich bevorzuge Hüfttaschen mit Reißverschluss, da sie normalerweise mehr Leckerlis und dazu noch Schlüssel, Kotbeutel und andere kleine Gegenstände aufnehmen können.

Wachsamkeit

Wachsamkeit ist zwar eigentlich kein Ausrüstungsgegenstand, aber sie ist wichtig. Wie bereits erwähnt, ist Wachsamkeit immer dann von größter Bedeutung, wenn Sie Ihren Hund in ein Gebiet mitnehmen, in dem Sie anderen Hunden begegnen könnten – und das ist so gut wie überall der Fall. Machen Sie es sich zur Gewohnheit, die Umgebung in der Richtung, in die Sie gehen, sowie seitlich und sogar hinter sich abzusuchen, um zu vermeiden, von einem Hund aus nächster Nähe überrascht zu werden, bei dem Sie möglicherweise keine Zeit haben, eine stressige oder sogar gefährliche Begegnung zu vermeiden. Wann immer Sie mit Ihrem Hund in der Öffentlichkeit unterwegs sind, betrachten Sie dies als eine Trainingseinheit. Achten Sie auf Ihre Umgebung und beobachten Sie die Körpersprache Ihres Hundes, damit Sie entsprechend reagieren können. Wenn Sie Ihre Umgebung und den Stresspegel Ihres Hundes aufmerksam beobachten, können Sie die folgenden Übungen erfolgreich umsetzen.

Kapitel 14
Der Walk Away

Stellen Sie sich vor, Sie gehen mit Ihrem Hund spazieren. Plötzlich kommt ein Mann mit seinem Hund um die Ecke. Die beiden steuern auf Sie zu. Was sollten Sie tun? Sofern Sie momentan nicht aktiv an einem Trainingsplan arbeiten und diesen Schwierigkeitsgrad noch nicht erreicht haben, dann ist Ausweichen im Moment die beste Lösung. Falls es die Umgebung zulässt, können Sie einfach auf einen anderen Weg ausweichen. Sofern Sie sich jedoch auf einem schmalen Bürgersteig oder Weg befinden, auf dem ein Ausweichen nicht möglich ist, müssen Sie eine komplette Kehrtwendung machen, um dem Paar auszuweichen. Wird Ihr Hund Ihnen klaglos folgen, wenn Sie umdrehen? Oder wird er sich womöglich dem anderen Hund entgegenwerfen und diesen anbellen wollen, während Sie ihn wegzuziehen versuchen?

Es können und werden unvorhersehbare Dinge passieren. Alles können Sie zwar nicht kontrollieren, was in öffentlichen Räumen passiert, aber Sie können für alle Eventualitäten vorsorgen, indem Sie eine Fähigkeit trainieren, die Ihnen bei Konfrontation mit dem Unerwarteten weiterhilft. Der „Walk Away“ ist ein einfaches Manöver, mit dem Sie Ihren Hund aus potenziellen Konfrontationssituationen stressfrei herausnehmen können. Durch ein verbales Zeichen wird Ihr Hund angewiesen, Ihnen sofort zu folgen, wohin Sie ihn auch führen mögen. Sie können dann die Straße überqueren, den Weg verlassen, um einen anderen Hund in einem erträglichen Abstand vorbeizulassen, oder Sie machen eine Kehrtwende und gehen mit Ihrem Hund ganz weg. So werden Konflikte vermieden und Ihr Programm zur Verhaltensmodifikation kann ohne Rückschläge fortgesetzt werden. Als verbales Signal verwende ich gerne „Hey, hey, hey!“, aber Sie können auch etwas anderes verwenden, wenn Sie möchten. Achten Sie nur darauf, dass es ein paar kurze Silben hat und nicht wie eines Ihrer anderen Signalworte klingt. Denken Sie daran, dass hohe, sich wiederholende Töne die Bewegung des Hundes fördern. „Los, los, los!“ ist eine weitere gute Variante als Signal.

Kleine erste Schritte

Beginnen Sie im Haus in einem übersichtlichen Bereich, der möglichst wenig Ablenkungen bietet. Ihr Hund braucht nicht angeleint zu sein. Lassen Sie ihn neben sich stehen, und zwar auf der Seite, auf der er normalerweise neben Ihnen spazieren geht. Für diese Übung gehen wir davon aus, dass er auf Ihrer linken Seite steht. (Wenn Ihr Hund normalerweise auf der rechten Seite geht, befolgen Sie die Anweisungen seitenverkehrt.) Halten Sie ein Leckerli in der linken Hand und den Rest der Leckerlis in der rechten Hand oder in einem Leckerlibeutel. Zeigen Sie Ihrem Hund, dass Sie das Leckerli in der Hand haben, aber Sie brauchen ihn nicht damit zu locken. Gehen Sie ein paar Schritte und schwingen Sie dabei mit Ihren Armen ganz natürlich mit. Ihr Hund wird zweifellos neben Ihnen hergehen. (Wenn es unbedingt nötig ist, können Sie ihn anlocken.) Gehen Sie in einem normalen Tempo. Dann strecken Sie in einer gleichmäßigen Bewegung die linke Hand so aus, dass sich das Leckerli direkt vor seiner Nase befindet, während Sie mit hoher, aufgeregter Stimme „Hey, hey, hey" rufen und ein paar kleine, schnelle Schritte vorwärts machen. Versuchen Sie, sich der Stimmlage anzunähern, die Sie einsetzen werden, wenn Sie einen anderen Hund kommen sehen und Ihren Hund schnell aus dem Bereich bringen müssen. Nach ein paar schnellen Schritten, während derer Ihr Hund neben Ihnen läuft, belohnen Sie ihn mit einem Leckerli und einem Lob. Falls Ihr Hund Ihnen nicht folgt oder träge ist, kann es hilfreich sein, wenn Sie ihn näher an sich heranlocken, sich auf den Oberschenkel klopfen, während Sie das Zeichen geben, oder mit den Füßen aufstampfen, während Sie gehen. In jedem Fall sollte die Stimmung auf ein lustiges Spiel ausgerichtet sein.

Durch Wiederholungen wird Ihr Hund die Idee hinter der Übung verstehen und Ihnen alsbald folgen, wenn Sie das Zeichen geben und das Tempo erhöhen. Wenn sich Ihr Hund besser mit Spielzeug als mit Futter motivieren lässt, können Sie ihn statt mit Leckerlis auch mit dem Spielzeug zum Folgen verlocken. Schütteln Sie das Spielzeug, bewegen Sie es auf Ihren Hund zu und ziehen Sie es wieder von ihm weg, um den Anreiz zu erhöhen. Wenn er sich mit Ihnen bewegt, können Sie ihm das Spielzeug für einen Moment überlassen oder ein kurzes Tauziehen veranstalten, bevor Sie mit der nächsten Wiederholung fortfahren.

Wenn Ihr Hund gelernt hat, dass Ihr verbales Signal bedeutet, Ihnen zu folgen und er bei Ihnen bleibt, wenn Sie schneller gehen, ist es an der Zeit für die Bewegung in andere Richtungen. Gehen Sie diesmal ein paar Schritte, halten Sie ihm dann mit der linken Hand das Leckerli vor die Nase und geben Sie das verbale Signal wie zuvor. Aber anstatt vorwärtszugehen, machen Sie ein paar schnelle Schritte diagonal nach rechts. Belohnen Sie ihn mit einem Leckerli und einem lebhaften Lob, wenn er mit Ihnen geht. Gehen Sie dann in normalem Tempo weiter, ohne innezuhalten. Wiederholen Sie den Walk Away so oft, wie Sie vorankommen. Üben Sie auch in die andere Richtung. Es kann für Sie schwieriger sein, sich auf die Seite zu drehen, auf der Ihr Hund läuft, als sich von ihm abzuwenden. Achten Sie darauf, dass Sie nicht auf ihn drauflaufen oder, schlimmer noch, über ihn stolpern! Lassen Sie diesen Schritt nicht aus, denn es ist wichtig, das Wenden in beide Richtungen zu üben.

Nachdem Sie die diagonale Bewegung gemeistert haben, können Sie den Schwierigkeitsgrad etwas erhöhen, indem Sie Walk Aways in einem rechten Winkel üben. Gehen Sie mit Ihrem Hund auf der linken Seite ein paar Schritte, strecken Sie dann das Leckerli wie zuvor aus und geben Sie das verbale Zeichen, während Sie sich scharf nach rechts drehen und weitergehen. Belohnen und loben Sie Ihren Hund, wenn er Ihnen folgt. Sobald Ihr Hund gut mitmacht, üben Sie stattdessen das Abbiegen nach links. Sobald Ihr Hund einige Wiederholungen erfolgreich absolviert hat, können Sie aufhören, ihn mit dem Leckerli zu locken und stattdessen dazu übergehen, das Leckerli zu geben, sobald das Manöver abgeschlossen ist und Sie ein paar weitere Schritte gegangen sind.

Kehrtwendung

Sobald Ihr Hund Ihnen in alle Richtungen folgt, ist es an der Zeit, eine Kehrtwendung zu üben. Gehen Sie zunächst ein paar Schritte, strecken Sie dann das Leckerli genau wie vorher aus und geben Sie das verbale Kommando. Halten Sie das Leckerli an die Nase Ihres Hundes und machen Sie eine 180-Grad-Drehung nach rechts, sodass Sie am Ende in die entgegengesetzte Richtung schauen. Unterteilen Sie die Drehung in mehrere kleine Schritte, damit Ihr Hund ihr leichter folgen kann, anstatt sich abrupt zu drehen. Beenden Sie die Drehung, indem Sie ein paar kleine, schnelle Schritte in die neue Richtung machen. Es ist normal, dass Hunde bei dieser Art von Drehung anfangs zurückbleiben. Achten Sie daher auf die Position Ihres Hundes und die Position Ihrer Lockhand. Wenn Ihr Hund besser neben Ihnen bleibt, machen Sie die Drehungen schärfer, indem Sie weniger Schritte machen, und schließlich, indem Sie eine schnelle Drehung machen. Beugen Sie beim Drehen die Knie leicht und drehen Sie sich auf den Fußballen. Mit etwas Übung werden Sie beide dieses Manöver immer besser beherrschen. Dann können Sie Ihren Hund mit einem Leckerli belohnen, nachdem Sie eine vollständige Drehung vollzogen und ein paar Schritte zurückgelegt haben.

1. Schritt:

2. Schritt:

3. Schritt:

Ausschleichen des Lockmittels

Wenn Ihr Hund sich problemlos mit Ihnen in alle Richtungen bewegt, ist es an der Zeit, das Leckerli nicht mehr als Lockmittel zu verwenden. Wenn Sie Walk Aways in verschiedene Richtungen üben, verwenden Sie dasselbe verbale Signal und dieselbe Handbewegung bei der Kehrtwendung, aber halten Sie kein Leckerli in der Hand. Die Bewegung, mit der Sie Ihren Hund ursprünglich angelockt haben, ist nun zu einem Handzeichen geworden, das Sie nach und nach immer kleiner machen können. Obwohl ich es vorziehe, sowohl Handsignale als auch verbale Signale zu verwenden, können Sie, wenn Sie möchten, das Handsignal schließlich ganz weglassen. Vervollständigen Sie den Walk Away, indem Sie ein paar zusätzliche Schritte machen, und belohnen Sie Ihren Hund dann. Sobald Sie diesen Punkt erreicht haben, üben Sie im Freien in einem Bereich oder zu einer Zeit, in der Sie wahrscheinlich nicht auf andere Hunde und Menschen treffen werden.

Übung macht den Meister

Bei dieser nächsten Übung gehe ich davon aus, dass Ihr Hund nicht auf Menschen reaktiv agiert. (Sollte dies der Fall sein, lassen Sie diese Übung aus.) Bitten Sie einen Helfer, mit Ihnen auf eine ruhige Straße zu gehen. Ihr Hund sollte an einer fünf Meter langen Leine geführt werden. Ihre Hilfsperson spielt die Rolle eines sich nähernden Mensch-Hund-Teams, sollte jedoch keinen Hund bei sich haben. Beginnen Sie mit der Hilfsperson in einem Abstand, der die Reaktion Ihres Hundes nicht auslösen würde, sofern ein Hund anwesend wäre. Gehen Sie auf parallelen Linien in einem natürlichen Tempo aufeinander zu und lassen Sie die Leine locker. Wenn Ihr Hund die Person bemerkt und Sie sich noch in sicherer Entfernung befinden, nehmen Sie das Leckerli, geben das verbale Signal und gehen mit Ihrem Hund weg. Sie kehren nun zum Lockmittel zurück, weil Sie die Übung anspruchsvoller gemacht haben. Üben Sie das Weggehen in verschiedene Richtungen. Diese Übung ist insofern wertvoll, als sie nicht nur Ihrem Hund die Möglichkeit gibt, in einer realen Situation ohne Überforderung trainieren zu können, sondern auch Ihnen die Möglichkeit, Ihr Timing und die Technik in der Praxis zu testen.

Wenn Sie das Glück haben, einen Freund mit einem Hund zu haben, vorzugsweise von der Art, auf die Ihr Hund weniger reagiert, wiederholen Sie die Übung. Gehen Sie parallel aufeinander zu und halten Sie einen Abstand ein, der keine Reaktion hervorruft. Geben Sie das Zeichen zum Weggehen und üben Sie mit dem Lockmittel, in verschiedene Richtungen wegzugehen. Dadurch wird eine reale Situation nachgeahmt, sodass Ihr Hund die Fähigkeit in Anwesenheit eines anderen Hundes üben kann. Beobachten Sie die Körpersprache Ihres Hundes ständig. Wenn er sich nicht auf Sie konzentrieren kann, anfängt zu bellen, zu winseln, sich nach vorne zu werfen oder auch nur subtile Anzeichen von Stress zeigt, wie z.B. Gähnen oder Lecken der Lefzen, dann arbeiten Sie bereits zu nah an dem anderen Hund. Gehen Sie nicht zu schnell zu weit! Es ist immer besser, wenn man eine Trainingseinheit mit einem guten Ergebnis beendet. Halten Sie die Sitzungen daher lieber kurz und erfolgreich, um Rückschläge zu vermeiden und weitere Fortschritte zu erzielen.

Wieder auf der Straße

Sobald Ihr Hund die Walk Aways in Übungssituationen beherrscht, können Sie sie auf der Straße anwenden. Üben Sie zunächst in einer ruhigen Umgebung im Freien, in der sich andere Menschen und Hunde wahrscheinlich in einiger Entfernung aufhalten werden. Geben Sie das verbale Signal, sobald Ihr Hund einen anderen Hund oder eine Person erspäht. Auch wenn Sie vielleicht etwas ängstlich sind, sollten Sie denselben fröhlichen, unbekümmerten Tonfall anschlagen, den Sie beim Üben verwendet haben und die Leine locker lassen. Da der Schwierigkeitsgrad aufgrund der anregenderen Umgebung gestiegen ist, können Sie bei Bedarf wieder mit einem Leckerli locken. Achten Sie nur darauf, dass es sich um ein Leckerli handelt, das Ihr Hund absolut liebt und das seinen hohen Wert behalten hat, weil es für die öffentlichen Trainingseinheiten reserviert ist.

Durch Wiederholungen wird Ihr Hund schließlich so darauf konditioniert sein, Ihr Signal sofort zu befolgen, dass das Leckerli als Lockmittel nicht mehr nötig ist, auch nicht bei anderen Hunden. Dann können Sie stattdessen mit einem Leckerli belohnen, nachdem Sie sich gemeinsam ein paar Schritte entfernt haben. Schließlich können Sie zu einem Trainingsplan mit variablen Belohnungen übergehen, indem Sie hier und da unvorhersehbar belohnen. Denken Sie daran, dass Ihr Hund wie bei den Spielautomaten in Las Vegas durch zufällige Belohnungen zum Spielen angeregt wird, denn er könnte ja gewinnen! Wenn Sie möchten, können Sie die Belohnung mit Leckerlis auch ganz einstellen. Wenn Sie sich entscheiden, die Leckerlis abzuschaffen, loben Sie Ihren Hund weiterhin für eine gute Arbeit.

Zweifellos wird es Zeiten geben, während derer Sie versuchen, den Walk Away einzuführen, und Ihr Hund über seine Erregungsschwelle gelangt, bellt und einen anderen Hund anspringt. In diesem Fall ist er emotional zu gestresst, um auf Ihr Zeichen zu reagieren. Wenden Sie sich stattdessen einfach ab und ziehen Sie, falls nötig, Ihren Hund, vorsichtig mit sich mit. Belohnen Sie ihn nicht mit einem Leckerli.

Der Walk Away ist die einzige Übung in diesem Abschnitt, bei der Sie die Aufmerksamkeit Ihres Hundes nicht erlangen müssen, bevor Sie ihn auffordern, etwas anderes zu tun. Das liegt daran, dass der Walk Away eher eine Notfallmaßnahme ist, bei der das verbale Stichwort „Hey, hey, hey!" sowohl als Aufmerksamkeitslenkung als auch als Anweisung dient. Es wird jedoch viele andere Situationen geben, in denen Sie Ihren Hund zuerst beim Namen rufen sollten, um sicherzugehen, dass er sich auf Sie konzentriert, bevor Sie ein weiteres Zeichen geben. Im nächsten Kapitel erfahren Sie, wie Sie die Aufmerksamkeit Ihres Hundes sofort und zuverlässig erlangen, wenn Sie seinen Namen rufen.

Kapitel 15
Aufmerksamkeit

Stellen Sie sich vor, Sie sind auf einem Spaziergang und Ihr Hund entdeckt etwas Faszinierendes im Gras. Nachdem Sie ihn einen Moment schnüffeln lassen, rufen Sie seinen Namen. Nichts. Sie rufen erneut, aber er schaut Sie nicht einmal an. Frustriert drängen Sie ihn: „Komm, ich muss zur Arbeit!" Leider scheint Ihre Arbeit keine so hohe Priorität zu haben wie das Erschnüffeln des herrlichen Pipiparfüms, das ein vorbeigehender Hund hinterlassen hat. In diesem Szenario mag es ärgerlich sein, dass Sie die Aufmerksamkeit Ihres Hundes nicht erlangen können, doch wird das keinen von Ihnen beiden in Gefahr bringen. In anderen Situationen ist das vielleicht nicht der Fall. Die Fähigkeit, die Aufmerksamkeit Ihres Hundes unter allen Umständen zu erlangen, zum Beispiel wenn ein anderer Hund vorbeikommt, ist entscheidend für den Erfolg Ihres Verhaltensänderungsprogramms. Sie müssen Ihren Hund erst dazu bringen, sich auf Sie zu konzentrieren, bevor Sie erwarten können, dass er auf die folgenden Signale reagiert.

Aufmerksamkeit lehren

Wählen Sie eine ruhige, ablenkungsarme Umgebung für das Training. Ein ruhiger Raum ist beim Erlernen jeder neuen Fähigkeit wichtig, aber besonders wichtig ist er bei Aufmerksamkeitsübungen. Arbeiten Sie im Haus, wenn keine anderen Personen anwesend sind oder sich in anderen Räumen aufhalten. Wenn Sie noch einen anderen Hund haben, schicken Sie jemand mit ihm zum Spazierengehen oder bringen Sie ihn mit einem leckeren, gefüllten Kong oder Kauknochen in ein anderes Zimmer oder in den Garten.

Stellen Sie sich mit dem Gesicht zu Ihrem Hund. Ihr Hund sollte sitzen und Ihnen zugewandt sein. Wenn er sich zu irgendeinem Zeitpunkt während der Übung hinlegt, ist das in Ordnung, aber beginnen Sie damit, dass er sitzt. (Wenn Ihr Hund „Sitz" noch nicht kennt, kann er stehenbleiben.) Wenn Sie einen Leckerli-Beutel tragen, drehen Sie diesen nach hinten, sodass er auf Ihrem Rücken liegt; Ihr Hund soll sich auf Ihre Augen konzentrieren, nicht auf die Leckerlis.

Stellen Sie sich zunächst mit beiden Händen hinter Ihrem Rücken auf, In einer Hand halten Sie eine Handvoll kleiner, feuchter Leckerlis. Schauen Sie Ihren Hund an und warten Sie darauf, dass er Augenkontakt aufnimmt, ohne einen Laut von sich zu geben oder nonverbale Ermutigung zu geben (kein Augenbrauenwackeln!) (siehe Abb. 1, S. 120). In dem Moment, in dem er dies tut, sagen Sie „Ja!" in einem fröhlichen Tonfall und geben ihm sofort ein Leckerli und ein Lob. Das „Ja!" sollte kurz und knackig sein, da es genau die Sekunde markiert, in der Ihr Hund das gewünschte Verhalten ausführt. Das Leckerli und das Lob sind seine Belohnung. Beachten Sie, dass Ihr Hund den Blickkontakt nicht über einen längeren Zeitraum halten muss; es geht nur um den genauen Moment des Blickkontakts, den Sie markieren und belohnen.

Wiederholen Sie die Übung so lange, bis Ihrem Hund ein Licht aufgegangen ist. Sie erkennen dies daran, dass er Sie anstarrt und nicht mehr wegschauen will. Ausgezeichnet! Als Nächstes werden wir die Sache etwas schwieriger machen, indem wir die Aufmerksamkeit Ihres Hundes von Ihnen ablenken. Beginnen Sie wieder mit beiden Händen hinter Ihrem Rücken. Diesmal halten Sie den Großteil der Leckerlis in der einen und ein einzelnes Leckerli in der anderen. Während Sie nun den Blick nach unten richten, bewegen Sie die Hand mit dem einzelnen Leckerli langsam zur Seite, bis Ihr Arm parallel zum Boden ausgestreckt ist.

Sobald der Arm in Position ist, sehen Sie Ihren Hund an (siehe Abb. 2, S. 120). (Sie schauen Ihren Hund nicht an, während Sie das Leckerli in Position bringen, weil Sie sonst im Falle einer Augenkontaktaufnahme durch Ihren Hund den Hund genau dann mit dem Leckerli belohnen müssten). Während Sie Ihren Arm in Position bringen, hat Ihr Hund die Bewegung Ihrer Hand visuell verfolgt und sollte nun auf das Leckerli starren. Bleiben Sie stehen, verhalten Sie sich ruhig und warten Sie. Machen Sie keine Geräusche und geben Sie Ihrem Hund auch keine Hinweise über die Mimik – auch nicht durch die Augenbrauen! Irgendwann wird Ihr Hund Augenkontakt aufnehmen, da er wiederholt dafür belohnt wurde. In dem Moment, in dem er Sie ansieht, auch wenn es nur ein kurzer Blick ist, markieren Sie den Moment mit einem „Ja!" und geben ihm das Leckerli, das in Ihrer ausgestreckten Hand lag, zusammen mit einem Lob.

> Um Ihr Timing mit verbalen Markern zu verbessern, nehmen Sie einen Ball. Lassen Sie ihn aus Hüfthöhe oder höher fallen. In der Sekunde, in der er auf dem Boden aufschlägt, sagen Sie: „Ja!" Wenn Sie das gut können, soll ihn stattdessen eine befreundete Person fallen lassen. Der Ball sollte in Ihre Richtung sichtbar gehalten werden, aber Sie sollten keinen Hinweis bekommen, wann der Ball fallen wird. Sie können das auch zu Hause üben, indem Sie jedes Mal, wenn Ihr Hund Sie ansieht, ein mentales „Ja!" sagen.

Mit weiteren Wiederholungen sollte Ihr Hund zunehmend weniger Zeit brauchen, bis er Sie anschaut, nachdem er das Leckerli visuell verfolgt hat. Sie werden vielleicht sogar feststellen, dass er sich irgendwann weigert, Ihre Armbewegung zu verfolgen, und Sie stattdessen weiterhin anstarrt, als wolle er sagen: „Ich bin dir auf der Spur!" Dann haben Sie einen schlauen Hund! Wiederholen Sie nun die Übung mit der anderen Hand. Durch den Handwechsel lernt Ihr Hund, dass er, egal wohin er schaut, seinen Blick immer wieder zu Ihnen zurückwenden muss. Sobald Ihr Hund erfolgreich zu Ihnen zurückblickt, unabhängig davon, welche Hand ausgestreckt ist, ist es an der Zeit, die Herausforderung zu erhöhen. Bewegen Sie diesmal beide Hände gleichzeitig zur Seite, bis beide Arme gerade und vollständig parallel zum Boden ausgestreckt sind (siehe Abb. 3, S. 120). Es kann sein, dass diese Übung für Ihren Hund etwas schwieriger ist als die anderen, aber machen Sie sich keine Sorgen. Er wird Sie bald wieder anschauen.

Abb. 1:

Abb. 2:

Abb. 3:

Sobald Sie vorhersagen können, dass Ihr Hund innerhalb von ein oder zwei Sekunden nach dem Anblick des Leckerlis Blickkontakt aufnehmen wird, ist es an der Zeit, das verbale Signal hinzuzufügen. Obwohl „Schau her!" und „Sieh mich an!" häufig verwendete Aufmerksamkeitshinweise sind, dient in diesem Fall der Name Ihres Hundes als Hinweis, Augenkontakt herzustellen, als ob er sagen wollte: „Ja? Was möchtest Du?" Nehmen Sie ein Leckerli in eine Hand und legen Sie Ihren Arm wieder seitlich an. Sobald sich Ihr Arm nicht mehr bewegt und Ihr Hund das Leckerli betrachtet, rufen Sie seinen Namen in dem Tonfall, mit dem Sie normalerweise seine Aufmerksamkeit erregen. Ihr Hund wird seinen Kopf zu Ihnen drehen und Augenkontakt aufnehmen. Perfekt! Sagen Sie „Ja!" und geben Sie sofort ein Leckerli und ein Lob. Sobald Ihr Hund geübt darin ist, sofort auf Sie zu hören, wenn Sie seinen Namen rufen, können Sie das „Ja!" weglassen und ihn einfach mit einem Leckerli loben.

Sie werden vielleicht denken: Aber mein Hund hätte mich doch auch ohne all diese Übungen angesehen, wenn ich seinen Namen gerufen hätte! Das mag zwar richtig sein, aber das Schöne an diesen Übungen ist, dass sie eine konditionierte Reaktion erzeugen. Das heißt, wenn das Verhalten erst einmal richtig und gründlich konditioniert wurde, wird Ihr

Hund, wenn er das verbale Signal hört, nicht mehr überlegen: „Hmm, ich bin gerade beschäftigt; kann ich mich später bei dir melden?“ Stattdessen wird sein Körper sofort reagieren und er wird Blickkontakt aufnehmen. Mit etwas Übung wird Ihr Hund Ihnen sofort seine Aufmerksamkeit schenken, wenn Sie ihn darum bitten, selbst wenn es Ablenkungen gibt und in Situationen, die normalerweise Stress und Reaktivität auslösen. Lassen Sie uns darüber sprechen, wie Sie diesen Punkt erreichen können.

Üben zu Hause

Jetzt ist es an der Zeit, diese Fähigkeit in den Alltag zu integrieren. Zu diesem Zweck werden Sie Ihren Hund im Laufe des Tages zu beliebigen Zeiten rufen. Suchen Sie sich dafür eine ruhige, ablenkungsfreie Zeit aus. Bewahren Sie Leckerlis in Ihrer Nähe auf, aber außerhalb des unmittelbaren Sicht- und Geruchsbereichs Ihres Hundes, z. B. im Kühlschrank oder in einem Regal in der Nähe. (Am besten ist es, nicht verderbliche Leckerlis außer Reichweite in verschiedenen Räumen des Hauses zu lagern.) Ignorieren Sie Ihren Hund und warten Sie, bis er das Interesse an Ihnen völlig verliert. Nach einigen Augenblicken, bevor er sich zu sehr für andere Dinge interessiert, rufen Sie den Namen Ihres Hundes. In dem Moment, in dem er Sie anschaut, sagen Sie „Ja!“ und gehen sofort zu den Leckerlis. Ihr Hund wird zweifellos neben Ihnen her traben. Während Sie gehen, loben Sie Ihren Hund immer wieder mit fröhlicher Stimme – „Oh, was für ein braver Hund, jetzt bekommst du ein Leckerli“ –, bis er das Leckerli im Maul hat. Das fröhliche Gespräch schafft eine verbale Brücke, die das erfolgreiche Verhalten mit der Belohnung verbindet, sodass Ihr Hund versteht, warum er belohnt wird.

Wenn Ihr Hund nicht auf Zuruf reagiert, können Sie eine andere Art von verbaler Brücke schaffen. Gehen Sie in diesem Fall zu Ihrem Kühlschrank und sagen Sie in einem enttäuschten Tonfall: „Oh, das ist aber schade. Du hättest das hier haben können“, und nehmen Sie zum Schluss ein Stückchen superleckeres Futter heraus, zum Beispiel ein Stückchen Käse oder Hühnchen, und zeigen Sie es Ihrem Hund. Dann stellen Sie es weg. Ihr Hund wird Sie mit heruntergeklappter Kinnlade ansehen und Ihrer Bitte um Aufmerksamkeit bei der nächsten Aufforderung zweifellos schnell nachkommen. Wenn Sie diese beiden Arten der verbalen Überbrückung anwenden, wird Ihr Hund glauben, dass Sie ein fantastischer Zauberer sind, der Leckerlis aus dem Nichts hervorzaubern kann, sodass es in seinem besten Interesse ist, auf Sie zu hören, auch wenn die Leckerlis nicht sofort sichtbar sind. Üben Sie, ihn den ganzen Tag über an verschiedenen Orten in Ihrer Wohnung zu rufen, wenn er nicht durch andere Dinge abgelenkt ist.

Hinzufügen von Ablenkungen bei der Einzelarbeit

Um sicherzustellen, dass Ihr Hund unabhängig von der Umgebung oder der Situation aufmerksam ist, sollten Sie die Intensität der Ablenkungen schrittweise erhöhen. Es ist stets hilfreich, wenn eine weitere Person als Ablenkung zur Verfügung steht – dazu kommen wir gleich noch –, aber Sie können auch problemlos allein arbeiten. Anstatt darauf zu warten, dass Ihr Hund nur leicht abgelenkt ist, sollten Sie nach Situationen suchen, in denen er sich auf etwas konzentriert, aber nicht völlig darin versunken ist. Er könnte z. B. auf ein Spielzeug zugehen, das er mag, das aber nicht sein absolutes Lieblingsspielzeug ist, oder auf den Garten schauen (aber nicht auf ein Eichhörnchen!) Dies sind Beispiele für leichte bis mittlere Ablenkungen, die Sie zu Ihrem Vorteil nutzen können. Rufen Sie wie zuvor den Namen Ihres Hundes und belohnen Sie ihn für Blickkontakt. Wenn Ihr Hund nicht auf Ihr verbales Signal reagiert, haben Sie zu früh zu viel erwartet. Gehen Sie in diesem Fall zu einer Situation zurück, in der er erfolgreich war, wiederholen Sie sie ein paar Mal und bauen Sie dann die Ablenkungen allmählich auf. Sobald er zuverlässig reagiert, schnappen Sie sich ein paar Leckerlis und gehen Sie in eine Umgebung, in der er wahrscheinlich etwas mehr abgelenkt wird, z. B. in Ihren Garten.

Hinzufügen von Ablenkungen

Wenn Sie mit einem Helfer arbeiten, verstecken Sie einige Leckerlis in einer Tasche oder an einem leicht zugänglichen Ort. Stellen Sie keinen Blickkontakt her, sprechen Sie nicht mit Ihrem Hund und erregen Sie nicht seine Aufmerksamkeit. Lassen Sie Ihre Hilfsperson in einiger Entfernung stehen und ein Geräusch machen, indem sie mit den Füßen schlurft oder eine langsame Bewegung macht, z. B. ihre Arme über den Kopf streckt. In dem Moment, in dem Ihr Hund zu ihr schaut, rufen Sie seinen Namen. Wenn er daraufhin zu Ihnen schaut, sagen Sie „Ja!“ und geben ihm ein Leckerli.

Wenn er nicht in Ihre Richtung schaut, sollte die Hilfsperson an Ort und Stelle stehen bleiben und Sie ansehen. Bleiben Sie unbeweglich und warten Sie. Es ist sehr wahrscheinlich, dass Ihr Hund dem Blick des Helfers folgt und Sie ebenfalls anschaut. Wenn Ihr Hund Sie immer noch nicht ansieht, rufen Sie seinen Namen erneut, und wenn er zu Ihnen blickt, sagen Sie „Ja" und belohnen ihn. Machen Sie die nächste Wiederholung leichter und steigern Sie den Schwierigkeitsgrad allmählich. Wenn sich die Reaktionen Ihres Hundes verbessern, sollte der Helfer den Schwierigkeitsgrad schrittweise erhöhen, indem er schnellere Bewegungen hinzufügt, spricht und Ihren Hund ansieht.

Das Ziel ist natürlich, dass Ihr Hund auf das erste Mal, wenn Sie seinen Namen rufen, reagiert. Das wird mit etwas Übung gelingen. Im Folgenden finden Sie einige mögliche Stolpersteine und ihre Lösungen.

Problem: Ihr Hund will seine Aufmerksamkeit nicht von dem Helfer abwenden.

Lösung: Die Bewegungen des Helfers sollten kleiner und langsamer sein oder die Person sollte weiter weg stehen.

Problem: Durch die Ablenkung ist Ihr Hund nicht an den Leckerlis interessiert.

Lösung: Verwenden Sie höherwertige Leckerlis oder halten Sie die Mahlzeit vor der nächsten Trainingseinheit zurück.

Problem: Es waren auch andere Ablenkungen vorhanden, was die Übung zu schwierig machte.

Lösung: Suchen Sie eine ruhigere Umgebung.

Problem: Ihr Hund verlor das Interesse und reagierte nicht mehr.

Lösung: Hören Sie vorerst auf und halten Sie die Übungseinheiten kürzer.

Sofern auch ein Kind an dem Training teilnehmen möchte, bitten Sie es, sich an einen bestimmten Ort zu stellen, zum Beispiel an den Esszimmertisch. Erklären Sie dem Kind, dass es auf Ihr Zeichen hin langsam zu einem anderen Ort Ihrer Wahl (z. B. der Couch) gehen und dann stehen bleiben soll. Geben Sie dem Kind ein Zeichen, indem Sie sagen: „Eins, zwei, drei, los!" Wenn Ihr Hund zusieht, wie das Kind den Raum durchquert, rufen Sie den Namen Ihres Hundes, markieren Sie den Moment, in dem er Sie anschaut, mit einem „Ja!" und geben Sie ein Leckerli. Machen Sie ein paar Wiederholungen und steigern Sie die Schwierigkeit, indem Sie das Kind schneller laufen lassen. Die nächste Stufe könnte darin bestehen, dass das Kind schnell läuft und mit den Armen schwingt, während es Ihren Hund ansieht, und sich allmählich zum Laufen steigert, wobei es mit den Armen fuchtelt und fröhlich ruft, während es läuft. Sie können diese Übungen natürlich auch von einem Erwachsenen durchführen lassen, aber meiner Erfahrung nach lieben Kinder dieses Spiel besonders, und es ist eine gute Übung für Hunde. Wie bei der vorherigen Übung sollte der Helfer, wenn Ihr Hund Sie nicht anschaut, an Ort und Stelle stehen bleiben und Sie ebenfalls anschauen, bis Sie die Aufmerksamkeit Ihres Hundes erlangen können.

Mitnehmen auf die Straße

Mit etwas Übung werden Sie bald feststellen, dass Ihr Hund auch dann noch ansprechbar ist, wenn Ihr Ablenker jodelt und sich auf dem Teppich wälzt. Das ist zwar eine großartige Leistung für Ihren Hund – ganz zu schweigen von dem jodelnden Ablenker –, aber sie wurde im Rahmen eines Trainingsspiels erzielt, das durch das Vorhandensein von Futter und durch Ihr Verhalten und das der anderen Person verursacht wurde. Der nächste Schritt besteht darin, Ihren Hund dazu zu bringen, in schwierigeren Alltagssituationen auf Ihre Aufforderungen zur Aufmerksamkeit zu reagieren.

Generalisierung einer Verhaltensweise bedeutet, dass Ihr Hund versteht, dass das, was er in einem bestimmten Kontext gelernt hat, auch in anderen Situationen und Umgebungen gilt. In diesem Fall besteht das Ziel darin, dass er sofort auf Ihr Aufmerksamkeitssignal reagiert, egal, wo Sie sind oder was um ihn herum geschieht. Erwarten Sie aber nicht zu viel zu früh! Nur weil Ihr Hund in Ihrem Wohnzimmer hervorragend reagiert hat, heißt das noch lange nicht, dass er in der Öffentlichkeit sofort zu Ihnen schaut, wenn Kinder vorbeilaufen oder wenn er einen anderen Hund aus nächster Nähe erspäht. Üben Sie zunächst, die Aufmerksamkeit Ihres Hundes auf Spaziergängen in Momenten geringer Ablenkung zu lenken, zum Beispiel wenn er beiläufig an etwas schnüffelt, aber nicht völlig fasziniert davon zu sein scheint, wenn eine andere Person ohne Hund vorbeigeht oder wenn ein anderer Hund in einer Entfernung auftaucht, in der er normalerweise nicht reagieren würde.

Im Abschnitt Verhaltensänderung werden wir besprechen, wie Sie die Fähigkeit zur Aufmerksamkeit bei Begegnungen mit anderen Hunden in die Praxis umsetzen können. In der Zwischenzeit sollten Sie weiter üben und daran denken, dass Ihr Hund vielleicht ein paar Tage lang gut mit dieser Übung zurechtkommt und dann einen schlechten Tag hat; das ist normal. Es braucht Zeit, um eine Reaktion aufzubauen, die in jeder Situation zuverlässig ist. Wenn Sie mehrmals täglich in kleinen Schritten üben, werden Sie Ihr Ziel erreichen.

Und jetzt?

Wie Sie in den nächsten Kapiteln sehen werden, rufen Sie in Situationen, in denen ein anderer Hund auftaucht, den Namen Ihres Hundes. Sobald seine Aufmerksamkeit auf Sie gerichtet ist, können Sie ein anderes Verhalten als Alternative zum Vorwärtsstürzen abrufen oder den Walk Away einsetzen, um ihn schnell und sicher aus dem Bereich zu bringen. Mit etwas Übung und Geduld wird etwas Wunderbares geschehen: Anstatt zu reagieren, wenn Ihr Hund einen anderen Hund sieht, wird er Ihre Aufforderung zur Aufmerksamkeit antizipieren und beginnen, sich automatisch an Ihnen zu orientieren.

Kapitel 16
Berührung

Das Wortsignal „Touch“ ist ein Kommando, bei dem Ihr Hund einen bestimmten Körperteil wie Nase, Pfote oder Schnauze bewegen soll, um damit eine bestimmte Sache oder Stelle zu berühren. Es wird auch als „Targeting“ bezeichnet und häufig von Zoos verwendet, um die Haltung einfacher und weniger stressig zu gestalten, zum Beispiel um einen Grizzlybären dazu zu bringen, seine Krallen zum Trimmen durch die Gitterstäbe zu stecken oder seine Zähne zum Putzen zu präsentieren. Für unsere Zwecke wird Ihr Hund lernen, seine Nase an Ihre Hand zu bringen. Auch wenn es auf den ersten Blick seltsam erscheinen mag, ein solches Verhalten einzuüben, so bietet das „Targeting“ doch eine Menge Anwendungsmöglichkeiten: Es kann dazu beitragen, dass Ihr Hund in potenziell beängstigenden Situationen, wie etwa beim Tierarzt, ruhig und konzentriert bleibt, es kann ihm helfen, bestimmte Ängste zu überwinden, und vor allem kann es als alternative Verhaltensweise dienen, beispielsweise anstatt des Anbellens vorbeigehender Hunde.

Emotionen versus Kognition

Wenn ich meinen Kunden das Hand-Targeting zeige, glauben sie oft, dass es nur darum geht, ihren Hund von etwas anderem abzulenken. Das Targeting erfordert jedoch mehr als nur die Aufmerksamkeit des Hundes. Denn wenn Ihr Hund sich darauf konzentriert, seine Nase an Ihre Hand zu bringen, ist er kognitiv beschäftigt und konzentriert sich auf eine Aufgabe, anstatt emotional außer Kontrolle zu geraten und reaktiv zu werden. Wenn Sie schon einmal vor Angst, Trauer oder Wut emotional überwältigt waren, wissen Sie, wie schwierig es ist, in diesem Moment klar zu denken. Wenn Sie jedoch in eine Tätigkeit vertieft sind, die Ihre volle Aufmerksamkeit und Konzentration erfordert, werden Sie wahrscheinlich nicht parallel in Panik geraten oder einen Wutanfall bekommen. Es gestaltet sich äußerst schwierig, wenn nicht gar unmöglich, kognitiv aufmerksam zu sein und gleichzeitig emotional völlig außer Kontrolle zu geraten. Bei Ihrem Hund ist das nicht anders.

Durch das Targeting auf die Hand seines Besitzers kann der Hund sich geistig konzentrieren. Sein Stresslevel bleibt niedrig und er ist in der Lage, verbale Signale zu verarbeiten und zu befolgen. Damit können Sie und Ihr Hund einfach weitergehen, wenn Sie anderen Hunden begegnen. Ihr Hund kann seine nervöse Energie an dieser Stelle in produktive umwandeln, anstatt diese in Form von Reaktivität zu externalisieren.

Den Handtouch lehren

Stellen Sie sich Ihrem Hund gegenüber. Er sollte sitzen und Ihnen zugewandt sein. Sofern er noch nicht weiß, wie man sich auf Aufforderung hin hinsetzt, so kann er stattdessen auch stehen bleiben. Sitzen ist jedoch besser. Halten Sie ein paar Leckerlis in einer Hand hinter Ihrem Rücken. Strecken Sie mit einer kleinen Bewegung die leere Hand mit der flachen Handfläche nach unten in Richtung Ihres Hundes aus. Stoppen Sie die Hand etwa fünf Zentimeter unterhalb und leicht seitlich der Nase des Hundes und halten Sie sie ruhig (siehe Abb. 1, S. 128). Ihr Hund soll seine Nase zu Ihrer Hand bewegen, nicht umgekehrt. Geben Sie keine verbalen Hinweise. Aufgrund des angeborenen Erkundungsdrangs von Hunden werden die meisten von ihnen sofort an der Hand schnüffeln. Sagen Sie genau in dem Moment, in dem die Nase Ihres Hundes Ihre Hand berührt (siehe Abb. 2, S. 128), „Ja!" und belohnen Sie ihn mit einem Leckerli aus der anderen Hand, zusammen mit einem Lob. Übrigens: Obwohl das Targeting mit der Hand traditionell so erfolgt, dass der Hund mit seiner Nase die Handfläche berührt, ziehe ich es vor, den Handrücken zu verwenden, da Hunde, die Angst vor sich ihnen nähernden Händen haben, den Handrücken weniger beunruhigend finden.

> Wenn Ihr Hund sehr klein oder klein gewachsen ist, kann er statt der Hand auch das Ende eines Holzlöffels mit seiner Nase berühren. Alternativ können Sie auch einen Targetstick verwenden, der häufig beim Clickertraining eingesetzt wird und in solchen Situationen eine Hilfe sein kann. Geben Sie in einer beliebigen Suchmaschine den Begriff „Dog Target Stick" ein, um Produkte und Anleitungen zu finden.

Abb. 1

Abb. 2

Wenn Ihr Hund sich nicht bewegt, um Ihre Hand zu berühren, sondern stattdessen dasitzt und starrt, als ob Ihnen ein Geweih gewachsen wäre, liegt das wahrscheinlich an einem der Punkte, die im Kasten auf der nächsten Seite beschrieben stehen.

Bleiben Sie dran! Die Reihenfolge: Hand präsentieren, Hund berührt die Nase an der Hand, „Ja!" sagen und Leckerli / Lob. Sobald er das Leckerli gefressen hat, beginnen Sie sofort mit der nächsten Wiederholung. Wenn Ihr Hund irgendwann stehen bleibt und die Hand anstarrt, sie aber nicht berührt, bringen Sie die Hand hinter Ihren Rücken und halten Sie sie erneut vor, diesmal etwas näher an seiner Nase. Oder seien Sie raffiniert: Greifen Sie in Ihre Tasche, als ob Sie etwas suchen würden, holen Sie die Hand heraus und zeigen Sie sie erneut. Glauben Sie mir, Ihr Hund wird wissen wollen, was in dieser Hand ist! Sobald Ihr Hund Ihre Hand zuverlässig berührt, beginnen Sie nach einigen Wiederholungen damit, sie in verschiedenen Positionen etwas oberhalb, unterhalb und seitlich von der Nase Ihres Hundes zu platzieren, sodass er seine Nase ein wenig weiter bewegen muss, um Ihre Hand zu berühren. (Falls Ihr Hund Angst vor Bewegungen über Kopf hat, lassen Sie die Berührungen über Kopf aus.) Belohnen Sie ihn nach jeder erfolgreichen Berührung.

Wenn Ihr Hund die angebotene Hand mindestens fünf Mal hintereinander berührt hat, fügen Sie das Wortsignal „Touch" hinzu, sobald Sie Ihre Hand präsentieren. Zu diesem Zeitpunkt können Sie das „Ja!" weglassen, da die Markierung nicht mehr erforderlich ist.

Problem: Ihr Vorrat an Leckerlis ist zu sehen und Ihr Hund starrt diese an, anstatt Ihre Hand zu bemerken.

Lösung: Denken Sie daran, die Handvoll Leckerlis hinter Ihrem Rücken zu halten oder schieben Sie Ihren Leckerli-Beutel nach hinten auf Ihren Rücken.

Problem: Sie haben die Übung direkt nach der Aufmerksamkeitsübung oder der Übung „Aus" gemacht, sodass Ihr Hund denkt, dass Sie Blickkontakt oder ein Zurückweichen wollen.

Lösung: Hören Sie erst einmal auf, warten Sie ein wenig und versuchen Sie es später noch einmal, ohne vorher andere Übungen zu machen.

Problem: Ihr Hund ist ängstlich, wenn sich Hände auf ihn zubewegen.

Lösung: Setzen Sie sich mit Ihrem Hund auf den Boden. Wenn Sie Ihre Hand ausstrecken, halten Sie sie nahe am Boden und bewegen Sie sie nicht zu schnell.

Problem: Unbekannt, aber Ihr Hund bewegt sich nicht, um das Leckerli zu berühren.

Lösung: Verstecken Sie ein Leckerli zwischen Daumen und Zeigefinger, wenn Sie den Handrücken präsentieren, damit Ihr Hund es eher erkundet. Wenn er das Leckerli berührt, geben Sie ihm ein verbales Zeichen und drehen die Hand um, um ihm das Leckerli zu geben. Wiederholen Sie dies ein paar Mal und gehen Sie dann dazu über, kein Leckerli in der Hand zu haben. Alternativ können Sie auch versuchen, ein stark riechendes Leckerli, z. B. eine Scheibe Hot Dog, auf den Fingerrücken zu reiben, bevor Sie die Hand präsentieren.

Handtouch im Gehen

Als Nächstes üben Sie, dass Ihr Hund Ihre Hand berührt, während Sie weitergehen. Beginnen Sie mit unangeleintem Hund zu Hause, das kann drinnen sein oder im Garten. Ihr Hund sollte neben Ihnen auf der Seite stehen, auf der er normalerweise spazieren geht. Bei den folgenden Erklärungen wird davon ausgegangen, dass Sie Rechtshänder sind und Ihr Hund links von Ihnen läuft. Wenn Ihr Hund normalerweise auf der rechten Seite geht, tauschen Sie die Seiten in der Beschreibung einfach aus.

Halten Sie einen Vorrat an Leckerlis in Ihrer rechten Hand. Ihre linke Hand sollte leer sein. Beginnen Sie mit den Armen dicht am Körper, mit angewinkelten Ellbogen und den Händen auf Brusthöhe (siehe Abb. 3). Sagen Sie: „Los geht's!" Machen Sie einen Schritt mit dem linken Fuß und strecken Sie sofort Ihre linke Hand mit der flachen Handfläche und dem Handrücken zu Ihrem Hund hin aus (siehe Abb. 4). Sagen Sie: „Touch". Wenn die Nase Ihres Hundes Ihre Hand berührt, loben Sie ihn und belohnen Sie ihn schnell, indem Sie mit derselben Hand ein Leckerli aus Ihrer rechten Hand nehmen und es mit flacher Hand zwischen Daumen und Zeigefinger halten und es mit dem Arm nach unten an Ihrer linken Seite präsentieren, wobei die Handfläche zu Ihrem Hund zeigt. Halten Sie die Handfläche flach, wenn Sie das Leckerli geben, sodass Sie es Ihrem Hund fast ins Maul schieben. So verhindern Sie, dass Ihr Hund in Ihre Finger beißt, was sonst später passieren könnte, wenn er beim Anblick eines anderen Hundes gestresst oder aufgeregt ist.

Abb. 3

Abb. 4

Bitten Sie Ihren Hund alle paar Schritte um eine Berührung, bis er Ihnen freudig durch den Raum folgt und Ihre Hand berührt, wenn Sie ihn dazu auffordern. Belohnen Sie ihn für jede Berührung mit einem Leckerli. Eine kontinuierliche Bewegung aufrechtzuerhalten mag anfangs eine Herausforderung sein, aber mit etwas Übung wird Ihre Technik immer flüssiger. Es ist nicht anders als beim Autofahren: Die Kombination der Aktionen wird bald so automatisch, dass Sie nicht mehr über jede einzelne nachdenken müssen.

Sobald Sie und Ihr Hund die Übung „Handtouch im Gehen" gemeistert haben, ist es an der Zeit, das Ganze mit Leine zu üben. Auch wenn es seltsam erscheinen mag, Ihren Hund im Haus oder im Garten an der Leine zu führen, ist es eine gute Übung für den Ernstfall. Verwenden Sie eine Leine von einem Meter Länge, damit sich kein zusätzliches Material verknotet und verheddert. Legen Sie die Schlaufe über die vier Finger Ihrer rechten Hand, sodass sie Ihre Handfläche kreuzt. Wenn Sie die Leine in dieser Position halten, können Sie bei Bedarf Ihre Faust darüber schließen. Halten Sie die Leckerlis in der gleichen Handfläche. Wenn Ihr Hund links von Ihnen sitzt, verläuft die Leine vor Ihrem Körper. Wiederholen Sie die vorangegangene Übung; der einzige Unterschied ist, dass Ihr Hund diesmal angeleint ist. Denken Sie daran, dass die Hand, die Ihrem Hund am nächsten ist, sowohl zum Targeting als auch zum Belohnen verwendet wird.

Der nächste Schritt besteht darin, die Berührungen auf Spaziergängen in Ihrer Nachbarschaft zu üben (natürlich nur an der Leine!), und zwar zu einer Zeit, zu der Sie wahrscheinlich nicht viele andere Menschen mit ihren Hunden treffen werden. Wie immer sollten Sie die Ablenkungen allmählich steigern, damit Ihr Hund die Übung schließlich auch in belebten, ablenkungsstarken Umgebungen erfolgreich durchführen kann, auch dann, wenn er an anderen Hunden vorbeigeht.

Kombination aus Touch und Ansprache

Im vorherigen Abschnitt haben Sie Ihrem Hund beigebracht, Sie anzusehen, wenn Sie seinen Namen sagen. Sobald Ihr Hund sowohl die Aufmerksamkeit als auch die Berührung beherrscht, üben Sie eine Kombination aus beidem. Sagen Sie den Namen Ihres Hundes. Wenn er Sie ansieht, halten Sie ihm Ihre Hand hin und fordern ihn auf, Sie zu berühren. Üben Sie das zuerst im Stehen und dann beim gemeinsamen Spaziergang. Beginnen Sie im Haus, gehen Sie in den Garten und üben Sie dann auf Spaziergängen in ruhigen Zeiten, bis Sie allmählich dazu übergehen, auch in belebteren Umgebungen zu arbeiten. In realen Situationen müssen Sie vielleicht nicht immer verbal Aufmerksamkeit einfordern, bevor Sie um „Touch" bitten, aber es ist am besten, wenn Sie beide Fertigkeiten sowohl zusammen als auch

getrennt üben. Wenn Sie in ablenkenden Situationen in der Lage sind, die Aufmerksamkeit Ihres Hundes zu erlangen und ihn dann zum Touch aufzufordern, können Sie ihn auf sich aufmerksam machen, ihn ruhig und sicher an einem anderen Hund vorbeiführen oder einen Weg verlassen, damit andere vorbeigehen können.

Kapitel 17
„Weiter"

Das Wortsignal „Weiter!" (engl. „On by!") wird von Mushern verwendet, um den Hunden, die den Schlitten (oder im Fall von Urban Mushing den Scooter) ziehen, mitzuteilen, dass sie vorbeiziehen und geradeaus weiterlaufen sollen. Im Zusammenhang mit dem Sport wird es oft verwendet, wenn ein anderes Hundeteam überholt wird. In meiner eigenen städtischen Mushing-Erfahrung – ich habe Husky-Mixe, aber keinen Schnee hier in Südkalifornien – habe ich das Kommando verwendet, um meinen Hunden beizubringen, weiterzugehen, anstatt anzuhalten, um einen faszinierenden Haufen zu untersuchen oder einem frechen Eichhörnchen hinterherzulaufen, das am Wegesrand aufgetaucht war.

Für unsere Zwecke dient „Weiter!" als Signal dafür, andere Hunde, denen Sie auf Ihren Spaziergängen begegnen, in aller Ruhe zu umgehen. Es unterscheidet sich von „Aus!", durch das der Hund angewiesen wird, von dem, worauf er sich konzentriert hat, wegzugehen oder es zumindest nicht zu berühren. Wenn Ihr Hund im Begriff wäre, ein Sandwich von der Arbeitsplatte in der Küche zu stehlen, wäre „Aus" angemessen. Läge das Sandwich mitten auf der Straße, so würde „Aus" Ihren Hund zwar dazu auffordern, es nicht zu berühren, aber „Weiter" würde ihn anweisen, dass er es ignorieren und weitergehen soll.

Bei der Begegnung mit einem anderen Hund ist der Erregungslevel Ihres Hundes hoch. Da kann es äußerst hilfreich sein, ihm eine aktive Beschäftigung zu bieten. Leider ist dies genau der Zeitpunkt, an dem viele Besitzer ihren Hund an den Straßenrand setzen und „Bleib" verlangen. Nun ist diese Strategie zwar nicht an sich falsch, aber in Anbetracht des emotionalen und physiologischen Zustands des Hundes wäre es für ihn viel einfacher, eine alternative Tätigkeit auszuüben, die mit Bewegung verbunden ist.

Ein weiteres Problem bei der Sitz-Bleib-Strategie ist, dass die meisten Menschen vor ihrem Hund stehen und ihm so die Sicht versperren. Wenn ein Hund wegen eines anderen Hundes nervös ist, möchte er sehen, was vor sich geht. Genau wie ich nicht möchte, dass mir jemand die Sicht versperrt, wenn ein Berglöwe die Straße entlangläuft. Ich würde genau wissen wollen, wo diese große Katze ist und was sie tut! Mit „Weiter“ kann Ihr Hund die Umgebung vollständig überblicken, während er sich in aller Ruhe an möglichen Problemen vorbeibewegt.

„Weiter“ trainieren

Wie bei jeder anderen Fertigkeit auch sollte das Training im Haus und ohne Ablenkung beginnen. Wählen Sie ein Spielzeug, das Ihr Hund mag, ihn aber nicht überdrehen lässt. Wenn Ihr Hund kein Spielzeug mag, können Sie etwas Beliebiges verwenden, das ihn interessiert, zum Beispiel eine Socke, einen Schuh oder einen leeren Futternapf. Achten Sie aber darauf, dass es ihn nicht verrückt macht. Legen Sie das gewählte Objekt auf den Boden und halten Sie Leckerlis bereit. Verwenden Sie als Belohnung für diese Übung am besten mittelgroße, nicht zu stark riechende Leckerlis, da Ihr Hund von diesen sonst möglicherweise zu sehr abgelenkt wird, um das Objekt überhaupt wahrzunehmen. Ihr Hund sollte angeleint sein und vorzugsweise ein Geschirr tragen, um Druck auf seinen Hals zu vermeiden.

Beginnen Sie in einer Entfernung, in der Ihr Hund den Gegenstand bemerkt, aber nicht so nah, dass er in Versuchung gerät, ihn zu greifen. Das kann bedeuten, dass Sie in einem Abstand von zehn oder sogar zwanzig Metern beginnen – Sie kennen Ihren Hund am besten. Halten Sie diesen Abstand ein, während Sie parallel zu dem Gegenstand gehen, und sagen Sie „Weiter!“, während Sie mit dem Arm, der Ihrem Hund am nächsten ist, eine schwungvolle Bewegung machen, als ob Sie eine Bowlingkugel eine Bahn hinunterrollen würden.

Wenn Ihr Hund in Richtung der Versuchung zieht, halten Sie den Druck auf die Leine aufrecht, ohne an ihr zu zerren. Wenn Ihr Hund geradeaus schaut, markieren Sie den Moment mit einem „Ja!" und bieten ein Leckerli an. Normalerweise ziehe ich es vor, eine neue Fähigkeit erst dann mit einem verbalen Hinweis zu versehen, wenn der Hund sie zuverlässig ausführt, aber in diesem Fall finde ich es hilfreich, den verbalen Hinweis von Anfang an zusammen mit dem Handzeichen zu verwenden. Sie werden vielleicht feststellen, dass Ihr Hund zu Ihnen aufschaut, wenn Sie „Weiter!" sagen. Das ist in Ordnung, denn es hat den zusätzlichen Vorteil, dass es seine Aufmerksamkeit kurzzeitig von der Sache ablenkt, die er ignorieren soll.

Den Einsatz erhöhen

Mit etwas Übung sollten Sie in der Lage sein, das Wortsignal zu geben und Ihren Hund in immer größerem Abstand an dem Objekt vorbeizuführen, wobei die Leine locker bleibt. Wenn Sie so weit geübt haben, dass Ihr Hund aus nächster Nähe an dem Gegenstand vorbeigehen kann, ohne dass er dort hinzieht, ist es an der Zeit, den Einsatz zu erhöhen. Tauschen Sie den Gegenstand gegen einen aus, der einen höheren Wert hat, zum Beispiel das Lieblingsplüschtier Ihres Hundes. Dadurch, dass Sie den Schwierigkeitsgrad schrittweise erhöhen, stellen Sie sicher, dass Ihr Hund ein Erfolgserlebnis hat. Führen Sie die Übung wie zuvor durch. Da dieser Gegenstand einen höheren Wert hat, gehen Sie zunächst auf eine größere Entfernung zurück und arbeiten sich wieder allmählich näher heran.

Jetzt, wo Sie beide so gut vorankommen, sollten Sie die Herausforderung weiter erhöhen! Nehmen Sie ein Leckerli von geringem Wert wie einen trockenen Keks – etwas, das Ihr Hund mag, für das er aber keinen Freudentanz aufführt – und legen Sie dieses auf den Boden. Kehren Sie zu einer größeren Ausgangsdistanz zurück. Wiederholen Sie die Übung wie zuvor, geben Sie das Wortsignal und das Handzeichen, sagen Sie „Ja!", wenn Ihr Hund erfolgreich vorbeigeht, und geben Sie das Leckerli. Wenn Sie Futter als Verlockung einsetzen, ist es wichtig, dass das Leckerli, das Sie als Belohnung geben, wertvoller ist als das Leckerli auf dem Boden. Sie könnten zum Beispiel einen trockenen Keks auf dem Boden liegen haben, aber Hotdog-Scheiben in Ihrer Hand. Verringern Sie allmählich den Abstand, bis Ihr Hund an einer lockeren durchhängenden Leine aus nächster Nähe vorbeigehen kann.

Jetzt wird es richtig knifflig! In diesem nächsten Schritt tauschen Sie das Leckerli auf dem Boden gegen ein höherwertiges aus. Verringern Sie wieder den Startabstand, da Sie den Wert des „Köders" auf dem Boden erhöht haben. Fahren Sie wie zuvor fort und gehen Sie schrittweise näher heran, wenn Ihr Hund erfolgreich war. Schließlich sollte Ihr Hund „Weiter!" hören und selbst an den leckersten Verlockungen vorbeilaufen. Sie können die Übung auch variieren, indem Sie die Leckerlis nicht auf den Boden, sondern auf einen niedrigen Tisch oder eine Arbeitsplatte legen.

Als ich vor Jahren Gruppenunterricht gab, legte ich in unregelmäßigen Abständen einen Parcours mit verschiedenen Verlockungen aus. Die Kursteilnehmer mussten mit ihren Hunden an Spielzeug, Näpfen mit Leckerlis und anderen Leckereien vorbeigehen. Ich habe dieses Spiel verwendet, um das Kommando „Aus" zu üben. Sie können das Spiel „Straße der Versuchung" aber auch ganz einfach mit „Weiter" spielen. Probieren Sie es aus! Es macht Spaß und hilft Ihrem Hund, in einer kurzen Sitzung eine Menge Übung zu bekommen.

Generalisieren

Bis zu diesem Punkt hat Ihr Hund gelernt, dass er, wenn er „Weiter!" hört und Ihr Handzeichen sieht, an dem vorbeilaufen muss, was Sie ihm als Verlockung hingestellt haben. Jetzt ist es an der Zeit, ihm dabei zu helfen, die Bedeutung des Hinweises auf andere Dinge in der Umgebung zu übertragen. Schnappen Sie sich ein paar hochwertige Leckerlis und gehen Sie mit Ihrem Hund in einen Bereich, in dem es sehr unwahrscheinlich ist, dass Sie anderen Hunden begegnen. Erlauben Sie ihm, beim Gehen anzuhalten und zu schnüffeln, wie er es normalerweise tun würde. Wenn Sie bemerken, dass er auf das Gras oder einen Gegenstand auf dem Boden zugehen möchte, rufen Sie seinen Namen und sagen Sie dann „Weiter". Wenn Ihr Hund erfolgreich an der Ablenkung vorbeigeht, belohnen Sie ihn mit einem Leckerli. Üben Sie zunächst mit weniger interessanten Ablenkungen und dann mit immer verlockenderen. Das Schnüffeln im Gras kann zum Beispiel eine niedrige Ablenkung sein; ein weggeworfene Lebensmittelverpackung könnte eine mittlere Ablenkung sein; und ein Eichhörnchen, das Seifenblasen pustet, während es Einrad fährt, ist mit Sicherheit eine hohe Ablenkung!

Seien Sie während dieser Übungszeit wachsam. Wenn Sie in einiger Entfernung einen anderen Hund sehen, entfernen Sie Ihren Hund ruhig aus diesem Bereich.

„Weiter“ im Kontext nutzen

Sobald Sie Ihren Hund selbst an hochgradigen Ablenkungen erfolgreich vorbeiführen können und die Leine locker bleibt, ist es an der Zeit, „Weiter“ dort einzusetzen, wo es am hilfreichsten sein wird: in der Nähe anderer Hunde. Gehen Sie mit Ihrem Hund an der Leine in einem Bereich spazieren, in dem Sie wahrscheinlich anderen Hunden begegnen werden, aber dennoch auf Distanz bleiben können, wenn es nötig ist. Wenn Sie einen Hund erspähen, der normalerweise eine starke Reaktion hervorruft, sollten Sie die Möglichkeit haben, wegzugehen, anstatt die Begegnung zum Üben zu nutzen. Denken Sie bei der Auswahl der Hunde, mit denen Sie üben wollen, daran, dass ein Hund, der sich langsam und mit gesenktem Kopf bewegt, weniger triggernd wirkt als ein Hund, der an der Leine tanzt und versucht, jeden Hund zu begrüßen, an dem er vorbeikommt.

Wenn Sie einen Hund und seinen Besitzer in Ihre Richtung gehen sehen und der Hund nicht zu dem Typ gehört, der Ihren Hund am ehesten anspricht, gehen Sie in einem Abstand an ihm vorbei, in dem Ihr Hund nicht reagieren kann, anstatt einen anderen Weg einzuschlagen. Sobald er den anderen Hund bemerkt, rufen Sie den Namen Ihres Hundes. Berühren Sie ihn, bis Sie den anderen Hund erreicht haben, und wenn Sie sich ihm nähern, sagen Sie „Weiter“ und geben das Handzeichen. Bleiben Sie in Bewegung! Sofort nachdem Sie den anderen Hund passiert haben, loben Sie Ihren Hund und geben ihm ein Leckerli. Der Grund für „Touch“ während des Näherkommens ist, dass Ihr Hund sich auf Sie konzentriert, während der andere Hund näherkommt. Mit der Zeit können Sie vielleicht warten, bis Sie kurz davor sind, den anderen Hund zu überholen, um den Namen Ihres Hundes zu rufen und das Zeichen zum Vorbeigehen zu geben, ohne vorher nach „Touch“ zu fragen.

Wenn Sie Ihrem Hund in der Öffentlichkeit zum ersten Mal das Kommando „Weiter“ in der Nähe anderer Hunde geben, sollten Sie sich nicht wundern, wenn er Sie ansieht, als ob Sie eine fremde Sprache sprechen würden, auch wenn er das bisher gut gemacht hat. „Weiter“? Was ist dieses „Weiter“, von dem Sie sprechen? Das ist in Ordnung. Sie haben den Grundstein gelegt, aber in der aktuellen Situation ist das Ablenkungsniveau viel höher und Erregung ist hinzugekommen. Wenn Ihr Hund bei Ihrem ersten Versuch über seine Erregungsschwelle kommt und den anderen Hund anbellt, heißt das lediglich, dass Sie mit einem größeren Abstand beginnen müssen. Gehen Sie nach einigen erfolgreichen Wiederholungen etwas näher heran, bis Ihr Hund auf Kommando an anderen Hunden vorbeilaufen kann, ohne zu reagieren. Das wird wahrscheinlich nicht in nur einer Sitzung gelingen! Lassen Sie sich Zeit.

Mit der Zeit können Sie zu variabler Verstärkung übergehen, bei der Sie manchmal belohnen und manchmal nicht. Denken Sie daran, dass zufällige Belohnungen das Verhalten verstärken. Sie könnten schließlich dazu übergehen, nur noch mit Worten zu loben, wobei ich es vorziehe, Hunde ab und zu mit Futter oder Spielzeug zu belohnen. Sie würden ja auch nicht wollen, dass die Bezahlung eingestellt wird, wenn Sie in Ihrem Job immer besser werden! Wie auch immer, üben Sie die Übung vorerst weiter auf Spaziergängen mit dem Wortsignal, dem Handzeichen und den Leckerlis. Langfristig werden Sie feststellen, dass Ihr Hund, wenn er einen anderen Hund sieht, das Signal „Weiter“ erwartet und schneller wird, um den anderen Hund zu umgehen, auch ohne dass Sie ihn dazu auffordern.

Klopfen Sie sich jetzt selbst auf die Schulter und streicheln Sie Ihrem Hund den Bauch. Sie machen das beide großartig! Als Nächstes werden wir die wertvollen Fähigkeiten, die Sie sich so hart erarbeitet haben, in Trainingsplänen zur Verhaltensänderung einsetzen.

Teil IV
Verhaltensmodifikation

Kapitel 18
Der Prozess der Verhaltensmodifikation

Vielleicht haben Sie dank der Fähigkeiten, die Sie geübt haben, bereits einige Erfolge in der Verhaltensänderung Ihres Hundes erzielt. Jetzt werden wir das Ganze auf die nächste Stufe bringen, indem wir spezifische Trainingspläne zur Verhaltensmodifikation anwenden. Bevor Sie damit beginnen, sollten Sie dafür sorgen, dass Ihr Hund mindestens zwei Wochen lang keine reaktive Phase hat. Das könnte bedeuten, dass Sie in einem Gebiet spazieren gehen, in dem die Begegnung mit anderen Hunden äußerst unwahrscheinlich ist. Bedenken Sie, dass bei Ihrem Hund, wenn er durch die Anwesenheit eines anderen Hundes getriggert wird und mit Hecheln und Bellen reagiert, Adrenalin und andere Stresshormone ausgeschüttet werden. Auch wenn sich der Adrenalinspiegel in relativ kurzer Zeit wieder normalisiert, können andere Stresshormone noch mehrere Tage im Körper verbleiben. Wenn Ihr Hund eine Situation nach der anderen erlebt, bei der er übermäßig stimuliert wird, hat sein Körper keine Zeit, in einen Ruhezustand zurückzukehren. Ziel ist es, die Ausgangslage so zu gestalten, dass eine Verhaltensänderung mit größerer Wahrscheinlichkeit zum Erfolg führt.

Verhaltenstagebuch

Im Zusammenleben mit einem Hund kann es schwierig sein, kleine Verbesserungen im Verhaltenn von einem Tag auf den anderen zu bemerken. Beim Durcharbeiten der Trainingspläne sollten Sie deshalb ein Verhaltenstagebuch führen, damit Sie die Fortschritte Ihres Hundes verfolgen können. Das Tagebuch ermöglicht es Ihnen, nach einigen Wochen oder Monaten in die Retrospektive zu gehen, um einen Gesamtüberblick über die erzielten Fortschritte zu erhalten. Das gibt Ihnen den Ansporn zum Weiterarbeiten. Ihre Notizen können so detailliert sein, wie Sie möchten. Jeder Eintrag sollte jedoch mindestens das Datum, die Uhrzeit, den Ort, die Person, die mit Ihrem Hund spazieren ging, andere Hunde, denen Sie begegnet sind (einschließlich Rasse, Größe und Aktivität), Ihre Aktionen mit Ihrem Hund und seine Reaktion darauf enthalten.

Notieren Sie alles Ungewöhnliche, was an diesem Tag vorgekommen ist, zum Beispiel wenn sich Ihr Hund nicht wohl gefühlt hat oder Sie Besuch hatten, der Ihren Hund gestresst hat. Vergeben Sie für jeden Spaziergang eine Bewertung von 1 bis 10, wobei 1 absolut schrecklich ist, etwa weil ein streunender Hund Sie beide angegriffen hat. Eine 10 wäre der perfekte Spaziergang, bei dem Ihr Hund aus nächster Nähe an anderen Hunden vorbeigeht und keinerlei Reaktion zeigt, außer dass er sich nach Ihnen umdreht. Wenn Sie keine anderen Hunde sehen oder diese sehr weit entfernt sind, vermerken Sie einfach N/A für Nicht zutreffend. Hier sind ein paar beispielhafte Tagebucheinträge:

5. Januar
War mit Buffy um 6:30 Uhr in Foster's Park spazieren. Wir kamen an zwei anderen Hunden vorbei: einem kleinen Terrier-Mix, der vielleicht 40 Meter entfernt war und auf den Buffy überhaupt nicht reagierte, und einem Labrador, der etwa 20 Meter entfernt war. Buffy versteifte sich und fing an, den Labrador anzustarren, aber als ich ihren Namen rief, sah sie mich an, das Signal „Touch" funktionierte und wir konnten weitergehen. Bewertung: 7

6. Januar
Doug war mit Buffy gegen 8 Uhr morgens am Fluss entlang spazieren. Er sagte, sie hätten nur einen anderen Hund gesehen, einen schwarzen, der etwas größer war als Buffy, und der war so weit weg, dass es kein Problem gab. Bewertung: N/A

7. Januar
Buffy und ich waren heute Morgen um 6:45 Uhr im Raymer's Park, und es waren sehr viele Hunde unterwegs. Ich wusste nicht, dass die Wege dort so schmal sind! Wir konnten den meisten Hunden aus dem Weg gehen, aber ein Deutscher Schäferhund und sein Besitzer überraschten uns aus kurzer Entfernung. Ich habe versucht, Buffy auf mich aufmerksam zu machen, aber sie hat wie verrückt gebellt und sich losgerissen, bevor ich sie unter Kontrolle bringen konnte. Als wir an ihnen vorbei waren, hatte ich Buffys Aufmerksamkeit wieder. Von nun an werden wir uns an Foster's Park halten. Bewertung: 3

10. Januar
Hatte beschlossen, Buffy ein paar Tage lang geistige Anregung und Bewegung in unserem Garten zu geben, damit sie sich wirklich ganz beruhigen konnte, bevor ich sie nach ihrem Ausraster mit dem Deutschen Schäferhund wieder in die Öffentlichkeit mitnahm. War mit ihr um 7:30 Uhr im Foster's Park spazieren. Es waren mehr Hunde da als erwartet, aber wir waren auch etwas später da als sonst. Wir sahen ein paar Hunde von weitem und es gab keine Reaktion, aber dann ging eine Frau mit zwei Spaniel-ähnlichen Hunden, die jung und verspielt aussahen, an uns vorbei, etwa drei Meter entfernt. Normalerweise gibt es in diesem Park eine Möglichkeit, den Weg zu verlassen, aber in diesem einen Bereich gab es keine, also rief ich Buffys Namen, bat sie um „Weiter" – und wir konnten problemlos passieren! Bewertung: 8

Jetzt sollten Sie eine Idee davon haben, worum es geht. Das Form ist nicht so wichtig wie die Tatsache, so viele Details wie möglich zu notieren. Beim Durcharbeiten der nachfolgenden Trainingspläne werden Sie weitere Techniken kennenlernen, die Sie in Ihre Einträgen integrieren können. Ich wiederhole also: Es lohnt sich auf jeden Fall, Zeit und Mühe in ein Verhaltenstagebuch zu investieren. Nehmen Sie sich nach jedem Spaziergang einen Moment Zeit für ein paar kurze Notizen dazu.

Smartphone-Tagebuch

Wenn Sie jemanden haben, der mit Ihnen spazieren gehen kann, geben Sie ihm Ihr Handy und bitten Sie ihn, das Geschehen aufzuzeichnen, wenn Sie an anderen Hunden vorbeikommen. Versuchen Sie nicht, dies selbst zu tun, da Sie Ihre ganze Aufmerksamkeit auf Ihren Hund richten müssen. Der Helfer sollte in einem Abstand neben Ihnen gehen, bei dem er sowohl Sie als auch Ihren Hund von der Seite gut im Blick hat. Wenn die Kamera Ihres Smartphones über eine Zeitlupenfunktion verfügt, sollten Sie diese nutzen, damit bei der Überprüfung der Aufnahmen auch die kleinsten Details zu erkennen sind. Vielleicht stellen Sie fest, dass Sie sich angespannt haben und die Leine strafften, als ein anderer Hund kam, oder dass Ihr Hund Signale von Stress ausgesendet hat, die Sie zu diesem Zeitpunkt nicht erkannten. Vielleicht stellen Sie fest, dass Ihr Hund einen anderen Hund schon erspäht hat, bevor Sie dies getan haben, oder dass ein bestimmter Hundetyp eine stärkere Reaktion hervorruft als zuvor angenommen. All dies sind wertvolle Informationen. Wenn Sie sich die Aufzeichnungen Ihrer Ausflüge regelmäßig ansehen, werden Sie die Körpersprache Ihres Hundes und Ihre eigene erkennen und Ihre Handlungen bei Bedarf anpassen können. Aus diesen Gründen, plus zur Erstellung eines visuellen Protokolls Ihrer Fortschritte, sollten Sie versuchen, mindestens einmal pro Woche ein Video aufzunehmen.

Die Trainingspläne

Die erste Art eines Trainingsplans zur Verhaltensmodifikations, die Sie kennen lernen werden, ist das dynamische Duo aus Desensibilisierung und Gegenkonditionierung. Lassen Sie sich von diesen Begriffen nicht abschrecken! Wie Sie im nächsten Abschnitt sehen werden, sind die Konzepte eigentlich ganz einfach. Wenn die Reaktion Ihres Hundes beim Anblick eines anderen Hundes so stark ist, dass er sich nicht auf Sie konzentrieren kann, obwohl er das Kommando für Aufmerksamkeit (seinen Namen) bereits gelernt und geübt hat, sollten Sie damit nochmals ansetzen. Das Programm ist für beide – Menschen und Hunde – einfach. Von Ihrem Hund wird nichts anderes erwartet, als dass er Leckerlis annimmt, wenn sie ihm angeboten werden. Er wird schrittweise und auf sichere Weise mit unbekannten Hunden in Kontakt gebracht, sodass eine positive Assoziation entsteht. Dies führt dazu, dass sich seine grundlegende emotionale Reaktion auf andere Hunde ändert.

Sobald Ihr Hund ruhig genug ist, dass er sich in Gegenwart anderer Hunde auf Sie konzentrieren kann, beginnt der zweite Teil des Programms. Hier kommen die Fähigkeiten, die Sie so fleißig geübt haben, ins Spiel. Wenn Sie diese seit einiger Zeit nicht mehr geübt haben, sollten Sie diese auffrischen, bevor Sie mit dem zweiten Teil des Plans beginnen.

In den Trainingsplänen werden Sie immer wieder auf eine Überschreitung der Reizschwelle Ihres Hundes aufmerksam gemacht. Ein Sich-nach-Vorne-Werfen und Drehen am Ende der Leine ist sicherlich ein extremes Beispiel für diesen Zustand. Für unsere Zwecke sollte auch eine leichte Reaktion als Überschreitung der Reizschwelle betrachtet werden. Wenn Sie zum Beispiel daran arbeiten, einen anderen Hund auf Distanz zu überholen und der Körper Ihres Hundes versteift sich, während er den anderen Hund mit starrem Blick fixiert, ist er immer noch physiologisch erregt und hat die Schwelle überschritten, unterhalb derer er ruhig bleiben kann. Wenn Sie selbst die kleinsten Veränderungen in der Körpersprache Ihres Hundes ständig im Auge behalten, können Sie von Moment zu Moment entscheiden, ob Sie Ihr Verhalten anpassen müssen.

Sie kennen Ihren Hund am besten. Möglicherweise brauchen Sie den ersten Plan nur ein oder zwei Wochen lang zu üben, bevor Sie zum zweiten übergehen, vor allem, wenn Ihr Hund nur leicht reagiert. Aber überstürzen Sie nichts. Ihr Hund hat sich wahrscheinlich schon seit langem anderen Hunden gegenüber so verhalten, und man sollte nicht erwarten, dass sich sein Verhalten über Nacht ändert. Lassen Sie sich Zeit, folgen Sie den Plänen im Tempo Ihres Hundes und blicken Sie alle paar Wochen auf Ihre schriftlichen und visuellen Aufzeichnungen Ihrer Verhaltenstagebücher zurück, um Ihre Fortschritte zu bewerten.

Kapitel 19
Emotionsumkehr

Stellen Sie sich einmal eine Situation vor, in der Ihre eigenen Emotionen hochgekocht sind. Vielleicht befanden Sie sich in einem Zustand extremer Angst, schäumten vor Wut oder haben gar getrauert. Wie klar konnten Sie in einem solchen emotionalen Zustand denken? Als mein letzter Hund Mojo starb, war ich so am Boden zerstört und von Trauer überwältigt, dass ich mir unter anderem die Hand am Herd verbrannte und mir das Autofahren nicht zutraute. Ich war nicht in der Lage, einfache Alltagsaufgaben zu erledigen. Ich kann mich auch an eine Zeit erinnern, in der ich so von Wut überflutet war, dass ich zitterte. Es war während der Beschlagnahmung eines Welpen, dem ein Mann etwas Schreckliches angetan hatte, für den Tierschutz. Ich erspare Ihnen die Einzelheiten, aber glauben Sie mir, ich hätte damals nicht zwei und zwei zusammenzählen können.

Wie bereits erwähnt, ist Ihre Wahrnehmung beeinträchtigt, wenn Sie von Emotionen überwältigt sind; das Gleiche gilt für Ihren Hund. Wenn Ihr

Hund beim Anblick eines anderen Hundes die Reizschwelle überschreitet, wird er nicht in der Lage sein, Sie anzusehen, wenn Sie seinen Namen rufen, geschweige denn irgendwelche anderen Fähigkeiten anzuwenden.

Im folgenden Kapitel werden wir uns genau damit befassen, wie Ihr Hund bei der Begegnung mit einem anderen Hund reagieren soll. Aber jetzt wollen wir erst einmal daran arbeiten, die zugrunde liegenden Emotionen zu verändern, damit er ruhig genug bleibt, um Ihre Aufforderungen mental zu verarbeiten.

> Wenn Ihr Hund schon einmal einen anderen Hund angegriffen hat oder Sie sich nicht sicher sind, wie Sie ihn bei Trainingsübungen in Anwesenheit anderer Hunde handhaben sollen, wenden Sie sich an einen Fachmann, der Ihnen beim Durcharbeiten der folgenden Trainingsschritte hilft. (Siehe Serviceteil.)

Klassische Konditionierung und Gegenkonditionierung

Bei der klassischen Konditionierung geht es darum, eine emotionale Reaktion auf etwas zu konditionieren, das fachsprachlich als Reiz bezeichnet wird. Sie haben sicher schon von den Experimenten mit dem „Pawlow'schen Hund" gehört, bei denen einem Hund unmittelbar nach dem Läuten einer Glocke Futter angeboten wurde. Nach einer Reihe von Wiederholungen speichelte der Hund allein beim Klang der Glocke stark ein. Natürlich reagierte der Hund zunächst nicht auf das Läuten der Glocke. Er wurde jedoch bald darauf konditioniert, bei jedem Klingeln Futter zu erwarten, sodass der Speichelfluss allein schon auf das Klingeln erfolgte. (Dies ist nicht genau die Art und Weise, wie es tatsächlich geschah, aber die traditionelle Erzählung veranschaulicht das Wesentliche). Ich kann bestätigen, dass diese Art der Konditionierung funktioniert, denn wenn der Pizzaservice an der Türe klingelt, reagiere ich genauso!

Vielleicht haben Sie auch schon bemerkt, dass Ihr Hund aufgeregt ist, wenn er das Geräusch seiner Leine vernimmt, weil er das mit einem Spaziergang assoziiert, oder dass er auf und ab hüpft, wenn Sie einen bestimmten Schrank öffnen, weil er weiß, dass sich darin sein Futter befindet. Dies sind beides Beispiele für klassische Konditionierung, auch bekannt als Pawlow'sche Konditionierung oder assoziatives Lernen.

Bei der Gegenkonditionierung verändern wir die zugrunde liegende emotionale Reaktion des Hundes auf etwas, mit dem er bereits eine negative Assoziation hat, indem wir sie durch eine Reaktion ersetzen, die der ursprünglichen entgegengesetzt ist. Sobald sich die zugrundeliegende emotionale Reaktion geändert hat, ist es nur logisch, dass sich auch das Verhalten ändern wird. Dies erreichen Sie, indem Sie das Auftauchen des negativ assoziierten Auslösers – in diesem Fall ein anderer Hund – mit etwas kombinieren, das Ihr Hund absolut liebt. In den meisten Fällen handelt es sich dabei um superleckere, hochwertige Leckerlis. Gemeint sind auch hier stinkender Käse, gebratenes Hähnchen oder Ähnliches, nicht trockene, langweilige Hundekekse!

Wenn Ihr Hund absolut nicht futtermotiviert ist, ersetzen Sie es durch etwas, das er liebt, sei es das Ziehen an einem Zerrspielzeug, das Werfen eines Balls oder begeistertes Lob und Streicheln. Ein Vorbehalt zu Zerrspielzeug: Wenn das Ziehen Ihrem Hund hilft, etwas von seiner nervösen Energie abzubauen, ist das großartig! Wenn ihn das Zerren jedoch zu sehr aufregt, werfen Sie ihm stattdessen einen Ball zu oder verwenden Sie eine andere Belohnungsmethode, sofern möglich. Bei den meisten Hunden kommen hochwertige Leckerlis zum Zug. Auch hier besteht das Ziel darin, die emotionale Reaktion Ihres Hundes beim Anblick eines anderen Hundes von „Oh, nein!“ in „Woohoo! Etwas Großartiges wird gleich passieren!“ umzuwandeln.

Leckerli-Tipps

- Wenn ein Hund zu weit über die Reizschwelle getrieben wird, wird er nicht fressen, egal wie lecker die Leckerlis sind. Wenn Ihr Hund normalerweise futtermotiviert ist, aber während einer Trainingsübung keine Leckerli annimmt, arbeiten Sie wahrscheinlich zu nah an anderen Hunden.
- Wenn ein Hund leicht bis mäßig gestresst ist, nimmt er zwar immer noch Leckerlis an, aber auf eine weniger sanfte Weise, als wenn er entspannt ist. Der Druck, mit dem Ihr Hund Leckerlis annimmt, kann ein nützlicher Indikator für seinen Stresspegel sein. Achten Sie darauf, während Sie die Übungen zur Verhaltensänderung durchführen. Und passen Sie auf Ihre Finger auf! Denken Sie daran, dass es hilfreich sein kann, ein Leckerli zwischen Daumen und erstem Finger zu halten und dann die Hand dem Hund mit der flachen Handfläche anzubieten.
- Sofern Sie sich Sorgen machen, dass Leckerlis das Gewicht Ihres Hundes beeinflussen könnten, können Sie dies leicht durch Verringerung der normalen Mahlzeitengröße oder mehr Bewegung ausgleichen.

Desensibilisierung

Unter Desensibilisierung verstehen wir, dass Sie Ihren Hund zunächst auf einem für ihn angenehmen Niveau dem Reiz aussetzen und dann die Intensität des Reizes schrittweise erhöhen, bis Ihr Hund sich schließlich bei genau dem Niveau noch immer wohlfühlt, bei dem er ursprünglich reaktiv war. Stellen Sie sich den Desensibilisierungsprozess so vor: „Stückchen für Stückchen kommt man effektiv und freundlich voran".

Die Pufferzone ist der Abstand, in dem sich Ihr Hund mit dem Gegenstand, der ihn normalerweise zum Überschreiten der Schwelle veranlassen würde, wohl fühlt. Ein Hund, der zum Beispiel Angst vor einem Staubsauger hat, reagiert vielleicht stark, wenn er sich im selben Raum befindet, während der Staubsauger läuft, aber viel weniger oder gar nicht, wenn er sich in einem anderen Teil des Hauses befindet. Ein Hund, der reaktiv reagiert, wenn er auf der Straße an anderen Hunden vorbeigeht, kann dies auch bei einer Entfernung von fünf Metern tun – nicht jedoch bei fünfzehn Metern. Für diesen Hund könnte der Startpunkt einer Übung fünfzehn oder sogar zwanzig Meter entfernt sein, mit dem Ziel, den Abstand allmählich und schrittweise auf zehn Meter und möglicherweise sogar weniger zu verringern.

Achten Sie beim Spazierengehen genau auf die Körpersprache Ihres Hundes. Achten Sie selbst auf die kleinsten Signale, damit Sie abschätzen können, ab welcher Entfernung er auf andere Hunde reagiert. Das Wissen um diese Pufferzone ist für den Erfolg Ihrer Bemühungen um Verhaltensänderung von entscheidender Bedeutung.

Und jetzt alles zusammen

Obwohl Gegenkonditionierung und Desensibilisierung zwei unterschiedliche Konzepte sind, werden sie bei der Verhaltensänderung häufig gemeinsam eingesetzt. Wenn Ihr Ziel darin besteht, eine Assoziation zwischen dem Erscheinen eines anderen Hundes und einem Leckerli herzustellen, müssen Sie immer noch auf eine Entfernung arbeiten, bei der Ihr Hund ruhig genug bleiben kann, um das Leckerli anzunehmen. Bei dieser Art der Verhaltensänderung ist es wichtig, dass Sie alles tun, um zu verhindern, dass Ihr Hund die Schwelle überschreitet. Ein gutes Management, eine sorgfältige Planung und die laufende Anpassung des Trainings je nach Bedarf sind dabei hilfreich. Im Folgenden finden Sie zwei verschiedene Trainingspläne. Der eine erfordert den Einsatz eines Helfers und seines Hundes, der andere kann allein durchgeführt werden.

Das Timing beim Starten und Stoppen der Leckerli-Fütterung ist wichtig. Wie alle mechanischen Fertigkeiten wird sich dies mit der Zeit verbessern, aber es kann nicht schaden, zunächst ein wenig zu üben. Bleiben Sie zu Hause mit Ihrem Hund an der Leine stehen. Fordern Sie ihn auf, sich zu setzen. Lassen Sie eine Hilfsperson aus einer Ecke des Raums auftauchen. In dem Moment, in dem Ihr Hund den Helfer bemerkt, geben Sie ihm Leckerlis und, wenn Sie möchten, auch ein paar nette Worte. Wenn der Helfer um eine andere Ecke verschwindet (oder hinter dem ursprünglichen Helfer zurückgeht), beenden Sie die Party. Wenn Sie diese Übung gut beherrschen, können Sie sie auch im Freien durchführen, wenn der Helfer ohne Hund hinter einer Ecke auftaucht. Auf diese Weise können Sie Ihre Fähigkeiten und Ihr Selbstvertrauen stärken, so dass Sie bei der Arbeit mit unbekannten Hunden ein präziseres Timing anwenden können und in der Lage sind, ruhig zu bleiben.

Trainingsplan mit Helfer

Wenn Sie jemanden aus dem Freundes- oder Familienkreis haben, der einen geselligen, nicht reaktiven Hund hat, welcher nicht so ist wie der, auf den Ihr Hund normalerweise reagiert, können Sie dessen Hilfe in Anspruch nehmen. Treffen Sie sich in einem Park oder an einem anderen neutralen Ort zu einer Zeit, in der die Wahrscheinlichkeit gering ist, auf andere Hunde zu treffen. Halten Sie besonders gute Leckerlis bereit und überprüfen Sie den Sitz des Geschirrs oder Halsbands Ihres Hundes, um sicherzustellen, dass er nicht herausrutschen kann.

Achtung: Wenn Ihr Hund schon einmal einen anderen Hund gebissen hat oder die Gefahr besteht, dass er dies tut, wenn er sich losreißt, muss er für diesen und den folgenden Trainingsplan einen Maulkorb tragen. Wenn Sie ihn noch nicht an einen Maulkorb gewöhnt haben, sollten Sie dies tun, bevor Sie mit den Übungen beginnen. Anweisungen dazu finden Sie im Kapitel „Trainingsausrüstung."

Lassen Sie Ihren Helfer außer Sichtweite und in einer Entfernung beginnen, in der Ihr Hund normalerweise nicht reagieren wird. Führen Sie die Übung nach Möglichkeit in einem Gebiet mit Gebäuden durch, damit der andere Hund um Ecken herum auftauchen und verschwinden kann. Park-Toiletten und Gebäude in Industriekomplexen eignen sich gut. Stellen Sie sich mit Leckerlis in der Hand hin, während Ihr Hund neben Ihnen sitzt. Sie bleiben während dieser Übung an Ort und Stelle. Auf Ihr Signal hin – rufen Sie, dass Sie bereit sind, oder, wenn die Person nicht in Hörweite ist, rufen Sie mit Ihrem Handy an oder schreiben Sie eine SMS – sollte der Helfer hinter dem Gebäude auftauchen und vor Ihnen vorbei quer durch Ihr Blickfeld gehen, wobei er seinen Hund mit Leckerlis füttern sollte, damit diese nicht zu Ihrem Hund herschaut. Der Hund des Helfers sollte auf der Seite geführt werden, die am weitesten von Ihnen entfernt ist. Wenn die beiden an Ihnen vorbeigehen, ist es wichtig, dass die Pufferzone eingehalten wird, damit Ihr Hund unter seiner Reizschwelle bleiben kann.

Sobald Ihr Hund den anderen Hund sieht, geht die Party los! Füttern Sie ruhig, aber schnell ein Leckerli nach dem anderen, solange der andere Hund in Sichtweite bleibt. Wenn Sie möchten, können Sie auch mit Ihrem Hund sprechen, solange er fröhlich und unbesorgt klingt. „Es ist ein anderer Hund! Wir lieben andere Hunde!" ist besser als ein besorgtes „Ist schon gut, mach dir keine Sorgen". Der Helfer sollte dann entweder hinter einer anderen Ecke verschwinden, falls vorhanden, oder eine Kehrtwendung machen und wieder hinter dem ursprünglichen Gebäude verschwinden. Wenn der andere Hund außer Sichtweite ist, sollten die Leckerlis und das fröhliche Gerede abrupt aufhören.

Füttern Sie, während der andere Hund in einiger Entfernung vor Ihnen vorbeigeht.

Wenn Ihr Hund eine leichte Reaktion auf den anderen Hund zeigt, z.B. seinen Körper versteift oder die Nackenhaare hochstellt, geben Sie die Leckerlis trotzdem. Das mag kontraintuitiv erscheinen, so als ob Sie ein unerwünschtes Verhalten belohnen würden. Aber klassische Konditionierung ist eine mächtige Sache! Es wird immer noch eine Verbindung zwischen dem Erscheinen des anderen Hundes und den superleckeren Leckerlis hergestellt. Indem Sie genau in dem Moment beginnen, in dem Ihr Hund den anderen Hund sieht, und genau dann aufhören, wenn der Hund außer Sichtweite ist, erzeugen Sie eine konditionierte emotionale Reaktion (CER) auf das Erscheinen anderer Hunde.

Wenn Sie Schwierigkeiten haben, den genauen Zeitpunkt zu bestimmen, zu dem Ihr Hund den anderen Hund wahrnimmt, beginnen Sie mit der Fütterung von Leckerlis, wenn Sie den anderen Hund sehen, also idealerweise, bevor Ihr Hund ihn sieht. Sobald Ihr Hund entspannter geworden ist, können Sie dazu übergehen, Leckerlis zu geben, wenn er den anderen Hund sieht. Wenn Sie feststellen, dass er den Hund sieht und reagiert, bevor Sie ein Leckerli geben können, arbeiten Sie zu nah an ihm. Vergrößern Sie den Abstand. Denken Sie daran, das Ziel ist, dass Ihr Hund keine andere Reaktion zeigt, als nach Leckerlis Ausschau zu halten.

Bei ausreichender Wiederholung sollte Ihr Hund Sie erwartungsvoll ansehen, wenn der andere Hund auftaucht. Solange Ihr Hund sich wohlfühlt, können Sie den Abstand allmählich verringern, aber übertreiben Sie es nicht zu schnell. Es liegt in der menschlichen Natur, dass wir unser Glück herausfordern wollen, wenn es gut läuft, aber es ist besser, kurze, erfolgreiche Sitzungen zu absolvieren, die mit einem guten Ergebnis enden, als eine lange Sitzung, in der Ihr Hund die Schwelle überschreitet. Beginnen Sie bei der nächsten Übung nicht mit der letzten Distanz, die Ihr Hund bewältigen konnte, sondern verringern Sie die Distanz ein wenig, um ihn an die Übung zu gewöhnen.

Wir haben diese Übung damit begonnen, dass Ihr Helfer seinen Hund durch Ihr Blickfeld laufen ließ, während Sie stehen blieben. Das war ein guter Anfang, um Ihren Hund an die Erscheinung des anderen Hundes zu gewöhnen und gab Ihnen auch etwas Übung im Timing der Leckerligabe. Bei täglichen Spaziergängen werden jedoch nicht nur einige Hunde in Ihre Richtung laufen, sondern auch Sie werden in Bewegung sein. Wenn Sie erfolgreich mit einer etwas geringeren Distanz gearbeitet haben, gehen Sie bei der nächsten Übung wieder auf die Ausgangsdistanz zurück, bei der Ihr Hund nicht reagiert. Auf Ihr Signal hin sollte Ihr Helfer hinter einer Ecke auftauchen und auf Sie zugehen, während Sie in seine Richtung gehen und dabei die Pufferzone beibehalten. Der Hund des Helfers sollte sich auf der Seite befinden, die am weitesten von Ihnen entfernt ist. Das Gleiche gilt für Sie und Ihren Hund.

Auch hier gehen Sie parallel zueinander und halten dabei einen Abstand ein, auf den Ihr Hund wahrscheinlich nicht reagiert, anstatt sich direkt aufeinander zuzubewegen. Beginnen Sie in dem Moment, in dem Ihr Hund den anderen Hund sieht, mit der Fütterung von Leckerlis und, wenn Sie möchten, mit fröhlichem Gerede. Hören Sie auf, wenn der Hund außer Sichtweite ist. Beobachten Sie Ihren Hund während der gesamten Übung auf Anzeichen von Stress.

Im weiteren Verlauf dieser Übung können Sie unter anderem die Nähe (Entfernung zum anderen Hund), die Bewegung (die Geschwindigkeit, mit der das andere Hunde-Mensch-Team läuft) und das Geräusch (die Person, die zur Begrüßung ruft) beeinflussen. Wie immer, wenn Sie die Schwierigkeit einer Variable erhöhen, machen Sie eine andere leichter.

Erst im nächsten Schritt darf der andere Hund auch in Ihre Richtung kommen.

Im Folgenden finden Sie einen Beispielplan, der davon ausgeht, dass Ihr Hund auf eine Entfernung von sechs Metern nicht reagiert. Bei jedem Schritt beginnen Sie mit der Fütterung von Leckerlis (und ggf. der Verwendung von „Happy Talk"), sobald Ihr Hund den anderen Hund sieht, und hören auf, wenn der andere Hund außer Sichtweite ist. Der nächste Schritt wird erst dann eingeleitet, wenn Ihr Hund nicht mehr reagiert und Sie für Leckerlis anschaut. Eine Stufe kann nur drei oder auch dreißig Wiederholungen erfordern; das hängt ganz von Ihrem Hund ab. Die endgültige Distanz, die Sie erreichen, hängt davon ab, wie wohl sich Ihr Hund mit anderen Hunden fühlt. Dies ist nur ein Beispiel:

1. Bleiben Sie mit Ihrem Hund an der Leine stehen. Ihr Hund sollte sitzen. Ein Helfer geht in einem Abstand von sechs Metern vor Ihnen vorbei durch Ihr Blickfeld und füttert seinen Hund mit Leckerlis. Verringern Sie den Abstand allmählich und schrittweise auf drei Meter.

2. Gehen Sie aneinander vorbei und halten Sie dabei einen Abstand von sechs Metern, wobei jeder von Ihnen seinen eigenen Hund mit Leckerlis füttert. Verringern Sie den Abstand allmählich und schrittweise auf drei Meter.
3. Verringern Sie den Abstand wieder auf sechs Meter. Üben Sie wie zuvor, aneinander vorbeizugehen, aber Ihr Helfer sollte sich jetzt schneller mit seinem Hund bewegen. Verringern Sie den Abstand allmählich und schrittweise auf drei Meter.
4. Kehren Sie zu einem Abstand von sechs Metern zurück. Üben Sie, aneinander vorbeizugehen, wobei sich Ihr Helfer schnell bewegt, aber keine Leckerlis gibt. Dies gibt seinem Hund die Möglichkeit, Ihren Hund zu beobachten. Verringern Sie den Abstand allmählich und schrittweise auf drei Meter.
5. Gehen Sie zurück zu einem Abstand von sechs Metern. Der Helfer sollte zügig gehen, keine Leckerlis geben und beim Vorbeigehen einen fröhlichen Gruß ausrufen. Verringern Sie den Abstand allmählich und schrittweise auf drei Meter.

Sie können sehen, dass jedes Mal, wenn eine Variable wie eine Bewegung oder ein Geräusch eine größere Herausforderung darstellt, der Abstand wieder vergrößert wird, um Ihren Hund auf den Erfolg vorzubereiten. Behalten Sie dieses Konzept im Hinterkopf, wenn Sie trainieren: Immer, wenn die Intensität einer Variablen zunimmt, verringern Sie die Schwierigkeit einer anderen. Und vor allem: Überstürzen Sie nichts! Das gesamte Training kann einige Zeit in Anspruch nehmen, aber sehen Sie es so: Die Mühe, die Sie sich jetzt machen, wird eine deutliche Verbesserung des Verhaltens Ihres Hundes bewirken, die für den Rest seines Lebens anhalten wird.

Solo-Trainingsplan

Vielleicht haben Sie keinen Helfer zur Hand. Das ist nicht schlimm! Sie können auch allein eine Menge tun. Schnappen Sie sich Ihre supertollen Leckerlis und überprüfen Sie, ob die Ausrüstung Ihres Hundes passt, einschließlich eines Maulkorbs, falls erforderlich. Wählen Sie einen Ort zum Spazierengehen, an dem Sie sicher sein können, dass andere Personen in einem Abstand erscheinen, der Ihren Hund nicht zu einer Reaktion veranlasst. Wenn Sie in einer Gegend wohnen, in der Sie wahrscheinlich vielen Hunden begegnen werden, fahren Sie an einen anderen Ort. Im besten Fall ist die Ausgangssituation eine kontrollierte, bei der sich die Hunde quer durch Ihr Blickfeld oder von Ihnen weg bewegen anstatt auf Sie zuzukommen. Sie könnten sich zum Beispiel auf dem Parkplatz eines Zoofachgeschäfts in einer Entfernung aufstellen, in der Ihr Hund nicht reagiert, wenn Hunde aus den Autos kommen. In einem Park könnten Sie sich weit entfernt von den Parkplätzen aufstellen, auf denen die Leute ihre Hunde zu einem Gruppenkurs oder Spielplatz bringen.

Nehmen wir an, Ihr Hund fühlt sich wohl, wenn er einen anderen Hund in vierzig Metern Entfernung sieht. Stellen Sie sich so auf, dass die anderen Hunde etwas weiter entfernt erscheinen. Sie können mit Ihrem Hund ein wenig herumlaufen, aber halten Sie auf jeden Fall Abstand. Halten Sie die Leine locker, atmen Sie durch, entspannen Sie sich und behalten Sie Ihren Hund im Auge. Sobald er einen anderen Hund sieht, fangen Sie an, ihm nacheinander Leckerlis zu geben. Wenn Sie möchten, sprechen Sie mit ihm.

Beginnen Sie in dem Moment, in dem Ihr Hund den anderen Hund sieht, mit den Leckerlis (und dem Happy Talk, falls gewünscht), und halten Sie die Party am Laufen, bis der andere Hund außer Sichtweite ist. Wie immer versuchen Sie, in den Gedanken Ihres Hundes eine klare Unterscheidung zu schaffen zwischen dem Auftauchen des anderen Hundes und etwas Wunderbarem, und dem Verschwinden des anderen Hundes und dem Verschwinden der guten Dinge. Sofern Sie Schwierigkeiten haben, festzustellen, wann Ihr Hund einen anderen Hund sieht, oder ihn in diesem Moment zu fangen, beginnen Sie mit den Leckerlis und dem Happy Talk, wenn Sie den Hund kommen sehen, also höchstwahrscheinlich kurz bevor Ihr Hund ihn sieht. Die Assoziation wird trotzdem hergestellt.

> Denken Sie daran, Ihren Hund ständig auf subtile Veränderungen in der Körpersprache zu beobachten, z. B. Muskelanspannung, Lecken der Lefzen und Gähnen. Gehen Sie bei Bedarf zurück und lesen Sie jetzt das Kapitel über Körpersprache.

Das Ziel ist, dass Ihr Hund einen anderen Hund sieht und Sie sofort ansieht, als wolle er sagen: „Wo ist mein Leckerli?" Wenn Ihr Hund zuverlässig so reagiert, können Sie etwas näher heranrücken. Aber wir haben es hier mit echtem Leben zu tun, und Entfernung ist nicht die einzige Variable. Wie im vorherigen Szenario ist es wichtig, dass Sie Ihren Hund nicht überfordern, indem Sie den Schwierigkeitsgrad von mehr als einer Variable auf einmal erhöhen. So sollten Sie beispielsweise nicht näher an Hunde herangehen, die an einem Trainingskurs teilnehmen, wenn sie gerade mit einer Übung begonnen haben, die das Laufen beinhaltet. Verringern Sie den Abstand allmählich und schrittweise, wobei Sie stets darauf achten sollten, dass Ihr Hund die Schwelle nicht überschreitet. Auch wenn Ihr Hund gut läuft, sollten Sie sich anderen Hunden nicht zu sehr nähern, da Sie nicht wollen, dass Ihr Hund eine Ablenkung darstellt.

Als ich Bodhi aus dem Tierheim mit nach Hause nahm, reagierte er sehr empfindlich auf andere Hunde und bellte, sobald wir an ihnen vorbeigingen. Seine Reaktivität rührte von einer tiefen Unsicherheit gegenüber anderen Hunden her. Wir arbeiteten an der Gegenkonditionierung und an speziellen Fähigkeiten. Wenn Bodhi heute einen anderen Hund sieht, stellt er sich automatisch neben mich und schaut mich an, um sich zu orientieren. Bei manchen Hunden ist er jedoch immer noch etwas unsicher und gibt ein Quietschgeräusch von sich, was eine Frau, die ich regelmäßig auf meinen Morgenspaziergängen sehe, zu der Bemerkung veranlasst: „Sie müssen den Hund einölen!"

Bei Spaziergängen können Sie nicht kontrollieren, in welche Richtung andere Hunde laufen. Wenn Sie hinter einem anderen Hund stehen, der sich in dieselbe Richtung wie Sie bewegt, reagiert Ihr Hund wahrscheinlich weniger stark, als wenn der Hund auf Sie zugeht, also passen Sie Ihren Abstand entsprechend an. Andere Variablen, die Sie berücksichtigen sollten, sind die Geschwindigkeit des anderen Hundes, die Größe und Rasse des Hundes, ob er ein Welpe, ein Jugendlicher, ein Erwachsener oder ein Senior zu sein scheint und ob der Hund Sie ansieht oder einfach weiterläuft.

Wenn Ihr Hund über die Reizschwelle kommt

Im besten Fall können Sie immer abschätzen, wo und wann andere Hunde auftauchen werden. Aber es ist fast sicher, dass Sie irgendwann eine Übungseinheit durchführen und ein anderer Hund unerwartet aus nächster Nähe auftaucht. Wenn Ihr Hund anfängt, den anderen Hund anzuspringen und zu verbellen, geraten Sie nicht in Panik! Sie können es mit einem Walk Away versuchen, aber da Ihr Hund bereits die Schwelle überschritten hat, kann es sein, dass er nicht in der Lage ist, auf Sie zu hören und Ihrer Aufforderung nachzukommen. In diesem Fall ist das Beste, was Sie tun können, die Situation zu entschärfen. Üben Sie einen festen, gleichmäßigen Druck auf die Leine aus, ohne daran zu zerren, und bringen Sie Ihren Hund so schnell und ruhig wie möglich aus dem Bereich. Wenn Sie an der Leine reißen oder Ihren Hund anschreien, kann das zwar das Vorwärtswerfen unterbrechen, aber auch das Gegenteil des beabsichtigten Effekts bewirken und zu weiterer Erregung führen. Außerdem würde es das eigentliche Problem nicht lösen, sondern könnte es sogar noch verschlimmern, da Ihr Hund die Anwesenheit anderer Hunde mit etwas Unangenehmem oder sogar Schmerzhaftem in Verbindung bringen könnte.

Es ist verständlich, dass Ihr Hund von dem plötzlichen Auftauchen eines anderen Hundes überrascht und überwältigt ist. Aber wenn die Situation mehr als nur selten auftritt:

1. Überdenken Sie die Wahl des Gebiets, in dem Sie spazieren gehen oder die der Tageszeit.
2. Vergewissern Sie sich, dass die anderen Familienmitglieder, die mit Ihrem Hund spazieren gehen, es genauso machen wie Sie. Wenn Sie feststellen, dass Ihr Hund bei Spaziergängen mit Ihnen reaktionsfreudiger ist, nachdem Ihr Partner mit ihm Gassi gegangen ist, sollten Sie einen gemeinsamen Spaziergang unternehmen, um sich auf die gleiche Seite zu stellen. Wenn Ihr Partner nicht bereit oder in der Lage ist, die Dinge so zu tun, wie Sie es tun, sollten nur Sie mit Ihrem Hund spazieren gehen.
3. Überlegen Sie, ob Ihre Trainingseinheiten zu lange dauern und der Stresspegel Ihres Hundes dadurch ansteigt; falls ja, verkürzen Sie die Trainingseinheiten.

Kumulierte Trigger

Apropos Stresspegel: Sie sollten das Konzept des Trigger Stacking, also der Anhäufung oder Aufaddition von Auslösern kennen. Wenn ein Hund innerhalb eines kurzen Zeitraums eine stressige Situation nach der anderen erlebt, kann die kumulative Anspannung seinen Grenzwert überschreiten, selbst wenn die einzelnen Reize normalerweise keine intensive Reaktion auslösen würden. Ein Beispiel: Ihr Hund lässt seine morgendliche Mahlzeit aus, weil er eine Magenverstimmung hat. Am Nachmittag wird er zum Tierarzt gebracht. Tierarztbesuche sind normalerweise stressig für ihn, und dieser Besuch ist keine Ausnahme. Als er mit dem Geruch der Klinik nach Hause kommt, wird Ihr anderer Hund, der in letzter Zeit etwas launisch war, bissig. Es kommt zu einer kleinen Rangelei.

Nun gehen Sie mit Ihrem Hund spazieren. Diese Reaktion ist höchstwahrscheinlich das Ergebnis der kumulierten Trigger – ein Stresserlebnis nach dem anderen häuft sich an, bis es für Ihren Hund zu viel ist. So etwas kann durch Ereignisse ausgelöst werden, die am selben Morgen, am selben Tag oder sogar innerhalb einer Woche auftreten. Wenn Ihr Hund ein Ereignis erlebt, das ihn weit über die Schwelle bringt, sollten Sie den Spaziergang nicht fortsetzen, sondern nach Hause zurückkehren und das Training für ein paar Tage aussetzen. Vermeiden Sie in dieser Zeit Begegnungen mit anderen Hunden, da es, wie bereits erwähnt, ein paar Tage dauern kann, bis sich die Stresshormone abgebaut haben.

Wenn Sie ein Verhaltenstagebuch führen, können Sie einzelne Handlungen überprüfen, um ein besseres Verständnis dafür zu bekommen, wie die Auslöser zu einer unerwünschten Reaktion geführt haben könnten. Wenn Sie sich dieses Konzepts in Ihrem Alltag bewusst werden, können Sie Situationen vermeiden, in denen Ihr Hund möglicherweise über die Schwelle getrieben wird. Wenn Ihr Hund z.B. einen besonders stressigen Morgen hatte, Sie aber trotzdem das Gefühl haben, dass er einen Spaziergang braucht, könnten Sie ihn in ein abgelegenes Gebiet bringen oder zu einer Zeit gehen, in der es äußerst unwahrscheinlich ist, dass Sie anderen Hunden begegnen.

Wenn Sie diese Pläne so weit durchgearbeitet haben, dass Sie und Ihr Hund in angemessenem Abstand an anderen Hunden vorbeigehen können und er sofort zu Ihnen schaut, anstatt auf den anderen Hund zu reagieren, ist er bereit und in der Lage, die ihm beigebrachten Fähigkeiten auszuführen. Im nächsten Kapitel werden wir diese Fähigkeiten in die Tat umsetzen.

Kapitel 20
Das Gelernte in der Praxis anwenden

Nun, da Ihr Hund beim Vorbeigehen an anderen Hunden ruhig genug ist, um Ihre Aufforderungen mental zu verarbeiten, können die von Ihnen gelehrten Fähigkeiten als Alternative zum Vorstürzen, Bellen und anderen Verhaltensweisen eingesetzt werden, die er bei Überschreiten der Reizschwelle an den Tag legt. Aber wie immer wäre es unrealistisch, von Ihrem Hund zu erwarten, dass er eine Fähigkeit, die er zu Hause oder in einiger Entfernung von anderen Hunden geübt hat, sofort ausführt, wenn er an anderen Hunden in nächster Nähe vorbei geht. Um diese Lücke zu schließen, müssen Sie in kleinen Schritten vorgehen und wie immer mit einem niedrigen Schwierigkeitsgrad beginnen und diesen allmählich steigern.

Üben ohne andere Hunde

Wählen Sie einen Ort, an dem Sie wahrscheinlich keine anderen Hunde sehen werden, und überprüfen Sie den ordnungsgemäßen Sitz des Geschirrs und weiterer Trainingsmittel, bevor Sie das Haus verlassen. Auch wenn andere Hunde hoffentlich nicht anwesend sind, üben Sie die einzelnen Übungen auf Ihren Spaziergängen so, als ob Sie plötzlich einen Hund auf sich zukommen sehen würden. Gehen Sie zum Beispiel mit Ihrem Hund die Straße entlang, geben Sie das Zeichen für „Achtung“ und lassen Sie dann Ihren Hund in einem Walk Away folgen. Oder warten Sie beim Gehen einen Moment ab, an dem Ihr Hund einen Baum oder einen Strauch interessiert anschaut, sich aber noch nicht zu ihm hinbewegt. Rufen Sie seinen Namen, und wenn Sie seine Aufmerksamkeit haben, sagen Sie „weiter“ und gehen stattdessen an dem Objekt vorbei. Üben Sie die Berührung auch während Ihrer Spaziergänge zu verschiedenen Zeiten. Streuen Sie Ihre Aufforderungen hier und da ein; der Spaziergang sollte nicht zu einer einzigen langen Trainingsübung werden. Ihr Hund sollte einen gemütlichen Spaziergang genießen können, bei dem er auch erkunden und schnüffeln kann.

Wenn Sie feststellen, dass Ihr Hund zu sehr abgelenkt ist, um auf Sie beim Gassigehen zu achten, selbst wenn keine anderen Hunde anwesend sind, suchen Sie eine Umgebung, die ihn weniger ablenkt. Der Parkplatz eines Industriegeländes zum Beispiel ist viel weniger ablenkend als ein Gebiet mit Gras und Bäumen. Es kann auch hilfreich sein, wenn Sie Ihre Aufmerksamkeitsübungen zu Hause verstärken. Denken Sie daran, dass die Reaktion Ihres Hundes auf Ihre verbalen Signale so konditioniert werden soll, dass er auch unter Umständen mit entsprechenden Ablenkungen gehorcht. Falls nötig, gehen Sie jetzt noch einmal zurück und lesen Sie das Kapitel über Aufmerksamkeit. Ein paar Aufmerksamkeitsübungen kurz vor dem Spaziergang können ebenfalls hilfreich sein.

Üben mit anderen Hunden

Wenn Sie einen Freund haben, der einen nicht-reaktiven Hund hat und bereit ist, Ihnen zu helfen, treffen Sie sich in einem Park oder an einem anderen neutralen Ort, an dem keiner der beiden Hunde ein Reviergehabe an den Tag legen wird. Lassen Sie den Freund und seinen Hund in einem solchen Abstand beginnen, dass sie für Sie zunächst nicht sichtbar sind, und so, dass Sie beim Passieren ausreichenden Abstand halten können, um eine Reaktion Ihres Hundes zu vermeiden. Wenn Sie in einem Vorort oder in der Stadt üben, könnte der Freund vom nächsten Block her kommen, aber auf der gegenüberliegenden Straßenseite auftauchen. Wenn Sie in einem örtlichen Park üben, könnte die Person aus einem Verbindungsweg kommen. Auch hier ist es wichtig, dass der Abstand, in dem Sie aneinander vorbeigehen, so gewählt wird, dass sich Ihr Hund wohl fühlt.

Rufen Sie die Person an oder schicken Sie ihr eine SMS, um ihr zu signalisieren, dass Sie bereit sind. Da diese Übung einen täglichen Spaziergang so gut wie möglich imitieren soll, sollten Sie und Ihr Hund in Ihrem normalen Tempo gehen. Als Sie zuvor die Gegenkonditionierung und Desensibilisierung eingeübt haben, haben Sie Leckerlis zu geben begonnen, sobald Ihr Hund den anderen Hund entdeckt hatte. Vielleicht stellen Sie nun fest, dass Ihr Hund Sie automatisch anschaut, wenn er einen anderen Hund sieht. Das ist großartig! In diesem Fall erübrigt sich das Kommando für „Aufmerksamkeit" (meist das Nennen des Namens Ihres Hundes). Wenn er Sie jedoch nicht unaufgefordert ansieht, sollten Sie, statt Leckerlis zu geben, sobald er einen anderen Hund sieht, das Kommando für „Aufmerksamkeit" geben. Wenn die Fähigkeit entsprechend konditioniert wurde, sollte Ihr Hund sofort Ihren Blickkontakt suchen. Wie immer, wenn Sie feststellen, dass er bereits zu erregt ist, um sich auf Sie zu konzentrieren, können Sie damit beginnen, ihn um Aufmerksamkeit zu bitten, wenn Sie selbst den anderen Hund zum ersten Mal sehen, bevor Ihr Hund ihn bemerkt. Überprüfen Sie auch, ob der Abstand, mit dem Sie arbeiten, ausreichend ist. Sobald Ihr Hund aufmerksam ist, fordern Sie ihn auf, eine der gelernten Übungen auszuführen, z.B. „Touch" oder „Weiter", während Sie an dem anderen Hund vorbeigehen. Belohnen Sie ihn währenddessen mit Leckerlis.

Obwohl es sehr vorteilhaft sein kann, einen Helfer mit Hund zu haben, ist es unwahrscheinlich, dass diese Person für all Ihre Übungsspaziergänge zur Verfügung steht. Wenn Sie alleine arbeiten, wählen Sie ein Gebiet zum Üben, in dem Sie anderen Hunden begegnen, in dem Sie aber dann nicht in unmittelbarer Nähe an diesen vorbeilaufen müssen oder die Richtung nicht einfach ändern können. Gehen Sie wie in der Übung mit Helfer beschrieben vor, indem Sie das Zeichen für „Achtung" geben, wenn Ihr Hund einen anderen Hund erspäht, und dann ein weiteres Zeichen folgen lassen, um ihm mitzuteilen, was Sie von ihm erwarten.

Unabhängig davon, ob Sie allein oder mit einem Helfer arbeiten, können Sie, sobald Ihr Hund auf das Signalwort für „Achtung" reagiert hat, eine der folgenden Maßnahmen ergreifen:

1. Verlangen Sie einen Handtouch, während Sie an dem anderen Hund vorbeigehen, und belohnen Sie jede Berührung mit einem Leckerli.
2. Sagen Sie „Weiter!" und gehen Sie an dem anderen Hund vorbei, belohnen Sie während des Vorbeigehens und hören Sie auf, wenn Sie in Sicherheit sind.
3. Geben Sie Ihrem Hund das Signal, Ihnen in einem Walk Away zu folgen und verlassen Sie den Bereich in aller Ruhe, wobei Sie Leckerlis geben, sobald Sie die Wende vollzogen haben, oder, falls nötig, während Sie wenden. Bleiben Sie stehen, wenn Sie aus der Gefahrenzone heraus sind.

Welche Fähigkeit Sie einsetzen, sobald Sie die Aufmerksamkeit Ihres Hundes haben, hängt von der jeweiligen Situation ab. Wenn Sie sich beispielsweise auf einem schmalen Bürgersteig in der Stadt befinden und keine Möglichkeit haben, auf die Straße auszuweichen, können Sie eine komplette Kehrtwendung mit dem Walk Away machen. Wenn Sie sich in einem Park auf einem breiten Weg befinden, könnten Sie „Weiter" oder „Touch" einsetzen, um in einem sicheren Abstand vorbeizugehen.

> Wenn Sie an anderen Hunden vorbeigehen, denken Sie daran, zu atmen und sich so weit wie möglich zu entspannen, damit Sie die Leine nicht zu straff ziehen, was die Spannung auf Ihren Hund übertragen würde.

Wie immer geht es darum, den Abstand zwischen Ihrem Hund und anderen Personen schrittweise zu verringern, sodass er nicht über die Schwelle getrieben wird. Denken Sie daran, dass der Druck, mit dem Ihr Hund Leckerlis annimmt, ein guter Indikator für sein Stressniveau ist. Wenn Ihr Hund trotz Ihrer Bemühungen die Schwelle überschreitet, benutzen Sie den Walk Away, um den Bereich so schnell und ruhig wie möglich zu verlassen. Gehen Sie dann zurück und passen Sie das Protokoll nach Bedarf an. Wenn Sie mit einem Helfer gearbeitet haben, notieren Sie die Startdistanz und planen Sie, beim nächsten Mal weiter weg zu starten, damit Ihr Hund in der Lage ist, ruhig zu bleiben und auf Ihre Signale zu reagieren. Wenn Sie allein gearbeitet haben, überlegen Sie, ob Sie einen anderen Bereich zum Üben finden können, in dem solche engen Begegnungen weniger wahrscheinlich sind.

Realistische Erwartungshaltung

Auch wenn es ideal wäre, Ihren Hund unter Kontrolle zu halten, so ist das Leben doch realistisch, und irgend etwas kann passieren. Wenn Ihr Hund einen anderen Hund anspringt, ist er wahrscheinlich noch empfindlicher als sonst, wenn der nächste Hund auftaucht – dabei handelt es sich um eine Anhäufung von Triggern, was berücksichtigt werden muss. Wenn Ihr Hund über seine Reizschwelle kommt, beenden Sie das Training und machen Sie stattdessen einen kurzen, angenehmen Spaziergang in einer weniger belebten Gegend, bevor Sie nach Hause gehen. Wenn Sie dabei einem anderen Hund begegnen, achten Sie besonders darauf, dass Sie Abstand halten und achten Sie auf die Körpersprache Ihres Hundes. Vielleicht gelingt es Ihnen, seine Aufmerksamkeit zu erregen, um ein weiteres Signal zu geben. Machen Sie ein oder zwei Wiederholungen und beenden Sie den Spaziergang mit einem Erfolgserlebnis.

Denken Sie auch daran, dass wie bei jedem Plan zur Verhaltensänderung, wenn eine Variable intensiver wird, die Kriterien für eine andere gelockert werden sollten. Nehmen wir an, Sie haben mit einem Helfer in einem örtlichen Park gearbeitet und damit begonnen, in einem Abstand von sechs Metern aneinander vorbeizugehen. Beim Üben haben Sie den Abstand schrittweise verringert, so dass Sie jetzt aneinander vorbeigehen können, ohne dass Ihr Hund darauf reagiert. Prima! Aber jetzt möchten Sie, dass Ihr Freund mit seinem Hund schneller geht. Da die zügige Bewegung Ihren Hund eher antriggert, verringern Sie den Abstand wieder auf sechs Meter und arbeiten sich langsam wieder heran, solange Ihr Hund entspannt bleibt.

Seien Sie vor allem geduldig! Erwarten Sie bei Ihren täglichen Spaziergängen nicht, dass die Umstellung vom Anbellen anderer Hunde auf ein ruhiges Vorbeigehen über Nacht erfolgt. Je nachdem, wie reaktionsfreudig Ihr Hund ist und wie lange er sich schon so verhält, kann die Änderung seines Verhaltens Wochen oder Monate, in extremen Fällen sogar Jahre dauern. Es wird Fortschritte geben, und dann kann es sein, dass er ein wenig zurückfällt oder eine unerwartete Begegnung Ihren Hund zurückwirft. Das ist völlig normal. Aber mit Beharrlichkeit werden Sie Fortschritte machen, und Ihre schriftlichen und die Video-Verhaltenstagebücher werden Ihnen helfen, diese Fortschritte im Laufe der Zeit zu erkennen.

Denken Sie immer daran, dass die Reaktionen Ihres Hundes von der Größe der anderen Hunde, ihrer Fellfarbe, ihrer Rasse, ihrem Aktivitätsniveau und davon abhängen können, ob sie direkt auf Sie zugehen oder auf einem parallelen Weg. Nachdem Sie ein paar Wochen oder Monate lang geübt haben, werden Sie vielleicht feststellen, dass Sie problemlos an anderen Hunden vorbeigehen können, es sei denn, der Hund starrt Sie an, ist größer als Sie oder läuft direkt auf Sie zu. Das ist immer noch ein Fortschritt! Betrachten Sie das Ganze nicht als ein Alles-oder-Nichts-Vorhaben, bei dem Ihr Hund in kürzester Zeit keinerlei Reaktion mehr auf andere Hunde zeigt. Der Erfolg wird sich in kleinen, schrittweisen Schritten einstellen. Ihr Hund wird zwar nicht sofort an jedem Hund vorbeilaufen, der nur einen Meter entfernt ist, und dabei freudig mit dem Schwanz wedeln, aber es ist realistisch zu erwarten, dass er irgendwann in der Lage sein wird, an den meisten Hunden in angemessener Entfernung vorbeizugehen und dabei ruhig zu bleiben und auf Sie zu achten, wenn Sie ihn dazu auffordern.

Im Laufe der Zeit werden Sie herausfinden, welche Fähigkeiten am besten geeignet sind, um Ihren Hund in verschiedenen Situationen ruhig zu halten, und schließlich werden Sie diese vielleicht gar nicht mehr einsetzen müssen. Denken Sie auch daran, dass Sie jederzeit einen professionellen Trainer engagieren können, wenn Sie die Trainingspläne allein durcharbeiten und sich frustriert oder überfordert fühlen.

Teil V

Andere Szenarien und Überlegungen

Kapitel 21
Reaktivität zu Hause

Wenn Ihr Hund auf Spaziergängen auf andere Hunde reagiert, reagiert er wahrscheinlich auch auf Hunde, die an Ihrem Haus vorbeigehen. Wenn Ihr Hund einen anderen Hund durch Ihr Fenster oder vom Hinterhof aus sieht, aber diesen nicht erreichen kann, verursacht das eine Art von Stress, der als Barrierefrustration bekannt ist. Dies mag zwar nur als ein kleines Ärgernis erscheinen, kann aber auf Dauer zu zahlreichen Problemen führen:

- Falls sich Ihr Hund ständig gestresst, frustriert und wütend fühlt, wenn er einen anderen Hund vorbeigehen sieht, wird sich diese Reaktion wahrscheinlich auf andere Hunde übertragen, denen er auf seinen Spaziergängen begegnet.
- Wenn Sie mehr als einen Hund haben, kann die Erregung leicht in eine umgeleitete Aggression übergehen und dazu führen, dass ein oder mehrere Hunde verletzt werden.
- Da die meisten Hunde, die vor Ihrem Fenster oder in Ihrem Garten auftauchen, kurz nach dem Bellen Ihres Hundes wieder verschwinden, wird er glauben, dass sein Bellen der Grund dafür ist, dass diese Hunde weiterziehen. Da erfolgreiche Verhaltensweisen mit größerer Wahrscheinlichkeit wiederholt werden, wird die Gewohnheit verstärkt.
- Wie bereits erwähnt, setzt Ihr Hund, wenn er negativ auf einen anderen Hund reagiert, eine Kaskade von Stresshormonen frei, von denen manche einige Tage lang im Körper bleiben können. Wenn Ihr Hund Passanten anbellen darf, selbst wenn dies nur ein- oder zweimal am Tag geschieht, hat er nie die Möglichkeit, sich physiologisch so weit zu erholen, dass er sich völlig entspannt fühlt. Abgesehen von den Auswirkungen auf sein Verhalten kann selbst ein geringes Maß an Dauerstress bei Ihrem Hund zu gesundheitlichen Problemen führen, so wie chronischer Stress auch für Menschen schädlich sein kann.
- Wenn Sie nicht zu Hause sind, um das Bellen Ihres Hundes zu unterbinden, und Sie Nachbarn haben, werden diese es wenig zu schätzen wissen, den ganzen Tag über zu Zuhörern eines Bellkonzerts zu werden. Falls sie das sehr stört, könnten diese Sie sogar bei der örtlichen Tierschutzbehörde anzeigen.

Reaktivität am Fenster

Um die Reaktivität Ihres Hundes am Fenster zu stoppen, kann Management, Verhaltensänderung oder eine Kombination aus beidem erforderlich sein.

Management

1. Wenn Sie nicht gerade an einem Trainingsplan arbeiten, sollte Ihr Hund keinen Zugang zum Fenster haben. Wenn Sie vier Stunden oder weniger von zu Hause weg sind, sperren Sie Ihren Hund in einem anderen Raum ein (junge Welpen sollten nicht so lange eingesperrt werden; fragen Sie Ihren Tierarzt oder einen Trainer, wie lange dies angemessen ist). Wenn eine Box nicht in Frage kommt, weil Ihr Hund eine Box nicht toleriert oder weil Sie keine Box verwenden möchten, können Sie den Zugang zu dem Raum, in dem sich das Fenster zur Welt befindet, mit einem Babygitter versperren.
2. Wenn es nicht möglich ist, den Zugang zum Zimmer zu sperren, können Sie Ihren Hund trotzdem daran hindern, das Fenster zu erreichen. Wenn er auf eine Couch oder einen Stuhl springt, um nach draußen zu sehen, überlegen Sie, ob Sie das Möbelstück an eine andere Stelle im Raum stellen können. Alternativ können Sie etwas wie ein Metallgitter vor die Couch oder den Sessel stellen, etwas Großes und Sperriges auf die Kissen legen oder eine Gummimatte mit Noppen auf einer Seite (unbequem!) auf die Kissen legen, um Ihren Hund davon abzuhalten, darauf zu springen, um nach draußen zu sehen.
3. Wenn das Verschließen des Fensters keine praktikable Lösung ist und die Reaktion Ihres Hundes eher harmlos ist, können Sie einfach eine Jalousie herunterlassen und schließen. Seien Sie sich jedoch bewusst, dass Ihr Hund die Jalousien zerstören könnte, um an einen vorbeilaufenden Hund heranzukommen, wenn das Verhalten ausgeprägter ist, als Sie dachten. Eine clevere Alternative ist die Verwendung von durchsichtigen Fensterfolien, die den Teil des Fensters abdecken, durch den Ihr Hund hinaussehen kann. Fensterfolien haften mit statischer Elektrizität und lassen sich leicht wieder abziehen. Wenn Sie bei einer beliebigen Suchmaschine „Sichtschutzfolie“ eingeben, finden Sie eine Vielzahl von Angeboten. Diese Folien lassen viel Licht herein, und manche sind

Diese Fensterfolie ist lichtdurchlässig und versperrt dem Hund die Sicht.

sogar recht attraktiv! Vielleicht werden Sie feststellen, dass die Verwendung von Fensterfolien Ihr Problem einfach und vollständig löst.

4. Auch wenn Ihr Hund keinen Zugang zum Fenster hat, ist das erste, was ihn auf die Anwesenheit eines vorbeilaufenden Hundes aufmerksam machen könnte, vielleicht nicht der Anblick, sondern das Klimpern der Hundemarke. Lassen Sie tagsüber ein Radio oder einen Streaming-Dienst laufen, der klassische Musik spielt. Das hilft nicht nur dabei, Außengeräusche auszublenden, sondern beruhigt auch Ihren Hund. Es gibt sogar Musik, die nach psychoakustischen Gesichtspunkten entwickelt wurde, um Hunde zu entspannen. Diese ist sehr effektiv! (Siehe Serviceteil.) Alternativ können Sie auch weißes Rauschen oder einen Ventilator laufen lassen, um Umgebungsgeräusche auszublenden.

Verhaltensmodifikation

Die vorangegangenen Lösungen betrafen das Management. Was können Sie nun tun, wenn Sie zu Hause sind und Ihr Hund am Fenster bellt? Da viele Hunde territorial veranlagt sind, ist es wahrscheinlich nicht realistisch, ihn klassisch darauf zu konditionieren, glückliche, angenehme Gefühle zu empfinden, wenn andere Hunde vorbeigehen. Stattdessen können Sie mit den folgenden Lösungen erreichen, dass Ihr Hund ein- oder zweimal laut bellt, sich dann aber vom Fenster entfernt.

1. Wenn Ihr Hund bellt, schreien Sie nicht „Nein!“ und versuchen Sie nicht, ihn wegzuziehen, denn das könnte ihn noch mehr aufregen. Außerdem ist es keine gute Idee, einen Hund am Halsband zu packen, um ihn zu bewegen, wenn er übermäßig erregt ist, denn das könnte zu einem umgeleiteten Schnappen führen. Gehen Sie stattdessen, sobald das Bellen einsetzt, ruhig zum Fenster, sehen Sie den Hund an, auf den Ihr Hund aufmerksam geworden ist, und sagen Sie mit angenehmer Stimme: „Okay, danke!“ Dann gehen Sie ein paar Schritte weg und rufen Ihren Hund mit hoher, fröhlicher und aufgeregter Stimme zu sich. Wenn er kommt, geben Sie ihm nicht sofort ein Leckerli; manche schlauen Hunde würden das Bellen am Fenster mit dem Erhalt eines Leckerlis verbinden, was dazu führen könnte, dass Ihr Hund noch öfter am Fenster bellt! Wenn Ihr Hund zu Ihnen kommt, loben Sie ihn, während Sie mit ihm in einen anderen Raum gehen, fordern Sie ihn auf, eine oder zwei ihm bekannte Übungen auszuführen, und belohnen Sie ihn dann mit einem Leckerli. (Und ja, wenn Sie einen Border Collie mit einem genialen IQ haben, kann er möglicherweise all diese Dinge miteinander verbinden, aber die meisten Hunde tun das nicht.)

   Alternativ dazu können Sie Ihren Hund auch zu sich rufen, ihn loben und ihn dann sofort für eine andere Aktivität begeistern, zum Beispiel in den Garten gehen oder im Haus einem Ball nachjagen. Auch hier geht es nicht darum, dass Ihr Hund niemals auch nur ein einziges Mal bellt, um Sie auf irgendetwas außerhalb Ihres Hauses aufmerksam zu machen, sondern darum, dass Sie das Verhalten unterbrechen und es dann umleiten können. Wenn Sie feststellen, dass Ihr Hund zu erregt ist, um auf Zuruf zu kommen, oder Sie immer noch Schwierigkeiten haben, ihn vom Fenster wegzubringen, lassen Sie eine Hausleine (eine kurze Leine mit abgeschnittener Schlaufe) an seinem Halsband befestigt, damit Sie ihn bei Bedarf vorsichtig vom Fenster wegführen können. Fahren Sie dann wie oben beschrieben fort.
2. Wenn Ihr Hund nicht durch Leckerlis motivierbar ist, aber ein Lieblingsspielzeug hat, zum Beispiel ein Stofftier, bringen Sie ihm bei, es zu suchen. So geht‘s: Stellen Sie ihn in der Nähe des Fensters auf, wo er normalerweise bellt. Veranlassen Sie ihn zum Bleiben. Wenn er keinen festen Halt hat, binden Sie ihn an einem Möbelstück fest. Zeigen Sie

ihm das Spielzeug, schütteln Sie es und lassen Sie es hinter Ihrem Rücken wieder herauskommen, um ihn zu reizen und zu erregen. Sobald er konzentriert und begierig auf das Spielzeug ist, lassen Sie ihn sehen, wie Sie es an einer gut sichtbaren Stelle verstecken, z. B. unter einem Sofakissen oder hinter einer Ecke. Sagen Sie: „Hol dir dein Spielzeug!", und lassen Sie ihn los. Wenn er sich das Spielzeug schnappt, loben Sie ihn ausgiebig! Wenn er das Spielzeug herumtragen will, umso besser! (Wenn er nicht nach dem Spielzeug fassen will, werfen Sie es und lassen Sie ihn ein paar Mal danach jagen, bevor Sie die Übung erneut versuchen).

Nach einigen erfolgreichen Wiederholungen beginnen Sie wie zuvor. Verstecken Sie das Spielzeug diesmal außer Sichtweite, aber so, dass es nicht schwer zu finden ist. Fordern Sie Ihren Hund auf, es zu holen. Üben Sie, ihn das Spielzeug suchen zu lassen, wenn es in verschiedenen Räumen versteckt ist. Sobald er diese Fähigkeit beherrscht, üben Sie zu zufälligen Tageszeiten, ohne dass er sieht, dass Sie das Spielzeug versteckt haben, ohne dass er vorher angeleint ist oder angeleint wird. Wenn dann ein Hund vor dem Fenster auftaucht, lassen Sie ihn ein- oder zweimal bellen und sagen dann: „Hol dein Spielzeug!" Hoffentlich behält er es im Maul, wenn er es gefunden hat, damit er nicht weiter bellt. Auf jeden Fall wird ihn die Suche vom Fenster wegführen und ihm eine produktive und aktive Beschäftigung für seinen Energieschub bieten. Wenn er zurückkommt, sollte der andere Hund verschwunden sein.

Tägliche Bewegung trägt viel dazu bei, dass Ihr Hund insgesamt entspannt bleibt. Wenn er jedoch allein gelassen werden soll, sollten Sie darauf achten, dass die Übung, die Sie ihm vorher anbieten, nicht die Art von stark sauerstoffzehrender Bewegung ist, bei der er einem Ball hinterherjagt oder anderweitig so aufgeregt ist, dass sein Körper mit Adrenalin überflutet wird. Würden Sie ihn in diesem Zustand allein lassen, könnte er sich noch mehr aufregen, wenn ein anderer Hund vorbeikommt. Lange Spaziergänge und Wanderungen sind die bessere Wahl. Planen Sie nach dem Training eine dreißigminütige Abkühlphase ein, damit sich Ihr Hund beruhigen kann, bevor Sie das Haus verlassen, und lassen Sie ihm auch eine Form der geistigen Stimulation da, wie z. B. einen gefrorenen, gut gefüllten Kong.

Reaktivität im Garten

Wie viele andere Hunde hat auch Ihr Hund das Bedürfnis, jeden Besucher zu warnen, der an Ihrem Garten vorbeikommt oder Sie zumindest auf dessen Anwesenheit aufmerksam zu machen. Oder Sie haben einen Nachbarn, dessen Garten sich auf der anderen Seite Ihres gemeinsamen Zauns befindet, und dessen Hund und Ihr Hund rennen hin und her und bellen sich an, als wären sie Windhunde auf der Rennbahn. In beiden Fällen mag das Bellen verständlich sein, aber es trägt nicht dazu bei, dass Ihr Hund reaktionsschnell ist, und Sie möchten nicht, dass es ständig weitergeht!

Falls Sie einen Maschendrahtzaun haben, könnten Sie einen Sichtschutzzaun anbringen. Wenn es in Ihrer Nachbarschaft eine Wohnungsbaugesellschaft gibt, brauchen Sie sich keine Sorgen zu machen, denn dazu müssen Sie Ihren Zaun nicht verlängern oder dauerhaft verändern. Ein Sichtschutzzaun besteht aus langen, schmalen Kunststofflatten, die vertikal durch das Maschendrahtgeflecht geführt werden und eine optische Barriere bilden, die die meisten visuellen Reize, die Ihren Hund zum Bellen veranlassen, reduziert. Alternativ können Sie auch ein Windschutznetz am Zaun anbringen, welches ebenfalls einen Sichtschutz bietet.

Natürlich kann Ihr Hund auch mit einem Sichtschutzzaun oder einem Windschutznetz hören, wenn Menschen und andere Hunde vorbeigehen, ebenso wie den Hund im Nachbarhof. Sie werden das Bellen wahrscheinlich nicht ganz verhindern können, und das sollten Sie auch nicht.

Sichtschutzzaun

Windschutznetz

Wenn ein Mensch oder ein Tier über Ihren Zaun klettern würde, würden Sie das doch wissen wollen! Aber nach ein oder zwei Augenblicken kann aus der Wachsamkeit leicht ein Ärgernis werden. Lassen Sie Ihren Hund ein paar Mal bellen und rufen Sie ihn dann mit demselben fröhlichen Tonfall, mit dem Sie ihn normalerweise zu sich rufen, ins Haus. Wenn er das tut, loben Sie ihn und spielen Sie entweder eine kurze Partie Tauziehen, werfen Sie einen Ball, rennen Sie mit ihm, um ein Leckerli zu bekommen, oder streicheln Sie ihn kurz und genüsslich. Machen Sie das ein oder zwei Augenblicke lang und beschränken Sie dann den Zugang zum Hof für eine kurze Zeit.

Wenn Sie eine weitere Person im Haus haben, üben Sie, Ihren Hund zwischen sich hin und her zu rufen (natürlich mit Leckerlis!), wobei einer von Ihnen im Haus und einer im Garten steht. Dies ist eine gute Übung für echte Lebenssituationen, in denen Sie Ihren Hund nach ein paar Warnbellern ins Haus rufen.

Es gibt zwei Gründe, warum Sie Ihren Hund loben und belohnen sollten, wenn er zu Ihnen kommt: Erstens hat er getan, was Sie von ihm verlangt haben, und zweitens verhindern Sie, dass Ihr Hund das eine mit dem anderen in Verbindung bringt, indem er ein paar Minuten spielt, streichelt oder Leckerlis frisst, wenn er zu Ihnen kommt und nicht wieder nach draußen gehen kann. Mit anderen Worten: Sie wollen nicht, dass er denkt, dass das Kommen zu Ihnen den ganzen Spaß beendet, sondern dass es mit etwas Schönem endet. Wenn Sie konsequent sind, werden Sie vielleicht sogar feststellen, dass Ihr Hund ein paar Mal bellt, wenn ein Hund vorbeikommt, und dann automatisch ins Haus rennt.

Kapitel 22
Reaktivität im Auto

Wenn Ihr Hund auf Spaziergängen gegenüber anderen Hunden reaktiv ist, ist er es wahrscheinlich auch während der Autofahrt. Wenn Sie an einer Ampel neben einem Fahrzeug mit einem Hund stehen, könnte Ihr Hund sehr erregt sein und in eine Reihe von Bellern ausbrechen, während Sie sich sehnlichst wünschen, dass die Ampel endlich umschaltet. Und wenn Sie Ihren Hund mitnehmen, während Sie Besorgungen machen, könnte er auf Hunde reagieren, die vorbeigeführt werden, während er im Auto auf Sie wartet.

Wenn Ihr Hund oft genug mit Ihnen mitfährt, könnte er das Auto als seinen eigenen persönlichen Bereich betrachten und dieses als sein Revier betrachten. Andererseits könnte er sich in einem so kleinen, geschlossenen Raum ohne Fluchtmöglichkeit verletzlich fühlen und auf andere Hunde mit einem Abwehrverhalten reagieren. Da das geschlossene Fenster Ihren Hund außerdem daran hindert, einen anderen Hund zu erreichen, könnte dies zu Frustration führen. Leider können all diese Faktoren Stress und Angst auslösen und zu einer gewohnheitsmäßigen Reaktion Ihres Hundes auf andere Hunde führen. Wenn Ihr Hund im Auto oft genug auf andere Hunde reagiert, kann dies all die harte Arbeit zunichte machen, die Sie in die Änderung seines Verhaltens investiert haben.

Die Arbeit mit klassischer Konditionierung könnte hier zwar theoretisch funktionieren, aber Sie müssten dafür ständig in den Rückspiegel schauen oder Ihren Kopf drehen, um zu sehen, was Ihr Hund tut und ihm Leckerlis geben. Wenn Sie Auto fahren, müssen Sie natürlich Ihre ganze Aufmerksamkeit auf die Straße richten. Selbst wenn Sie Ihren Hund zurechtweisen würden, weil er durch das Fenster einen anderen Hund anbellt, wären Sie kurzzeitig abgelenkt. Es bleiben also zwei sicherere Optionen: ein Trainingsplan, den Sie nicht bei 100 km/h durchführen müssen, und Management. Für die meisten wird Management die bevorzugte Lösung sein, aber ich habe auch Trainingspläne beigefügt, für den Fall dass Sie diesen Extraafwand betreiben möchten.

Management

Wie immer sollte ein solides Management eingesetzt werden, wenn Sie nicht aktiv an einem Verhaltensveränderung arbeiten. Im Straßenverkehr bedeutet Management, dass Ihr Hund nicht in der Lage sein wird, Hunde in Autos zu sehen, die parallel zu Ihnen halten.

Box

Wenn Ihr Hund an die Box gewöhnt ist und Sie eine haben, die in Ihr Auto passt, ist dies vielleicht die einfachste Lösung. Stellen Sie die Box in den hinteren Teil des Autos, damit Ihr Hund weniger von den Dingen um ihn herum stimuliert wird und sich besser entspannen kann. Wenn es sich um eine Gitterbox handelt, legen Sie eine Decke oder ein Handtuch darüber, um die Sicht auf beide Seiten zu versperren. Unabhängig davon, ob es sich um eine Metallgitter- oder Kunststoffbox mit Schlitzen handelt, sollten Sie versuchen, die Sicht auch von der Vorderseite der Kiste zu versperren. Manche Hunde kommen besser zurecht, wenn sie nach vorne sehen können, während andere sich eher beruhigen, wenn sie völlig von der Umgebung abgeschnitten sind.

Sicht versperren

Wenn Ihr Hund nicht in eine Box passt oder Sie keine haben, die in Ihr Auto passt, besteht eine weitere Möglichkeit darin, die Sicht Ihres Hundes durch die Fenster zu beschränken. Keine Sorge, das Material muss nicht sperrig, hässlich oder dauerhaft sein. Fensterfolien, wie im vorigen Kapitel beschrieben, benötigen keinen Klebstoff und sind einfach zu verwenden. Einige erzeugen einen matten Effekt, während andere die Sicht ganz versperren. Bitte beachten Sie, dass diese nur für die hinteren Seitenfenster geeignet sind; das Versperren der Heckscheibe wäre nicht nur gefährlich, sondern auch illegal. Suchen Sie in einer beliebigen Suchmaschine nach „sichtversperrende Fensterfolie“ für eine entsprechend große Auswahl. Sofern Ihr Hund im Auto nicht stark reagiert, können Sie alternativ auch Sonnenschutzvorrichtungen für die Heckscheiben verwenden. Diese bestehen in der Regel aus einem feinen Netz, das die Sicht nach draußen zwar nicht vollständig abschirmt, sie aber so weit filtert, dass Ihr Hund nicht reagieren sollte. Wenn Sie eine sofortige Lösung brauchen und nicht schnell genug an eine Sichtschutzfolie herankommen, können Sie auch Pergamentpapier verwenden, solange Ihr Hund es nicht abreißt.

Calming Cap

Wenn Sie nichts an den hinteren Fenstern anbringen möchten, können Sie die Sicht Ihres Hundes mit einer so genannten Calming Cap einschränken (s. Anhang). Sie besteht aus einem weichen, einteiligen Material, das Ihrem Hund über den Kopf gezogen und an seinem Halsband befestigt wird. Ihr Hund kann zwar immer noch sehen, aber der durchsichtige Stoff reduziert die Menge an Licht und visuellen Reizen, sodass Ihr Hund ruhiger bleiben kann. Ich habe diese Mützen bei Hunden zum Krallenschneiden, bei Tierarztbesuchen und bei Autofahrten verwendet und kann Ihnen aus erster Hand sagen, dass sie funktionieren. Es ist allerdings wichtig, dass Sie Ihren Hund vor dem erstmaligen Einsatz an die Kappe gewöhnen. Lassen Sie ihn die Kappe sehen und beschnuppern. Geben Sie dann ein Leckerli, setzen

Die ThunderCap Beruhigungskappe

Sie die Kappe auf, geben Sie erneut ein Leckerli, und nehmen Sie die Kappe ab. Solange Ihr Hund ruhig bleibt (falls nicht, unterteilen Sie das Aufsetzen der Kappe in kleinere Schritte), geben Sie ein Leckerli, setzen Sie die Kappe auf, geben Sie ein weiteres Leckerli, zählen Sie leise bis drei, geben Sie noch ein Leckerli und nehmen Sie dann die Kappe ab. Wenn Ihr Hund etwas ängstlich ist, lassen Sie zwischen den Leckerlis eine Sekunde statt drei. Steigern Sie die Zeit zwischen den Leckerlis schrittweise, aber lassen Sie die Kappe während einer Sitzung nicht länger als zwei oder drei Minuten aufgesetzt. Sobald Ihr Hund sich wohl fühlt, setzen Sie die Kappe auf, füttern Sie eine Mahlzeit und nehmen Sie sie ab, sobald er fertig ist. Wenn Sie sicher sind, dass Ihr Hund sich beim Tragen der Mütze entspannt, können Sie sie auch während der Autofahrt verwenden.

Autotraining mit Helfer

Wie immer kann es nützlich sein, einen Helfer mit einem nicht reaktiven Hund zu haben! Und wie immer sollte es sich um einen Hund handeln, der nicht auf andere Hunde reagiert und nicht von der Art ist, die Ihren Hund typischerweise zu Reaktionen veranlasst. Ihr Fahrzeug bleibt während dieser Übung unbewegt. Setzen Sie Ihren Hund auf den Rücksitz, wo er normalerweise mitfährt. Setzen Sie sich auf den Vordersitz. Ihr Helfer sollte mit seinem Hund in etwas größerem Abstand stehen als die übliche Pufferzone Ihres Hundes beim Spazierengehen, da diese Pufferzone im Auto aufgrund von Territorialität, Verteidigungsbereitschaft oder Barrierefrustration kleiner sein kann.

Der Helfer sollte seinen Hund quer durch Ihr Blickfeld führen. Sobald Ihr Hund den anderen Hund sieht, geben Sie nacheinander Leckerlis und sprechen Sie mit ihm, wenn Sie möchten. In dem Moment, in dem die beiden Hunde außer Sichtweite sind, hören Sie mit den Leckerlis und dem Happy Talk auf. Wie bei den klassischen Konditionierungsübungen, die bei Spaziergängen eingesetzt werden, geht es darum, eine positive emotionale Reaktion auf den Anblick eines anderen Hundes zu konditionieren. Wenn Ihr Hund zu bellen beginnt, bevor Sie ihm ein Leckerli geben können, geben Sie ihm trotzdem eines, solange er nicht zu erregt ist, um es anzunehmen; falls dies der Fall wäre, ist der andere Hund zu nah. Auch hier gilt: Wenn Sie ein Leckerli geben, obwohl Ihr Hund bellt, bedeutet das nicht, dass Sie das Bellen belohnen.

Wie bei dem Training für das Spazierengehen in der Öffentlichkeit sollte das Team aus Hund und Spaziergänger den Abstand zu Ihnen allmählich verringern. Weitere Variablen, die Sie beeinflussen können, sind der Winkel der Annäherung und die Geschwindigkeit der Bewegung. Vergessen Sie nicht, dass, wenn eine Variable anspruchsvoller wird, eine andere weniger anspruchsvoll werden sollte. Wenn Sie z. B. die Schwierigkeit erhöhen, indem Sie den Hund in einem größeren Winkel auf Sie zugehen lassen, sollte der Helfer den Abstand etwas vergrößern. Das Ziel ist, dass Ihr Hund Sie erwartungsvoll ansieht und Leckerli erwartet, wenn er den anderen Hund sieht. Wenn Sie tatsächlich fahren, werden Sie natürlich keine Leckerlis geben. Der Gedanke dahinter ist der, dass die konditionierte emotionale Reaktion erhalten bleiben soll.

Solo-Autotraining

Parken Sie an einem Ort, an dem die Wahrscheinlichkeit besteht, dass Sie anderen Hunden begegnen, diese aber nicht zu nahe kommen. Sie könnten sich zum Beispiel auf einem Parkplatz aufstellen, auf dem Hundeschulbesucher parken, um an einem Gruppenkurs teilzunehmen, wobei der eigentliche Kurs sich nicht in Sichtweite befinden sollte. Wählen Sie einen Platz ganz am Ende des Parkplatzes, wo die Wahrscheinlichkeit am geringsten ist, dass andere mit Hund dort parken. Bleiben Sie mit Ihrem Hund im Auto. Jedes Mal, wenn Ihr Hund einen anderen Hund beim Aussteigen aus dem Auto erspäht, geben Sie ihm schnell nacheinander Leckerlis, wenn Sie möchten auch in fröhlichem Tonfall. Während der Hund aus dem Blickfeld verschwindet, verschwinden auch die Leckerlis und der Happy Talk. Wie immer ist das Ziel, dass Ihr Hund eine konditionierte positive emotionale Reaktion entwickelt, wenn er einen anderen Hund sieht. Fahren Sie bei den folgenden Sitzungen fort, indem Sie immer näher an die anderen Autos heranfahren, solange Ihr Hund in der Lage ist, ruhig zu bleiben.

Auch hier gilt, dass für die meisten Menschen eine der Managementlösungen am einfachsten sein wird. Probieren Sie eine Lösung nach der anderen aus und testen Sie jede davon einige Autofahrten lang, bis Sie die Lösung finden, die für Sie und Ihren Hund am besten funktioniert.

Kapitel 23
Tierarztbesuche

Ein Wartezimmer beim Tierarzt kann für jeden Hund eine stressige Umgebung darstellen. Kliniken sind in der Regel voll von fremden Gerüchen und nervösen Hunden, die sehr angespannt sind. Bei Hunden, die sich mit anderen Hunden nicht wohlfühlen, können die Spannungen besonders groß sein, zumal die meisten Wartezimmer recht klein sind. Die Hunde haben kaum etwas anderes zu tun, als sich gegenseitig anzustarren, was als Herausforderung empfunden werden kann, denn das ganze Szenario ist für viele Hunde einfach zu viel und kann einen reaktiven Hund leicht über die Reizschwelle bringen. Tierarztbesuche (außer in Notfällen) zu meiden könnte allerdings die Gesundheit Ihres Hundes gefährden. Im Folgenden finden Sie einige Strategien, die es Ihnen beiden leichter machen können.

1. Sie könnten das Problem ganz umgehen, indem Sie einen Tierarzt finden, der Hausbesuche macht. Auch wenn es heutzutage immer weniger Tierärzte gibt, die diesen Service anbieten, so gibt es doch noch einige, und es lohnt sich, zu prüfen, ob es in Ihrer Gegend einen solchen gibt.
2. Sowohl Hunde als auch Menschen sind weniger angespannt, wenn sie angenehm ausgelastet sind. Tun Sie Ihrem Hund und sich selbst einen Gefallen und gehen Sie mit ihm vor dem nächsten Tierarzttermin lange spazieren oder wandern. Vermeiden Sie aufregende Aktivitäten wie z. B. Balljagen, durch die der Körper mit Adrenalin und anderen Stresshormonen geflutet wird, und lassen Sie zwischen dem Ende des Spaziergangs und dem Tierarzttermin mindestens eine halbe Stunde Zeit, damit sich sein Körper vollständig beruhigen kann.
3. Fragen Sie das Tierarztpersonal, wann die Klinik in der Regel am wenigsten frequentiert ist. Wenn Sie Ihren Termin für das erste Zeitfenster des Tages oder so kurz wie möglich vor Ende des Tages ansetzen, können Sie ein überfülltes Wartezimmer vermeiden. Natürlich kann niemand mit absoluter Sicherheit vorhersagen, wann eine Praxis mit Kunden überfüllt sein wird, aber das Personal sollte über einige hilfreiche allgemeine Informationen verfügen.

4. Teilen Sie dem Personal bei der Terminvereinbarung mit, dass Ihr Hund gegenüber anderen Hunden reaktiv ist. Glauben Sie mir, man wird ihn nicht in eine Situation bringen wollen, in der er wahrscheinlich den Hund eines anderen Kunden angreifen wird. Wenn die Praxis das nicht selbst vorschlägt, bitten Sie im Voraus um die Erlaubnis, mit Ihrem Hund im Auto warten zu können.
5. Wenn Sie bei Ihrer Ankunft mit Ihrem Hund im Auto warten, parken Sie weit vom Eingang entfernt, damit Sie nicht durch andere Hunde, die kommen und gehen, gestört werden. Lassen Sie Ihren Hund kurz im Auto, um sich anzumelden. (Wenn es ein heißer Tag ist, parken Sie im Schatten und lassen Sie die Klimaanlage laufen; bringen Sie gegebenenfalls einen zweiten Satz Autoschlüssel mit, damit Sie Ihre Türen trotzdem von außen abschließen können). Alternativ können Sie auch anrufen, um die Rezeption zu informieren, dass Sie da sind. Die Rezeptionisten rufen Sie gerne auf Ihrem Handy an, wenn ein Behandlungsraum frei wird. Wenn Sie aufgerufen werden, werfen Sie vorher einen kurzen Blick hinein, um sich zu vergewissern, dass sich keine anderen Hunde in der Nähe des Eingangs befinden, und führen Sie Ihren Hund dann direkt in den Untersuchungsraum.
6. Wenn Ihr Hund sehr aggressiv gegenüber anderen Hunden ist und die Praxis Ihnen nicht erlaubt, im Auto zu warten – in diesem Fall sollten Sie einen Tierarztwechsel in Erwägung ziehen –, sollten Sie prüfen, ob Sie in der Praxis warten und Ihren Hund schnell aus dem Auto holen können, sobald der Tierarzt für Sie bereit ist. (An heißen Tagen verfahren Sie wieder wie oben beschrieben.) Wenn Ihr Hund unbedingt im Wartezimmer sitzen muss, legen Sie ihm einen Maulkorb an. Wenn Sie Ihren Hund noch nicht an das Tragen eines Maulkorbs gewöhnt haben, finden Sie entsprechende Anweisungen im Kapitel Trainingsausrüstung. Gewöhnen Sie Ihren Hund zunächst zu Hause an den Maulkorb und legen Sie ihm diesen dann vor dem Betreten der Praxis an.

   Wenn Sie die Möglichkeit haben, einen Spaziergang zu machen, bevor Sie die Praxis betreten, legen Sie Ihrem Hund einen Maulkorb an und gehen Sie einige Minuten in der Umgebung spazieren, damit er den Maulkorb nicht mit dem Betreten der Praxis assoziiert. Wenn Ihr Hund drinnen Leckerlis annimmt, füttern Sie dünn geschnittene Hotdog-Stücke oder ein anderes superleckeres Leckerli durch die Schlitze. Lassen Sie Ihren Hund den Maulkorb auch zwischen den Tierarztbesuchen in

Situationen tragen, die keinen Stress auslösen, damit er ihn nicht nur mit Tierarztbesuchen assoziiert.

7. Wenn Sie mit Ihrem Hund in der Praxis warten müssen, wählen Sie einen Platz, der so weit wie möglich von der Eingangstür, den Untersuchungsräumen und dem Empfangstresen entfernt ist, um Fußgängerverkehr zu vermeiden. Selbst wenn Ihr Hund nur leicht reagiert, könnte ein anderer Hund, der in unmittelbarer Nähe an ihm vorbeigeht, eine Reaktion auslösen. Wenn es einen Sitzplatz gibt, der die Sicht Ihres Hundes zumindest teilweise versperrt, ist das umso besser.

Als ich vor Jahren einen Vortrag vor der American Holistic Veterinary Medical Association (AHVMA) hielt, schlug ich vor, undurchsichtige Sichtschutzwände in den Ecken von Wartezimmern aufzustellen, hinter denen reaktive oder ängstliche Hunde warten könnten. Die Einschränkung des visuellen Aspekts würde die Reaktivität sicherlich verringern. Meines Wissens ist diese Strategie noch nicht weit verbreitet, aber ich wünschte, sie wäre es. Wenn Sie nicht gerade Ihren eigenen Sichtschutz mitbringen, könnten Sie Ihrem Hund eine Calming Cap aufsetzen, wie im Kapitel über das Bellen am Fenster beschrieben. Sicherlich werden Sie einige Leute seltsam anschauen, aber Ihr Hund wird dadurch ruhiger bleiben, und es ist eine gute Gelegenheit, andere zu erziehen.

8. Wenn Ihr Hund in der Praxis warten muss, nehmen Sie Leckerlis mit, um ihn zu beschäftigen und abzulenken. Üben Sie Dinge, die Ihr Hund beherrscht, wie z.B. Touch, Pfotegeben und andere, die in einem begrenzten Raum ausgeführt werden können. Erwarten Sie jedoch nicht, dass er sich hinlegt, wenn er nervös ist, denn das würde ihn in eine gefährliche Lage bringen. Wenn Sie Ihren Hund kognitiv beschäftigen, können Sie viel dazu beitragen, dass er emotional nicht außer Kontrolle gerät.
9. Wenn der Termin vorbei ist, halten Sie Ihren Hund von der Tür fern und schauen Sie nach draußen, bevor Sie ihn aus dem Untersuchungsraum führen. Das Letzte, was Sie wollen, ist, dass Sie beim Verlassen der Klinik durch einen Spießrutenlauf von Hunden gehen müssen. Warten Sie entweder auf einen Moment, in dem die Luft rein ist, oder fragen Sie einen Tierarzt oder einen anderen Mitarbeiter, ob er Ihnen den Weg frei

machen kann. Führen Sie Ihren Hund ruhig und zügig hinaus, setzen Sie ihn ins Auto (und schalten Sie gegebenenfalls die Klimaanlage ein), und gehen Sie wieder hinein, um Ihre Rechnung zu bezahlen.

10. Nachdem Sie die Praxis verlassen haben, unternehmen Sie etwas, das Ihren Hund glücklich macht! Das kann bedeuten, dass Sie in einen nahegelegenen Park gehen und einen Ball werfen oder, wenn er futtermotiviert ist, an einem Tiergeschäft anhalten, um ein besonderes Leckerli zu kaufen, das er dann sofort bekommt. Sie wissen am besten, was Ihren Hund glücklich macht. Wenn er sich gerne körperlich betätigt, zum Beispiel indem er einem Ball hinterherjagt oder an einem Lieblingsplatz spazieren geht, sollten Sie das tun; das hat den zusätzlichen Vorteil, dass sich die aufgestaute nervöse Energie entlädt. Es kann besonders wichtig sein, diese Spannung abzubauen, wenn Sie einen anderen Hund zu Hause haben und die Hunde zu Streitereien neigen.

Um sicherzustellen, dass Ihr Hund bei einem Besuch in der Tierarztpraxis so ruhig wie möglich verläuft, müssen Sie sich ein wenig anstrengen, aber es wird dazu führen, dass zukünftige Besuche für alle weniger stressig sind.

Kapitel 24

Begegnungen mit freilaufenden Hunden

In öffentlichen Räumen wie Parks herrscht fast immer Leinenpflicht. Es gibt auch fast immer Menschen, die der Meinung sind, dass diese Gesetze nicht für sie gelten. Das ist nicht nur mein Ärgernis Nummer eins, sondern auch der Fluch aller Menschen mit einem reaktiven Hund. Da arbeiten Sie Tag für Tag fleißig daran, das Verhalten Ihres Hundes zu ändern und tun Ihr Bestes, um die Sicherheit aller zu gewährleisten, und dann kommt ein nicht angeleinter Hund auf Sie zu. Diese Begegnung kann all Ihre harte Arbeit zunichte machen. Es könnte sogar zu einem Kampf kommen! Aber ganz gleich, ob es sich um einen herrenlosen Streuner handelt oder der Hundehalter präsent ist: Es gibt Möglichkeiten, sich darauf vorzubereiten. Nicht alle der folgenden Taktiken werden in jeder Situation oder bei jedem Hund funktionieren. Aber jede dieser Taktiken, einzeln oder in Kombination angewandt, kann sehr effektiv sein.

1. Wenn der sich nähernde Hund freundlich wirkt, als wolle er Sie einfach nur begrüßen, strecken Sie die Hand mit der Handfläche nach vorne aus und sagen Sie mit fester, tiefer Stimme: „Nein!" Allein das lässt viele Hunde in ihrer Bewegung erstarren. Machen Sie dann eine scheuchende Armbewegung und sagen Sie dabei laut und deutlich: „Geh weg, geh weg! Geh weg!" Sie können dabei auch einen Ausfallschritt auf den Hund zu machen. Auch dies sollten Sie nur bei einem Hund tun, der eindeutig nicht aggressiv ist. Es besteht ein großer Unterschied zwischen einem Golden Retriever-Welpen, der fröhlich auf Ihren Hund zu springt, und einem erwachsenen Deutschen Schäferhund, der mit starrem Blick und Laserfokus auf Ihren Hund zugeht. Wenn ein Besitzer hinter dem Hund herläuft, kann Ihr Verhalten diesen dazu veranlassen, seinen Hund zurückzurufen und anzuleinen. Wenn nicht, rufen Sie ihn und bitten Sie ihn freundlich, dies zu tun. Wenn Sie Ihre Stimme und Körpersprache einsetzen, um einen freundlichen entgegenkommenden Hund abzuschrecken, wird das bei dem einen Hund funktionieren, bei dem anderen nicht. Aber einen Versuch ist es wert.
2. Sobald Sie bemerken, dass sich ein Hund nähert, nehmen Sie eine große Handvoll Leckerlis aus Ihrer Tasche oder Ihrem Leckerli-Beutel. Bevor der Hund Sie erreicht, werfen Sie die Leckerlis so weit vor sich her, wie Sie können, und verstreuen Sie sie so weit wie möglich hinter dem anderen Hund. Damit soll erreicht werden, dass er sich abwendet und den Leckerlis hinterherläuft. Wenn er das tut, führen Sie Ihren Hund so ruhig und schnell wie möglich aus dem Bereich heraus. Achten Sie darauf, dass Sie viele kleine Leckerlis zur Hand haben – eine Handvoll Leckerlis könnte in einer separaten Tasche für diesen Zweck aufbewahrt werden. Es ist nämlich wichtig, dass Sie genügend Leckerlis verstreuen, um den anderen Hund zu beschäftigen, während Sie fliehen. Wenn der Hund die Leckerbissen zu schnell fressen kann, wird er Ihnen wahrscheinlich folgen, in der Hoffnung, mehr zu bekommen.
3. Eine wirksame Methode, einen sich nähernden Hund zum Anhalten und hoffentlich zum Weglaufen zu bewegen, ist die Verwendung einer Drucklufthupe. Das Gerät besteht aus einer Dose mit Druckluft mit ei-

ner kleinen Hupe am Oberteil. Wenn der Knopf an der Spitze des Horns gedrückt wird, ertönt ein lautes Hupgeräusch. Drucklufthupen werden normalerweise bei Sportveranstaltungen, zur persönlichen Sicherheit und bei großen Fahrzeugen als Warn- oder Signalgeräte verwendet. Sie können online oder in Sportgeschäften erworben werden. Tragen Sie ein Signalhorn so bei sich, dass Sie es schnell und einfach erreichen können. Wenn ein nicht angeleinter Hund auf Sie zu rennt, drücken Sie einfach auf den Knopf. Seien Sie sich jedoch bewusst, dass der daraus entstehende Lärm Ihren eigenen Hund und möglicherweise auch Sie selbst sowie andere Hunde und Menschen in der Umgebung zu Tode erschrecken wird. Falls Sie annehmen, dass Ihr Hund durch das Geräusch nicht traumatisiert wird, kann die Verwendung einer Drucklufthupe eine gute Strategie sein, um einen entgegenkommenden Hund zum Anhalten und Zurückweichen zu bewegen.

4. Eine weniger freundliche, aber dennoch wirksame Taktik, wenn sich ein Hund Ihnen und Ihrem Hund bereits nähert, besteht darin, ihm einen Regenschirm vor die Nase zu halten. Ja, ich weiß, das klingt bizarr! Und außerdem, wer hat schon einen Regenschirm dabei, wenn es nicht regnet? Sie, wenn Sie schlau sind. Es gibt sehr kleine, zusammenschiebbare Regenschirme, die man leicht in eine Tasche stecken kann. (Suchen Sie im Internet nach „Mini-Regenschirm" oder „Reiseschirm".) Achten Sie darauf, einen zu kaufen, der sich auf Knopfdruck automatisch öffnet. Wenn sich der Hund nähert, nehmen Sie den Schirm, strecken Sie den Arm vor sich aus und richten Sie ihn auf den Hund. Drücken Sie den Knopf. Die Stange schießt heraus, und mit einem Zischen öffnet sich der Schirm, erschreckt den Hund und versperrt ihm die Sicht auf Ihren Hund, der daraufhin hoffentlich davonläuft. Zumindest verschaffen Sie sich dadurch ein paar Augenblicke, in denen der Besitzer seinen Hund hoffentlich wieder an die Leine nehmen kann. Gewöhnen Sie Ihren Hund zu Hause an die Wirkung des Regenschirms, bevor Sie ihn in der Öffentlichkeit einsetzen, damit er nicht auch noch erschreckt wird.
5. Ein weniger freundlicher Ansatz, der aber in einer Notsituation gerechtfertigt sein könnte, ist das Besprühen eines sich nähernden Hundes mit Citronella. Nicht zu verwechseln mit Pfefferspray, das extrem schmerzhaft wäre und sogar bleibende Schäden verursachen könnte, ist Citronella einfach ein Duft, den Hunde sehr unangenehm finden. Derartige Produkte werden speziell für derartige Szenarien verkauft. Sie können online oder in Ihrem örtlichen Tierbedarfsgeschäft erworben werden.

Das Produkt ähnelt einer Pfefferspray-Dose, erzeugt aber stattdessen einen Citronella-Sprühstoß. Diese Dosen sind klein und können leicht in der Hand oder in der Tasche getragen werden. Einige werden sogar mit einem Gürtelclip geliefert. Das Abschreckungsspray „Spray Shield" enthält genug Citronella, um einen Strahl von bis zu zwölf Sekunden lang aus einer Entfernung von drei Metern abzugeben. Andere Marken sollten vergleichbar sein, aber informieren Sie sich vorher, um vorbereitet zu sein. Ich empfehle, Citronella-Spray nur dann zu verwenden, wenn es absolut notwendig ist, z.B. bei einem Hund, der Ihren Hund offensichtlich angreifen will. Sehen Sie zu, dass Sie nicht gegen den Wind sprühen, wenn Sie es einsetzen. Citronella-Spray wird einen bereits begonnenen Kampf wahrscheinlich nicht beenden, aber es kann sicherlich dazu beitragen, einen solchen zu verhindern.

6. Unabhängig davon, welche der oben genannten Taktiken Sie anwenden, kann es hilfreich sein, wenn Ihr Hund hinter Ihnen steht, wenn Sie sie anwenden. „Hinten!" ist ein verbales Signal, das Ihren Hund anweist, sich hinter Ihre Beine zu stellen. Natürlich nützt das Wort nichts, wenn Sie Ihrem Hund nicht vorher beigebracht haben, was es bedeutet. Wie alle neuen Fähigkeiten sollte auch „Hinten" in einer ablenkungsarmen Umgebung geübt werden. Beginnen Sie damit, dass Ihr Hund vor Ihnen steht. Halten Sie ihm ein Leckerli vor die Nase. Wenn Ihr Hund sehr klein ist, können Sie stattdessen einen langen Holzlöffel mit Erdnussbutter am Ende verwenden (meiden Sie Marken, die Xylitol enthalten, da es für Hunde extrem giftig ist). Bewegen Sie Ihren Arm in einem Bogen nach hinten, als ob Sie einen Halbkreis zeichnen würden, und führen Sie Ihre Hand am Ende nach hinten. Wenn Ihr Hund dem Köder folgt, wird er hinter Ihnen zu stehen kommen. Belohnen Sie Ihren Hund mit einem Leckerli oder, wenn Sie einen Löffel mit Erdnussbutter verwenden, indem Sie den Hund ein paar Mal daran lecken lassen. Wiederholen Sie die Übung so oft, bis Ihr Hund sich schneller und gleichmäßiger bewegt und es klar ist, dass er es „verstanden" hat. Dann können Sie anfangen, „Hinten!" zu sagen, unmittelbar bevor Sie die Handbewegung beginnen.

Mit etwas Übung wird Ihr Hund bald in der Lage sein, der Handbewegung zu folgen, ohne dass Sie ein Leckerli oder einen Erdnussbutterlöffel in der Hand halten. Belohnen Sie weiterhin jede erfolgreiche Wiederholung. Sobald Ihr Hund gut auf das Wortsignal gefolgt vom Handzeichen reagiert, beginnen Sie, das Handzeichen immer kleiner zu machen, wobei Sie immer zuerst das Wortsignal geben. Da Ihr Hund mit der Zeit das Handzeichen erwartet, wenn er das Wortsignal hört, wird er mit der Zeit nur noch auf letzteres reagieren. Sie können dann das Wortsignal entweder mit oder ohne Handzeichen verwenden. Ich empfehle, mit beiden zu üben, um so klar wie möglich zu kommunizieren, denn in einer stressigen Situation könnten Sie das eine oder das andere vergessen.

Wenn Ihr Hund verstanden hat, was „Hinten!“ bedeutet, üben Sie weiter auf Spaziergängen zu beliebigen Zeiten und immer dann, wenn Sie andere Hunde in einiger Entfernung sehen. Achten Sie darauf, dass Sie denselben Tonfall verwenden, den Sie beim Training benutzt haben. Wenn Sie einen nicht angeleinten Hund sehen, der sich auf Sie zubewegt, geben Sie das Wortsignal und das Handzeichen. Sobald Ihr Hund sicher hinter Ihnen steht, wenden Sie eine der oben genannten Techniken an, um den entgegenkommenden Hund abzuschrecken.

Im Idealfall gehen Sie mit Ihrem Hund in Gegenden spazieren, in denen die Wahrscheinlichkeit geringer ist, dass Sie auf streunende oder herrenlose Hunde treffen. Sollten Sie dennoch auf einen Hund treffen, der auf Ihren Hund zugerannt kommt, haben Sie jetzt eine Reihe von Strategien zur Hand, die Ihnen helfen können. Im Ernstfall müssen Sie vielleicht auch einen Kampf beenden. Das bringt uns zum nächsten Kapitel.

Kapitel 25
Wie man einen Hundekampf beendet

Ich wünschte, dieses Kapitel wäre nicht nötig, aber am besten ist man auf das Schlimmste vorbereitet. Es besteht ein großer Unterschied zwischen einem kurzen Scharmützel und einem ausgewachsenen Kampf. Bei einem Scharmützel geht es oft mehr um Körperhaltung und Lautäußerungen als um tatsächlichen körperlichen Schaden, und es löst sich innerhalb weniger Augenblicke von selbst. Ein ernsthafter Kampf hingegen kann sich scheinbar ewig hinziehen, wenn die Hunde nicht getrennt werden, und kann zu schweren körperlichen Schäden oder sogar zum Tod führen.

Eine gefährliche Auseinandersetzung kann entstehen, wenn ein Hund mit freundlichen Absichten auf Ihren Hund zuläuft und Ihr Hund ihn angreift (vor allem, wenn der Hund sich wehrt) oder wenn ein Hund sich Ihrem Hund in aggressiver Weise nähert. Das Wissen, wie man sicher eingreift, kann entscheidend sein, vor allem, wenn die Hunde sehr unterschiedlich groß sind oder wenn es sich um Kampfhunderassen handelt. Am besten ist es, auf beide Situationen vorbereitet zu sein.

Das Schlimmste, was Sie tun können zur Beendigung eines Hundekampfes ist, einen Ihrer eigenen Körperteile zwischen die Hunde zu schieben. Eine Hand oder einen Fuß zwischen kämpfende Hunde zu stecken, ist eine fast narrensichere Methode, wenn man auf eine Verletzung aus ist. Wenn Hunde kämpfen, sind sie emotional überfordert und verfügen nicht über ihre üblichen sozialen Hemmungen. Es kommt nur allzu oft vor, dass ein Hund in diesem Zustand auf die Person los geht, die versucht, einzugreifen. Auch ohne einen umgeleiteten Biss ist es extrem gefährlich, sich inmitten eines wilden Zähnewirbels zu befinden. Kurz gesagt, mischen Sie sich niemals in einen Kampf ein.

Selbst das Ergreifen der Halsbänder beider Hunde ist riskant, nicht nur wegen der Möglichkeit eines fehlgeleiteten Bisses, sondern auch, weil ein Hund, der sich Ihrem Griff entzieht, sehr wahrscheinlich den Hund angreift, den Sie noch festhalten. Vor vielen Jahren habe ich in einem privaten Tierheim gearbeitet. Als ich eines Tages aus dem Tierheim kam, sah ich zwei ehrenamtliche Hundeausführer, die sich gleichzeitig dem Eingang näherten. Einer hatte einen großen Dobermann an der Leine, der andere einen etwas kleineren Mischlingshund. Ich rief ihnen zu, sie sollten sich gegenseitig in Ruhe lassen, aber es war zu spät. Die Hunde begannen zu kämpfen. Die Ehrenamtlichen waren wie erstarrt und wussten nicht, was sie tun sollten. Ich sprang dazwischen und packte beide Hunde an ihren Halsbändern, um sie zu trennen. Ich hielt den Dobermann fest und übergab den kleineren Hund am Halsband an eine Ehrenamtliche. Sie schnappte sich das Halsband und hielt es fest… bis es ihr ein paar Sekunden später entglitt. Der Hund stürzte sich sofort auf den Dobermann und griff ihn an. Was geschah dann? Es genügt zu sagen, dass ich die Narbe immer noch habe. In meinem Fall wurde die Wunde an meiner Hand durch einen Zahn verursacht, der sich verfangen und gezogen hatte, als ich die Hunde wieder einmal trennte. Es hätte viel schlimmer sein können. Glücklicherweise konnten wir die Situation unter Kontrolle bringen, und keiner der beiden Hunde erlitt einen größeren Schaden.

Vermeiden Sie es, einen kämpfenden Hund am Halsband zu packen, und packen Sie ihn auch nicht am Schwanz. Hier besteht ebenfalls die Gefahr, dass Sie einen umgeleiteten Biss erhalten. Ich schlage auch vor, nicht zu schreien, obwohl das verständlicherweise Ihre erste Reaktion sein könnte. Während Schreien im Falle einer leichten Auseinandersetzung das Geschehen stoppen könnte, könnte es einen ernsthaften Kampf eher verschlimmern, genau wie eine Gruppe von Kindern, die sich auf dem Schulhof prügeln, dazu neigt, die Gewalt eskalieren zu lassen. Hier sind einige Möglichkeiten, die Sie stattdessen ausprobieren sollten, und zwar aufsteigend sortiert nach körperlichem Einsatz:

1. Drucklufthupen wurden bereits im vorherigen Kapitel als Abschreckung im Falle dessen besprochen, dass ein Hund auf Sie zu rennt. Aber selbst wenn ein Hund Ihren Hund angreifen sollte und es zu einem Kampf kommt, könnte der ohrenbetäubende Lärm den anderen Hund dazu bringen, wegzulaufen, oder zumindest die Aktion lange genug aufhalten, damit der Besitzer kommen und seinen Hund unter Kontrolle bringen kann. Als ich vor Jahren in einer Hundetagesstätte gearbeitet habe, haben wir Vorkehrungen getroffen, um Kämpfe zu verhindern. Aber überall dort, wo eine große Anzahl von Hunden frei herumläuft, besteht die Gefahr von Konflikten. Wir setzten ein Signalhorn ein, um Scharmützel und sogar die seltenen Kämpfe zu beenden, und in vielen Fällen war es wirksam. Zwar ist das Signalhorn keine narrensichere Methode, um einen heftigen Kampf zu beenden, aber der Knopf ist binnen einer Sekunde gedrückt, wenn man die Dose leicht zugänglich aufbewahrt hat. Es ist einen Versuch wert.
2. Citronella-Spray wurde auch schon als Mittel zur Abschreckung gegen einen angreifenden Hund diskutiert. Meiner Erfahrung nach ist es unwahrscheinlich, dass ein Sprühstoß mit Citronella einen Kampf unterbricht, wenn die Hunde bereits in einen intensiven Kampf verwickelt sind, der eine Zehn auf einer Skala von Null bis Zehn ist. Aber in Fällen, in denen es sich nur um eine heftige Anknurrerei mit Schnappen und minimalem bis mäßigem Kontakt handelt, könnte es funktionieren. Unabhängig von der Intensität des Kampfes ist Citronella-Spray einen Versuch wert: Es bedarf nur weniger Sekunden, Sie müssen nicht zu nahe herankommen und die Hunde werden nicht verletzt.

3. Wenn sich die Hunde heftig streiten und weder durch Hupen noch durch Citronella-Spray gestoppt werden können, ist es an der Zeit, etwas anderes zu versuchen. Die folgende Taktik gilt nur für Situationen, in denen ein Hund eindeutig der Aggressor ist, der andere Hund sich nicht wehrt und der Besitzer des anderen Hundes anwesend ist: Wenn Sie eine Jacke oder ein Sweatshirt tragen, ziehen Sie diese schnell aus und werfen Sie sie dem Angreifer über den Kopf. Obwohl es schwierig sein kann, genau zu zielen, wenn Hundekörper durch den Raum fliegen, tun Sie Ihr Bestes, damit es so fällt, dass es das Gesicht des Angreifers verdeckt, damit er den anderen Hund nicht sehen kann. Das sollte die Aktion lange genug stoppen, damit beide Parteien ihre Hunde unter Kontrolle bringen können. Wenn Ihr eigener Hund der Angreifer ist und der andere Hund sich nicht wehrt, wird Ihr erster Instinkt wahrscheinlich sein, Ihren Hund zu packen, wo Sie nur können. Wenn Sie das tun, passen Sie auf, dass nicht Sie stattdessen einen Biss abbekommen.
4. Wenn Sie das Glück haben, eine weitere hundeerfahrene Person bei sich zu haben, sollte jede Person die Hinterbeine eines der Hunde oberhalb der Knie greifen (das Greifen unterhalb der Knie könnte zu Verletzungen führen) und gleichzeitig anheben, sodass die Hunde wie Schubkarren positioniert sind. Auch dies muss gleichzeitig geschehen, da sonst der Hund mit der Schubkarre im Nachteil ist und von dem anderen Hund angegriffen werden könnte. Sobald beide Personen die Hunde im Griff haben, sollten sie sich sanft und ruhig voneinander entfernen und dabei jeden Hund leicht schräg halten, um die Möglichkeit eines umgeleiteten Bisses zu vermeiden. Sie sehen, warum ich empfehle, diese Taktik nur mit einer anderen hundeerfahrenen Person anzuwenden; ich traue einem zufälligen Fremden nicht zu, die Technik richtig auszuführen oder den Hund nicht loszulassen, und um ehrlich zu sein, kann dieses Manöver selbst mit Erfahrung schwierig sein.
5. Wenn ein Hund sich am anderen festgebissen hat und nicht loslässt, versuchen Sie nicht, die beiden auseinanderzuziehen, da dies zu Verletzungen führen könnte. In diesem Fall müssen Sie möglicherweise einen kurzen Holzstab, den so genannten Break-Stick, einsetzen. Dieser handliche Gegenstand ist manchmal die einzige Möglichkeit, einen kämpfenden Hund dazu zu bringen, seinen Biss zu lösen. Sie müssen allerdings genau wissen, wie man ihn benutzt, sonst könnten Sie sich oder den Hund verletzen. Geben Sie in einer beliebigen Suchmaschine den Begriff „Break-Stick" ein, um eine Vielzahl von Artikeln und Videos zu

finden, aber auch hier ist Vorsicht geboten. Ein Brechstock sollte nur als letztes Mittel eingesetzt werden, wenn ein Hund sich festgebissen hat und nicht loslassen will.

Überprüfen Sie Ihren Hund nach einem Kampf sorgfältig auf offensichtliche Verletzungen. Auch wenn Sie keine sehen, lassen Sie ihn gründlich von einem Tierarzt untersuchen. Verletzungen von Hundekämpfen sind unter dem Fell nicht immer leicht zu erkennen, und die Verletzungen können sogar innerlich sein. Wenn Sie selbst gebissen wurden, suchen Sie einen Arzt auf, denn Hundebisse können sich infizieren. Vergessen Sie nicht, dass sich der Körper Ihres Hundes unmittelbar nach einem Kampf im Fight or Flight Modus befindet und manche Stresshormonlevel bis zu mehreren Tagen erhöht bleiben. Wenn Sie Ihren Hund in den Tagen nach einem Vorfall in der Öffentlichkeit ausführen, sollten Sie das bedenken.

Ich hoffe sehr, dass Sie die in diesem Kapitel enthaltenen Informationen nie benötigen. Aber wenn Sie auf die Möglichkeit vorbereitet sind, dass Sie einen Streit schlichten müssen, können Sie ruhiger und selbstbewusster bleiben, falls es doch dazu kommt, und wirksame Maßnahmen zum Schutz Ihres Hundes und anderer Personen ergreifen.

Kapitel 26
Zusammenarbeit mit einem Experten

Ich hoffe aufrichtig, dass Sie mit diesem Buch ausreichende Informationen erhalten, mit denen Sie das Verhalten Ihres Hundes selbst ändern können. Wenn die Reaktivität Ihres Hundes jedoch sehr ausgeprägt ist oder Sie sich einfach mehr praktische Anleitung wünschen, sollten Sie einen professionellen Trainer engagieren. Ein Einzeltraining kann sehr nützlich sein und ist die Kosten auf jeden Fall wert. Ein professioneller Trainer ist in der Lage, selbst die kleinsten Veränderungen in der Körpersprache Ihres Hundes zu erkennen, Sie in Bezug auf Ihre eigene Körpersprache und Ihr Verhalten zu schulen und Protokolle bei Bedarf zu ändern. Die Wahl der richtigen Person ist jedoch von entscheidender Bedeutung, insbesondere, wenn es um Reaktivität oder Aggression geht.

Methodik

Sie werden kaum einen Trainer finden, der für harte körperliche Korrekturen oder andere aversive Methoden wirbt. Leider gibt es aber viele, die solche Maßnahmen regelmäßig anwenden. Moderne, aufgeklärte Trainer hingegen setzen sanfte, wissenschaftlich fundierte Methoden zur Verhaltensänderung ein. Aber woran können Sie den Unterschied erkennen? Erkundigen Sie sich zunächst nach dem Ansatz, den die betreffende Person bei der Arbeit mit reaktiven Hunden verfolgt. Die Antwort sollte in etwa lauten, dass man die zugrunde liegenden Emotionen des Hundes gegenüber anderen Hunden ändern oder alternative Verhaltensweisen zum Bellen und Nachvornewerfen einüben sollte. Wenn die Antwort vage erscheint oder Ihnen nicht genug über die Trainingsphilosophie oder -methoden der Person verrät, sollten Sie sie etwas unter Druck setzen. Meiden Sie Trainer, die mit Antworten wie „Das können Sie ihm nicht durchgehen lassen" oder „Ich würde ihn korrigieren" antworten.

Meiden Sie auch Trainer, die die meisten unerwünschten Verhaltensweisen, vor allem scheinbar aggressive, damit begründen, dass der Hund „dominant" ist. Dominanz und Unterwerfung gibt es zwar zwischen Hunden, aber die Dynamik ist komplexer und fließender, als den meisten Menschen bewusst ist. Ein Hund, der einen anderen Hund anspringt und anbellt, tut dies, weil er versucht, den anderen Hund zu vertreiben, und nicht, weil er um den ersten Platz in seinem Familienrudel kämpft. Ausbilder, die das meiste, was Hunde tun, durch den Dominanzfilter sehen, wenden diesen selbst auf Dinge an, wie etwa einen Hund, der seinen Besitzer anspringt oder an der Leine zieht, was in den meisten Fällen einfach das Ergebnis einer mangelnden Ausbildung ist. Die Bezeichnung Dominanz sollte nicht pauschal auf alle Hunde angewandt werden, die reaktive oder aggressive Tendenzen zeigen. Ausbilder, die reaktive Hunde als dominant ansehen, neigen dazu, den Hund so lange zu „korrigieren", bis er sich unterwirft, was oft durch harte Methoden erreicht wird.

Apropos Korrekturen: Wenn solche erwähnt werden, fragen Sie, was genau damit gemeint ist. Eine Korrektur ist etwas Unangenehmes, das einen Hund davon abhalten soll, ein unerwünschtes Verhalten zu zeigen. Technisch gesehen könnte sogar ein verbaler Verweis als Korrektur betrachtet werden. In der Trainingswelt wird das Wort jedoch eher für Dinge wie einen scharfen Ruck an einer Würgekette verwendet. Die Kraft, die bei Korrekturen eingesetzt wird, reicht von leicht bis stark, je nach Trainer und Hund. Manche Trainer wenden sogar noch härtere Korrekturen wie Elektroschocks, Tritte oder Schlimmeres an. Scheuen Sie sich nicht, diese Fragen zu stellen, denn sie sind der Schlüssel, um jemanden zu finden, der positiv und sanft mit Ihrem Hund arbeitet und ihm keinen Schaden zufügt. Eine weitere Frage, die sehr aufschlussreich sein kann, ist die Frage, was die Person tun würde, wenn sie mit Ihrem Hund an einer neuen Trainingseinheit arbeiten würde und Ihr Hund nicht mitmacht. Meine eigene Antwort wäre, dass ich zu dem Schritt zurückgehen würde, bei dem der Hund erfolgreich war, und ich von dort aus kleinere, leichter zu erreichende Schritte machen würde. Ich würde auch prüfen, ob eine Ablenkung aus der Umgebung oder andere mildernde Umstände vorgelegen haben. Achten Sie auch hier auf Antworten wie „Das können Sie ihm doch nicht durchgehen lassen".

Fragen Sie genau nach, welche Mittel zu Schulungszwecken eingesetzt werden. Die Verwendung von Leckerlis ist wünschenswert, da die meisten positiven, sanften Trainer dazu neigen, Leckerlis als Belohnung zu verwenden. Diejenigen, die Clicker verwenden, sind wahrscheinlich moderne, wissenschaftlich fundierte Trainer, obwohl man natürlich auch ohne Clicker einer sein kann. Aber was ist mit der Verwendung von „Trainingshalsbändern" wie Würgeketten, Stachelhalsbändern und Schockhalsbändern (auch als E-Halsbänder bekannt)? Alle diese Halsbänder korrigieren den Hund, wenn er etwas Falsches tut. Trainer, die diese Art von Hilfsmitteln verwenden, verteidigen sich oft mit dem Argument: „Jedes Gerät in den falschen Händen kann einen Hund verletzen." Und das ist absolut richtig. Aber diese speziellen Geräte funktionieren alle, indem sie Schmerzen verursachen, weshalb ein Hund sofort aufhören wird zu tun, was er gerade tut.

Es gibt keinen Grund, aversive Trainingsgeräte oder -methoden zu verwenden. Diese sind bestimmt nicht freundlich und sanft und können bei falscher Anwendung zu Verletzungen führen. Außerdem könnte ein Hund, der jedes Mal, wenn er auf einen anderen Hund reagiert, eine Korrektur erhält, diesen Schmerz leicht mit anderen Hunden in Verbindung bringen, was das Problem wiederum verschlimmern könnte.

Erfahrung

Es ist wichtig, dass Sie herausfinden, wie viel Erfahrung ein Trainer hat. Bei einem schwerwiegenden Verhaltensproblem wie Reaktivität sollten Sie niemanden engagieren, der erst vor sechs Monaten mit dem Training begonnen hat. Und bloß weil jemand seit 30 Jahren Hunde ausbildet, heißt das noch lange nicht, dass er mit den modernen Techniken vertraut ist. Sofern solche Informationen nicht in der Rubrik „Über uns" auf der Website des Trainers zu finden sind, sollten Sie sich erkundigen, wie lange die Person schon als Trainer im Geschäft ist, wo sie ihre Erfahrungen gesammelt hat und ob sie sich durch Organisationen wie die unten genannten weiterbildet. Gut geeignet sein können Trainer und Verhaltensspezialisten, die regelmäßig an Konferenzen und Seminaren teilnehmen.

Wo Sie einen Verhaltensspezialisten finden

Wir haben bereits erörtert, wie wichtig es ist, nach Trainingstechniken und Erfahrung zu fragen. Aber wo fängt man mit der Suche nun am besten an? Die Association of Professional Dog Trainers (APDT), die International Association of Animal Behavior Consultants (IAABC) und die Pet Professional Guild (PPG) sind allesamt Organisationen, die sich der Anwendung positiver, moderner, wissenschaftlich fundierter Trainingsmethoden verschrieben haben. *(In Deutschland sind dies z.B. der Berufsverband der Hundeerzieher/innen und Verhaltensberater/innen (BHV) der Internationale Bund der Hundetrainer:innen und Hundeunternehmer:innen (IBH) e.V., Anm. des dt. Verlages.)*

Jede Organisation hat eine Website, auf der Sie Ihre Postleitzahl und einen Suchradius eingeben können, um einen Trainer in Ihrer Nähe zu finden (Siehe Serviceteil). In einigen Listen sind die Fachgebiete des Trainers angegeben, z.B. ob er sich mit Verhaltensstörungen wie Aggression befasst. Unabhängig von seiner Zugehörigkeit zu einer Vereinigung sollten Sie jeden Trainer, der auf diesen Websites aufgeführt ist, genauso befragen wie jeden anderen, um sicherzustellen, dass sein Erfahrungsniveau, sein Fachwissen und seine Methoden für Sie und Ihren Hund geeignet sind.

Trainer versus Verhaltensspezialist

Es wird Sie vielleicht überraschen, dass in den meisten Ländern der Vereinigten Staaten *(In Deutschland bislang abgesehen vom Sachkundenachweis ebenfalls nicht, Anm. des dt. Verlages)* keine Lizenz, Zertifizierung oder ein anderer Ausbildungsnachweis erforderlich ist, um als Hundetrainer zu arbeiten. Folglich gibt es eine große Bandbreite an Erfahrung und Fachwissen unter denjenigen, die ihre Dienste anbieten. Zwar gibt es viele, die Gehorsamkeitsübungen vermitteln und kleinere Verhaltensprobleme lösen können, doch der Umgang mit reaktiven Hunden erfordert ein höheres Maß an Können, Wissen und Erfahrung. Diejenigen, die sich mit Aggressionen und anderen schwerwiegenden Verhaltensproblemen befassen, nennen sich oft Verhaltensberater oder Verhaltenstrainer. Das ist die Bezeichnung, die ich persönlich auch verwende, da Verhaltensprobleme mein Spezialgebiet sind.

Möglicherweise stehen hinter dem Namen eines Trainers Buchstaben, die auf eine professionelle Zertifizierung hinweisen. Einige Akkreditierungen können durch den Besuch einer landesweiten Trainerschule oder einer kleineren, nur von einem oder zwei Trainern geführten Einrichtung erworben werden. Wie Sie sich vorstellen können, hängt das Gewicht der Zertifizierung vom Niveau und der Qualität der Ausbildung ab und davon, wie der Trainer auf seine Fähigkeiten geprüft wurde. Einige Schulen sind zwar hervorragend, aber leider kann man manche Zertifizierungen auch durch die bloße Teilnahme an einem Online-Kurs erlangen, ohne jemals einen Hund auch nur berührt zu haben!

Eine Organisation, die zwar keine Ausbilder ausbildet, aber strenge Anforderungen für die Zertifizierung stellt, ist das Certification Council for Professional Dog Trainers (CCPDT). Selbst für die Einstiegszertifizierung (CPDT-KA) müssen Bewerber nicht nur eine strenge schriftliche Prüfung bestehen, sondern auch nachweisen, dass sie in den letzten drei Jahren 300 Stunden persönliches Training absolviert haben, und eine unterzeichnete Empfehlung eines Tierarztes oder eines bereits zertifizierten CCPDT-Mitglieds vorlegen. Es gibt eine zweite Zertifizierungsstufe, die die praktische Ausbildung prüft (CPDT-KSA), sowie eine höhere Stufe (CBCC-KA) für Verhaltensberater. Auf jeder Stufe muss der Antragsteller den Richtlinien und Vorgaben der Organisation entsprechen, die wissenschaftlich fundierte, humane Praktiken unterstützen. Die CCPDT-Website bietet eine Suchfunktion, mit der Sie einen zertifizierten Trainer in Ihrer Nähe finden können. (Siehe Serviceteil.)

(In Deutschland gibt es außerdem Tierärzte mit der Zusatzbezeichnung Verhaltenstherapie, die umfangreiche Fortbildungen absolvieren müssen, um diese Bezeichnung führen und behalten zu dürfen, Anm. d. dt. Verlages)

Damit soll nicht gesagt werden, dass es nicht auch Trainer und Verhaltensspezialisten gibt, die zwar hervorragende Arbeit leisten, aber in keiner Weise zertifiziert sind; es gibt sie durchaus. Aber es kann hilfreich sein, wenn Sie wissen, was diese Buchstaben hinter dem Namen eines Trainers bedeuten. Wenn Sie sich nicht sicher sind, fragen Sie nach.

Während der Trainingseinheit

Wenn Sie einen professionellen Trainer engagiert haben, scheuen Sie sich nicht, auch während einer Trainingseinheit Fragen zu stellen. Wenn Sie nicht verstehen, wie oder warum etwas gemacht wird, bitten Sie um eine Erklärung. Ein guter Trainer oder Verhaltensberater kann nicht nur gut mit Hunden arbeiten, sondern sollte auch ein guter Coach für Menschen sein, der Dinge klar erklärt und hilfreiches Feedback gibt. Wenn der Trainer etwas tut, womit Sie nicht einverstanden sind, sprechen Sie es an. Wenn Ihr Hund grob behandelt wird, sollten Sie die Maßnahme sofort abbrechen und die Sitzung an Ort und Stelle beenden. Auch wenn Ihnen das vielleicht etwas unangenehm ist, sind Sie der Fürsprecher und Beschützer Ihres Hundes und sein Wohlergehen ist wichtiger als jedes soziale Unbehagen. Sobald die Sitzung beendet ist, sollten Sie sich neu ausrichten und erneut auf die Suche gehen. Es gibt viele qualifizierte, erfahrene Fachleute, die Sie und Ihren Hund freundlich und respektvoll behandeln werden, während sie daran arbeiten, das Verhalten Ihres Hundes zu ändern.

Kapitel 27
Gruppenunterricht

Vielleicht fragen Sie sich, ob es möglich ist, mit Ihrem Hund an einem Gruppentraining teilzunehmen. Das hängt davon ab, wie stark Ihr Hund reagiert. Ist seine Reaktivität sehr ausgeprägt, lautet die Antwort ein klares Nein. Es wäre dem Ausbilder und den anderen Kursteilnehmern gegenüber unfair, sie dem Bellen, Vorwärtswerfen und anderen störenden Verhaltensweisen auszusetzen, die Ihr Hund wahrscheinlich zeigen wird. Es wäre auch Ihrem Hund gegenüber unfair, ihn in diese Lage zu bringen. Sollte sich Ihr Hund von der Leine losreißen und einen anderen Hund oder eine Person verletzen, könnte dies neben den offensichtlichen Folgen auch rechtliche Konsequenzen für den Ausbilder oder für Sie haben.

Wenn Ihr Hund hingegen nur leicht bis mittelstark reagiert, sollten Sie den Ausbilder im Voraus informieren und ihm die Entscheidung überlassen. Der Ausbilder kann der Meinung sein, dass Ihr Hund trotzdem nicht für die Gruppe geeignet ist, oder er kann Ihren Hund in einem kurzen Treffen oder einer Privatstunde beurteilen. Dann könnte er vorschlagen, stattdessen Privatstunden zu geben, oder er könnte Ihren Hund als akzeptablen Kandidaten für die Gruppe betrachten.

Wenn Sie in einen Kurs aufgenommen werden, sollte dieser im Freien oder in einer großen Halle stattfinden, damit Sie in einem Abstand arbeiten können, in dem Ihr Hund ruhig bleibt und keine Ablenkung darstellt. Wenn Sie jemanden haben, der mit Ihnen am Unterricht teilnehmen kann, könnte diese Person in einem gewissen Abstand bei Ihrem Hund bleiben, während Sie näher herankommen, um den Anweisungen zuzuhören und zu beobachten, was der Lehrer tut, und dann zurückgehen und mit Ihrem Hund arbeiten. Wenn sich die Hunde bei einer Übung schnell bewegen oder sogar rennen müssen, kann die Stimulation für Ihren Hund zu groß sein. Möglicherweise müssen Sie für diese Übungen aussetzen und sich sogar in eine größere Entfernung begeben, bis sie beendet sind.

Knurr-Kurse

Ein Kurs, der speziell für Hunde konzipiert ist, die auf andere Hunde reagieren, kann als Knurrkurs, Rowdy-Kurs,Kurs für schwierige Hunde, Leinen-Reaktive oder Ähnliches beworben werden. Der Schwerpunkt liegt auf der Zurverfügungstellung einer sicheren, überwachten Umgebung, in der Hunde lernen können, sich anderen Hunden gegenüber ruhig zu verhalten, ohne reaktiv zu werden. Die Hunde lernen Fähigkeiten, die ihnen helfen, sich in Stresssituationen auf ihre Besitzer zu konzentrieren, und es werden ihnen Alternativen zu ihren üblichen Reaktionen vermittelt. Diese Kurse können nicht nur für die Hunde, sondern auch für ihre Besitzer von Vorteil sein, da sie ein Umfeld bieten, in dem man sich nicht für das Verhalten des Hundes schämen muss. In gewisser Weise stellt der Kurs eine Art emotionale Selbsthilfegruppe dar.

Bei der Suche nach dieser Art von Kursen ist es besonders wichtig, den richtigen Ausbilder zu finden. Erkundigen Sie sich nach der Erfahrung, den Trainingsmitteln und den Methoden zur Beeinflussung der Reaktivität. Fragen Sie auch, ob Sie in einem Kurs hospitieren können. Wenn der Ausbilder Ihnen nicht erlaubt, sich vor der Anmeldung ein Bild zu machen, sollten Sie sich weiter umsehen. Der Ausbilder sollte nicht nur Erfahrung mit dieser speziellen Art von Unterricht haben, sondern es ist auch wichtig, dass er ausschließlich sanfte, positive Methoden anwendet.

Auch hier sollten Sie genau nachfragen, welche Art von Trainingshilfsmitteln verwendet wird. Leckerlis, Spielzeug, Lob und andere Anreize sind wichtig. Zu vermeiden sind Würgeketten oder Stachelhalsbänder, Schockhalsbänder (E-Halsbänder) und harte körperliche Korrekturen. Außerdem sollte das Verhältnis zwischen Ausbilder und Kursteilnehmern niedrig sein, d.h. ein Ausbilder oder Assistent sollte auf jeweils ein paar Hunde kommen, anstatt dass eine Person einen Kurs mit zehn oder mehr Teilnehmern leitet.

Die Unterrichtsumgebung sollte viel Platz bieten und so gestaltet sein, dass die Hunde nicht miteinander in Kontakt kommen, es sei denn, die Begegnungen werden sorgfältig choreographiert und beaufsichtigt. In einem Innenraum könnten Trennwände aufgestellt werden, damit jeder Hund seinen eigenen Bereich hat, während bei einem Kurs im Freien die Hunde in ihren Autos warten können, wenn sie nicht aktiv an einer Übung teilnehmen. Die Hunde müssen unter Umständen einen Maulkorb tragen oder zumindest eine Ausrüstung, die es den Besitzern ermöglicht, ihre Hunde unter Kontrolle zu halten. Das Ziel dieser Kurse ist nicht, dass Ihr Hund am

Ende alle anderen Hunde mag oder mit ihnen interagieren kann, sondern dass Ihr Hund in sozialen Situationen ruhiger bleibt und sich besser auf Sie konzentrieren kann. Um eine der beiden Arten von Gruppenkursen zu finden, fragen Sie in Ihrer Umgebung nach Empfehlungen und suchen Sie über die Trainersuchfunktion auf den Websites der zuvor genannten Organisationen nach professionellen Trainern.

Teil VI

Ergänzende Hilfsmittel und Therapien

Kapitel 28
Ergänzende Hilfsmittel und Therapien

Dieser Abschnitt könnte eigentlich „Supercooles Zeug, das auch helfen kann" heißen, denn er ist mit genau diesen Dingen gefüllt. Einige der Heilmittel und beruhigenden Produkte, die Sie hier finden, gibt es schon seit vielen Jahren, andere sind neuere Entdeckungen. Während die einen innerlich eingenommen werden, werden andere getragen, inhaliert oder durch Berührung angewendet. Allen gemeinsam ist, dass sie zwar für sich genommen eine beruhigende Wirkung haben können, aber bei der Behandlung anhaltender Reaktivitätsprobleme am wirksamsten sind, wenn sie in Verbindung mit einem Training zur Verhaltensänderung verabreicht werden.

Es wird Ihnen vielleicht auffallen, dass pharmazeutische Medikamente nicht erwähnt werden. Langzeitmedikamente wie SSRIs (selektive Serotonin-Wiederaufnahmehemmer) und TCAs (trizyklische Antidepressiva) werden häufig zur Behandlung von Verhaltensproblemen bei Hunden wie Trennungsangst und Angst verschrieben. Da es vier bis sechs Wochen dauern kann, bis diese Medikamente ihre volle therapeutische Wirkung entfalten, wird häufig zusätzlich ein kürzer wirkendes Medikament aus der Familie der Benzodiazepine verschrieben, um die Angst schnell abzubauen.

Das Problem ist, dass einige dieser Medikamente zwar nützlich sein können, andere jedoch das Potenzial haben, Aggressionen zu enthemmen, was das Gegenteil der gewünschten Wirkung wäre. Selbst einige der natürlichen Heilmittel, die ich normalerweise zum Stressabbau empfehlen würde, sind nach Angaben ihrer Hersteller nicht für den Einsatz bei Aggression oder Reaktivität geeignet.

Ich bin keine Tierärztin und kann daher keine medizinische Beratung anbieten. Wenn Sie das Gefühl haben, dass die Probleme Ihres Hundes so schwerwiegend sind, dass eine medikamentöse Behandlung gerechtfertigt sein könnte, sollten Sie einen Tierarzt mit Zusatzbezeichnung Verhaltenstherapie befragen, sich über die körperlichen und verhaltensbedingten Nebenwirkungen informieren und die Reaktionen Ihres Hundes sorgfältig beobachten.

Vielleicht sind Ihnen einige der in diesem Abschnitt genannten Therapien bereits bekannt, aber Sie haben noch nicht daran gedacht, sie bei Ihrem Hund anzuwenden. Andere, wie z. B. TTouch®, Pheromone zur Beruhigung des Hundes und Body Wraps, sind Ihnen vielleicht nicht geläufig oder erscheinen Ihnen anfangs sogar seltsam. Während die Wirksamkeit einiger Methoden durch wissenschaftliche Daten belegt ist, ist der Erfolg anderer nur anekdotisch. Bleiben Sie aber aufgeschlossen, denn jede dieser Methoden ist eine Überlegung wert. Lesen Sie zunächst alle Kapitel in diesem Abschnitt, um sich einen Überblick zu verschaffen, bevor Sie mit einem der vorgeschlagenen Produkte oder Therapien beginnen. Probieren Sie dann die Produkte, die Ihnen zusagen, nacheinander aus, damit Sie eine klare Vorstellung davon bekommen, welches Produkt Ihrem Hund hilft.

Sobald sich Ihr Hund in einem ruhigeren Gemütszustand befindet und physiologisch und emotional weniger angespannt ist, sollte er für eine Verhaltensänderung empfänglicher sein. Dieser zweigleisige Ansatz aus komplementären Therapien und Verhaltensmodifikation ist sicher und wirksam und geht auf die zugrunde liegenden Probleme ein, anstatt einfach nur die Symptome zu unterdrücken. Außerdem können die Therapien abgesetzt werden, sobald die Verhaltensprobleme gelöst sind.

Und nun zu den spannenden, wirksamen und manchmal geradezu außergewöhnlichen ergänzenden Therapien!

Kapitel 29
Bachblüten

Pflanzen wurden im Laufe der Geschichte in verschiedenen Kulturen zur Heilung eingesetzt. Viele unserer modernen Schmerzmittel und entzündungshemmenden Medikamente werden aus Pflanzen gewonnen. Aspirin zum Beispiel wurde ursprünglich aus der Blühpflanze Mädesüß gewonnen. Morphin und Codein, zwei starke Schmerzmittel, werden aus den unreifen Samenkapseln des Schlafmohns gewonnen. Obwohl alle Pflanzenteile zu Heilzwecken verwendet werden, wird davon ausgegangen, dass die Blüten den wesentlichen Charakter der Pflanze verkörpern und besondere Heilkräfte besitzen.

Wenn Sie in einer Gesellschaft aufgewachsen sind, in der hauptsächlich die allopathische oder westliche Medizin verwendet wird, mag Ihnen die Vorstellung, dass Blütenessenzen heilen können, seltsam anmuten. Diese einzigartige Heilmethode basiert auf dem Konzept, dass alles im Universum eine bestimmte Schwingung hat. Wenn eine Blüte zu einer Essenz verarbeitet und diese Essenz in den Körper aufgenommen wird, beginnt der Körper in der gleichen Frequenz zu schwingen wie die Blüte. Wenn die Zellen und Gewebe des Körpers in dieser Frequenz schwingen, beginnt die Heilung sowohl auf der physischen als auch auf der emotionalen Ebene. Kurz gesagt, die Blütenessenzen verändern die Energie des Körpers dahingehend, dass eine Heilung stattfinden kann.

1930 entwickelte der britische Arzt und Homöopath Edward Bach das erste moderne Therapiesystem mit Blütenessenzen. Bach glaubte daran, dass die Ursache einer Krankheit behandelt werden muss, anstatt einfach nur die Symptome zu überdecken, und dass die zugrundeliegende Ursache der Krankheit auf eine Störung des körpereigenen Energiefeldes zurückgeführt werden kann. Er kam zu dem Schluss, dass ein positiver, gesunder Geisteszustand wiederhergestellt werden kann, indem man die Energien von Pflanzen, Bäumen, Sträuchern und speziellen Gewässern nutzt. Bach identifizierte 38 Essenzen, jede mit ihrem eigenen spezifischen Zweck. Die Bachblüten-Essenzen wurden ursprünglich für Menschen entwickelt, werden aber inzwischen auch häufig für Tiere verwendet. Sie sind in Naturkostläden und im Internet erhältlich.

Rescue Tropfen

Rescue Tropfen, die Bachblütenessenz, die am häufigsten für Hunde verwendet wird, ist eigentlich eine Kombination aus fünf Essenzen. Sie enthält Impatiens (bei mentalem Stress und Anspannung), Clematis (bei Desorientierung), Rock Rose (bei Terror und Panik), Cherry Plum (bei Verzweiflung) und Star of Bethlehem (bei Schock). Rock Rose kann auch bei Hunden helfen, die sich in einem chronischen Zustand ängstlicher Unruhe befinden. Star of Bethlehem wird häufig im Rettungswesen eingesetzt, um die Heilung von traumatisierten, psychisch verletzten Hunden zu unterstützen, einschließlich Hunden, die von einem anderen Hund angegriffen wurden. Es heißt, dass Star of Bethlehem auch Traumata anspricht, die möglicherweise Jahre zurückliegen. Das ist hilfreich ist, da es immer wichtig ist, das zugrunde liegende Problem zu behandeln. Die Kombination der Rescue Tropfen aus fünf Essenzen wird daher verwendet, um Stress und Angst abzubauen, was dem Körper Entspannung verschafft.

Wie bereits erwähnt, habe ich vor Jahren in einer Tagesbetreuung für Hunde gearbeitet. Im Großen und Ganzen war es sowohl für die Hunde als auch für das Personal eine schöne Erfahrung. Aber einige Hunde waren ängstlich, weil ihre Besitzer abwesend waren; einige waren nervös oder ängstlich gegenüber anderen Hunden; und andere wollten nicht gestört werden. Scharmützel waren unvermeidlich. Das Personal hatte immer Rescue Tropfen zur Hand, und es half oft, die Hunde und das Personal zu beruhigen, wenn die Lage angespannt war oder wenn es zu einer Auseinandersetzung gekommen war. Die normale Dosierung beträgt vier Tropfen im Trinkwasser oder mit dem Futter des Hundes so oft wie nötig. Bei chronischen Problemen wird das Mittel normalerweise täglich verabreicht, aber eine Einzeldosis kann auch direkt nach einer stressigen Begegnung mit einem anderen Hund und natürlich nach einem Kampf gegeben werden. (Obwohl die Produktlinie „Bachblüten Rescue Tropfen für Hunde" für Tiere bestimmt ist, ist die ursprüngliche Produktreihe für den menschlichen Gebrauch weiterhin erhältlich. Vielleicht sollten Sie beide vorrätig halten).

Einzelne Essenzen und Kombinationen

Rescue Tropfen können zusammen mit einzelnen Blütenessenzen verwendet werden. Es beeinträchtigt deren Heilwirkung nicht, sondern wirkt synergetisch, um sie zu verstärken. Alternativ können Sie die einzelnen Essenzen auch ohne Rescue Tropfen verabreichen, allein oder in Kombination. In ihrem Buch „Bach Flower Remedies for Animals" beschreiben die Autoren Helen Graham und Gregory Vlamis die einzelnen Essenzen und ihre Anwendungen. Eine Essenz, die für auf Hunde reaktive Hunde geeignet ist, ist „Beech" (Birke). Die Beschreibung von Beech im folgenden schattierten Kasten ist direkt aus dem Buch zitiert, mit Ausnahme der Stellen, an denen meine eigenen Kommentare in eckigen Klammern erscheinen.

Beech

- Für „empfindliche“ Tiere, die keine anderen Tiere in ihrer Nähe dulden.
- Für Tiere, die leicht zu reizen oder zu ärgern sind.
- Für leicht reizbare Hunde, die dies durch Knurren, Aufstellen der Nackenhaare, Bellen, Beißen oder Angreifen zeigen.
- Für aggressive Ausstellungshunde, die im Ausstellungsring oder am Rande des Rings nicht zurechtkommen. [Dies gilt auch für Hunde, die mit anderen Hunden auf engem Raum oder in stressigen Umgebungen nicht zurechtkommen, und es gilt auch für das Vorbeigehen an anderen Hunden auf der Straße. Andere Quellen geben Beech auch für Hunde an, deren unfreundliches Verhalten eine Möglichkeit ist, sich vor einer Art von Tier zu schützen – in diesem Fall vor anderen Hunden oder einer bestimmten Art von Hund –, die sie erfahrungsgemäß als feindlich empfinden und die es zu vermeiden gilt.]

Auch andere Einzelessenzen können bei reaktiven Hunden hilfreich sein. Anstatt jedoch selbst Essenzen zu suchen und zu kombinieren, empfiehlt es sich, vorgefertigte Kombinationen zu kaufen, die von verschiedenen Unternehmen angeboten werden. Aldaron Essences (siehe Serviceteil), im Besitz der professionellen Hundetrainerin und Hundeverhaltensberaterin Julie Cantrell, bietet Bachblüten-Essenz-Kombinationen für bestimmte Verhaltensprobleme an. Auf der Website des Unternehmens gibt es eine ganze Seite, die der Verwendung von Blütenessenzen für reaktive Hunde gewidmet ist! Julie Cantrell erklärt, bei welchen Verhaltensproblemen die einzelnen Essenzen helfen können. So kann Impatiens die richtige Wahl sein für „Hunde, die springen, bellen und sich nur an der Leine wie wilde Tiere benehmen“, während Cherry Plum „ein wichtiges Mittel bei Reaktivitätsproblemen“ ist und sich auch für Hunde mit Impulskontrollproblemen eignet. Vine kann für reaktionsfreudige Hunde nützlich sein, ebenso wie Red Chestnut. Sie können die Beschreibungen auf der Website durchlesen, um die Mittel zu finden, die zum Temperament und Verhalten Ihres Hundes passen, und sie dann einzeln kaufen oder für sich individuell mischen lassen. Sie können sich aber auch für eine vorgefertigte Standardmischung aus der Kategorie „Umgang mit anderen“ entscheiden.

Verabreichung der Essenzen

Blütenessenzen können auf verschiedene Weise verabreicht werden. Wie bereits erwähnt, empfiehlt die Firma Nelson Bach, die Kombination Rescue Tropfen zu verabreichen, indem Sie Ihrem Hund je nach Bedarf vier Tropfen ins Trinkwasser oder ins Futter geben. Bei den Einzelessenzen werden zwei statt vier Tropfen empfohlen. Das Unternehmen bietet Rescue Tropfen auch in Form eines Sprays an, das direkt in das Maul des Hundes gesprüht werden kann. Aldaron Essences empfiehlt, die Essenzen bei langfristiger Anwendung drei- bis viermal täglich zu verabreichen, wobei in akuten Situationen die Dosen im Abstand von einigen Minuten verabreicht werden können. Das Unternehmen erklärt, dass die Essenzen klassischerweise direkt ins Maul gegeben werden, indem man sie entweder auf die Lippen oder die Zunge träufelt oder auf das Zahnfleisch sprüht (lassen Sie den Tropfer nicht mit dem Maul Ihres Hundes in Berührung kommen und seien Sie vorsichtig, da er aus Glas besteht).

Einige Tinkturen sind auf Alkoholbasis hergestellt, wodurch sie länger haltbar sind, aber manche Hunde mögen den Geschmack nicht. Rescue Tropfen gibt es jetzt auch auf Glycerinbasis, und Aldaron Essences bietet Formeln auf Alkohol- oder Glycerinbasis an. Regelmäßige Gaben sind wichtig. Da es sich bei Blütenessenzen um eine Energietherapie handelt, muss man sich keine Sorgen um eine Überdosierung machen, es sei denn, eine Essenz auf Alkoholbasis würde in wirklich enormen Mengen verabreicht werden. Es heißt, wenn ein Hund eine bestimmte Essenz nicht braucht, tritt keine Veränderung ein. Wenn die Essenz doch hilft, sind die Auswirkungen in der Regel recht subtil. Mit anderen Worten: Ihr Hund wird vielleicht ruhiger, aber er sieht nicht benommen aus oder verhält sich, als hätte man ihm ein Beruhigungsmittel verabreicht. Wenn Sie ein anderes Haustier haben, das aus demselben Wassernapf trinkt, hat das keine Auswirkungen, es sei denn, dieses Haustier braucht die Essenz ebenfalls.

Auch wenn es nicht viele wissenschaftliche Studien über die Wirksamkeit von Blütenessenzen gibt (die Flower Essence Society unter www.flowersociety.org hat einige davon), gibt es viele anekdotische Beweise für ihre Nützlichkeit für Tiere und Menschen. Wie alles andere auch, können Blütenessenzen bei Ihrem Hund wirken oder auch nicht. Da sie aber sicher allein oder in Verbindung mit anderen Behandlungen eingesetzt werden können (obwohl sie nicht zusammen mit homöopathischen Mitteln verabreicht werden sollten) und da sie preiswert und weithin erhältlich sind, sind sie ein guter Ausgangspunkt.

Kapitel 30
Body Wraps

Wahrscheinlich sind Sie bereits mit dem Konzept des Wickelns vertraut. Traditionell wickelt man ein Kleinkind fest in eine Decke, um es zu beruhigen und ihm ein Gefühl der Sicherheit zu geben. Aber warum sollten Sie Ihren Hund wie einen Beagle-Burrito oder einen Chihuahua-Enchilada einpacken? Gut, dass Sie fragen! Der Druck, der durch das enge Einwickeln entsteht, vermittelt manchen Tieren ein Gefühl der Beruhigung, so wie es auch bei Säuglingen der Fall ist. In ihren jungen Jahren benutzte Dr. Temple Grandin, bei der 1950 Autismus diagnostiziert wurde, eine Erfindung namens „squeeze machine", um sich selbst zu beruhigen. Mit einer ähnlichen Technik entwickelte sie eine Quetschrutsche für Rinder, die deren Bewegungsfreiheit einschränkte und so die Angst verringerte. Dieses tiefe, gleichmäßige Druckgefühl kann für einen Hund durch die Verwendung einer Körperpackung nachempfunden werden. Diese Art der Fixierung unterscheidet sich davon, ob ein Hund im Arm festgehalten oder von einem Tierarzt fixiert wird, was das Gegenteil einer beruhigenden Wirkung haben könnte.

Body Wraps können bei Hunden mit einer Vielzahl von Verhaltensproblemen eingesetzt werden. Sie können Hunde beruhigen, die sich vor Gewitter oder anderen Geräuschen fürchten, die ängstlich sind, wenn sie allein gelassen werden oder neue Umgebungen besuchen, oder die Angst vor der Krallenpflege oder der Ohrreinigung haben. Das Beste für unsere Zwecke ist, dass sie auch Hunden helfen können, die Angst vor anderen Hunden haben. Denken Sie daran, dass die überwiegende Mehrheit der Hund-auf-Hund-Reaktionen auf ein Gefühl des Unbehagens oder der Angst zurückzuführen ist, auch wenn sich das Verhalten als Reaktivität oder Aggression zeigt.

T-Shirt-Wrap

Es gibt verschiedene Möglichkeiten, einen Hund zu wickeln, darunter auch eine, bei der ein gewöhnliches T-Shirt verwendet wird. Der T-Shirt-Wrap ist schnell und einfach anzuwenden und kann eine gute Wahl sein, wenn Sie nichts anderes zur Hand haben. Wählen Sie ein T-Shirt in der passenden Größe für Ihren Hund. Für kleine Hunde reicht ein Kinder-T-Shirt, für mittelgroße Hunde ein mittelgroßes oder großes T-Shirt für Erwachsene und für große Hunde ein extragroßes T-Shirt für Erwachsene.

Sorgen Sie dafür, dass Sie selbst glücklich und entspannt sind, damit Ihr Hund es auch ist. Ziehen Sie zunächst den Halsausschnitt des T-Shirts über den Kopf Ihres Hundes, wobei die Vorderseite des Shirts nach oben zeigt. Ja, ziehen Sie es verkehrt herum an; so sitzt es besser. Ziehen Sie die Vorderpfoten vorsichtig durch die Armlöcher, eine nach der anderen. Raffen Sie nun den Stoff zusammen, indem Sie beide Seiten zum Rücken Ihres Hundes hochziehen. Das Hemd sollte nun wie ein Handschuh sitzen und den Körper Ihres Hundes sanft umschließen. Es sollte eng anliegen, aber nicht so eng, dass es die Bewegungsfreiheit einschränkt oder Unbehagen verursacht. Zum Schluss binden Sie einen Knoten oder ein großes Gummiband, um das geraffte Material zu sichern. Achten Sie darauf, dass der Knoten nicht direkt über der Wirbelsäule Ihres Hundes liegt.

Hinweis: Die meisten Hunde akzeptieren Wraps, wenn sie langsam und behutsam angelegt werden, manche jedoch nicht. Wenn Ihr Hund in Panik gerät oder zu beißen versucht, wenn Sie versuchen, ihn einzuwickeln, sollten Sie die Sache nicht erzwingen. Sie können versuchen, ihn allmählich zu desensibilisieren, indem Sie es mit Dingen kombinieren, die er gerne mag, aber wenn er absolute Angst vor dem Tuch hat oder es ihm unangenehm ist, sollten Sie es nicht verwenden. Das Letzte, was Sie wollen, ist, seine Angst auf Spaziergängen zu verstärken.

Thundershirt

Es wird Sie freuen zu hören, dass es einen fertigen Body Wrap für Hunde gibt: Das Thundershirt besteht aus dünnem, atmungsaktivem Material, das so dehnbar ist, dass es sich gut anpasst. Das einteilige Kleidungsstück übt konstanten, sanften und gleichmäßigen Druck aus, um Hunde zu beruhigen. Es bedeckt den Rücken, schmiegt sich um den Oberkörper und

Bodhi steht Modell für einen T-Shirt-Wrap.

wird mit Klettverschlüssen am Hals und an der Seite geschlossen. Dank der Klettverschlüsse lässt sich der Wrap schnell und einfach anlegen. Ich habe dieses Produkt bei vielen Hunden meiner Kunden verwendet, und das einzige Problem, das ich je hatte, waren die wenigen Hunde, die Angst vor dem Geräusch des Klettverschlusses hatten. Den meisten Hunden scheint es überhaupt nichts auszumachen, wenn sie das Tuch tragen. Heißes Wetter ist in der Regel kein Problem, da Hunde sich hauptsächlich durch ihr Maul und ihre Pfoten abkühlen, aber laut der Website des Herstellers sollte das Shirt nicht bei extremer Hitze verwendet werden, zum Beispiel an einem sonnigen Tag mit über dreißig Grad Celsius.

Das Thundershirt kann, wie der Name schon sagt, bei Gewitterangst und einer Vielzahl anderer Ängste, bei der Pflege (z. B. Krallenschneiden und Ohrenreinigen), bei Reisekrankheit und vielem mehr eingesetzt werden. Ich habe es auch bei Hunden eingesetzt, die sich bei Besuchern unwohl fühlten, Angst vor Menschen im Allgemeinen oder Angst vor so ziemlich allem in der Außenwelt hatten. Für unsere Zwecke besteht der größte Nutzen darin, dass sich ein Hund, der auf andere Hunde reagiert, durch das Tuch auf

Sierra trägt ein Thundershirt.

Spaziergängen sicherer fühlt und dadurch weniger empfindlich auf andere Hunde reagiert.

Obwohl es im Allgemeinen keine Eingewöhnungszeit für einen Hund gibt, um sich an das Tragen eines Thundershirts zu gewöhnen, ziehe ich es immer vor, eine positive Assoziation mit etwas Neuem zu schaffen. Ziehen Sie Ihrem Hund das Thundershirt an, füttern Sie ihn und ziehen Sie es dann aus. Oder ziehen Sie es Ihrem Hund an, spielen Sie eine Runde Apportieren und nehmen Sie es dann ab. Sie wissen am besten, was Ihr Hund mag; beziehen Sie es in diese fröhlichen Sitzungen ein. Wenn Sie bereit sind, den Wrap beim Spaziergang zu verwenden, legen Sie Ihrem Hund, wenn er normalerweise ein Geschirr trägt, zuerst den Wrap und dann das Geschirr an. Unter Ressourcen finden Sie die offizielle Thunderworks-Website. Das Thundershirt kann auch bei vielen Online-Händlern und Tierbedarfsgeschäften erworben werden.

Kapitel 31
TTouch®

TTouch® - oder Tellington TTouch®, wie er manchmal nach seiner Schöpferin Linda Tellington-Jones genannt wird – ist eine sanfte Technik, mit der Tieren bei körperlichen oder emotionalen Problemen geholfen werden kann. Tellington-Jones, eine Praktikerin der Feldenkrais-Körperarbeit und erfolgreiche Turnierreiterin und -trainerin, entwickelte die TTouch®-Methode in den 1970er Jahren zur Anwendung bei „Problempferden". Seitdem wurde sie erfolgreich bei Hunden, Katzen, einer Vielzahl von Haustieren und sogar bei exotischen Tieren wie Lamas, Schneeleoparden, Elefanten und Alligatoren eingesetzt! Wenn TTouch® bei einem bissigen Alligator funktioniert, kann es sicher auch Ihrem reaktiven Hund helfen.

Befürworter von TTouch® schreiben der Methode zu, dass sie bei Aggressionen und anderen Verhaltensproblemen helfen und die Heilung nach Operationen beschleunigen kann. Es wird auch behauptet, dass TTouch® den Widerstand gegen die Pflege und den Umgang mit anderen Hunden verringert und Nervosität, Angstbeißen und Angst vor Gewitter und anderen Geräuschen abbaut. Für reaktive Hunde ist besonders erwähnenswert, dass die Methode nicht nur Aggressionen, sondern auch angstbedingte Verhaltensweisen abbaut, sodass sie bei Stress, Angst und Anspannung in der Begegnung mit anderen Hunden helfen kann. Wenn ein Hund insgesamt weniger ängstlich ist, wenn er andere Hunde sieht, ist die Wahrscheinlichkeit geringer, dass er reaktiv wird.

TTouch® verwendet eine Kombination aus spezifischen Berührungen, Hebungen, Bewegungsübungen und Körperwickeln, um Spannungen zu lösen und das Körperbewusstsein zu steigern. Praktiker sagen, dass TTouch® die Funktion der Zellen aktiviert und die zelluläre Intelligenz erweckt. Da das Nervensystem beeinflusst wird, werden gewohnheitsmäßige Reaktionsmuster unterbrochen, und der Hund erhält die Möglichkeit zu denken, anstatt einfach nur auf eine Situation zu reagieren. Sobald die Verbindung zwischen Körper, Geist und Gefühlen eines Hundes verbessert ist, verbessern sich auch Koordination, Selbstvertrauen und Verhalten. Und da viele körperliche und Verhaltensprobleme von gewohnheitsmäßigen Spannungen im Körper herrühren bzw. durch diese verschlimmert werden, beginnt der Heilungsprozess, wenn man Hunden beibringt, Spannungsbereiche zu erkennen und zu lösen. Der Körper von Hunden, die reaktiv sind, kann sich in einem ständigen Zustand der Anspannung befinden, um sich auf die vermeintlich nächste Bedrohung einzustellen. Überlegen Sie einmal, wie Sie sich fühlen, wenn Ihre Muskeln angespannt sind und Ihr Körper angespannt ist, im Gegensatz zu Ihren Gefühlen und Ihrem Geisteszustand nach einer Massage. Wenn sich ein Hund entspannt und seine Körperhaltung sich verändert, ändert sich auch sein emotionaler Zustand, und er kann verbale Hinweise besser verarbeiten. TTouch®-Sitzungen haben den zusätzlichen Vorteil, dass sie das Band der Liebe und des Vertrauens zwischen Hund und Besitzer vertiefen.

Wenn Sie TTouch® anwenden, ist es wichtig, dass Sie es so entspannt und bequem wie möglich haben. Setzen Sie sich neben Ihren Hund auf den Boden, atmen Sie ein paar Mal tief durch und überprüfen Sie, ob Ihr Körper in einer angenehmen Position ist. Ihr Hund kann sich hinlegen, stehen oder sitzen. Da die Berührungen am ganzen Körper des Hundes durchgeführt werden und nicht invasiv sind, sind explizite Kenntnisse der Hundeanatomie nicht erforderlich. Die kreisenden Bewegungen der Finger und Hände sollen Ihren Hund dazu bringen, seinen eigenen Körper bewusster wahrzunehmen und zielen nicht auf eine allgemeine Entspannung ab. Experimentieren Sie mit den folgenden Berührungen.

Basis-Touch

Der Basis Touch, der „Wolkenleopard", besteht aus einer kreisförmigen Bewegung der Finger im Uhrzeigersinn. Die Finger sollten leicht gekrümmt sein, wobei die Ballen eng beieinander liegen und der Daumen etwa zwei bis drei Zentimeter vom Zeigefinger entfernt ist. Die Fingerkuppen bilden den Kreis. Ihr Handgelenk sollte gerade, aber flexibel bleiben.

Jeder „Kreis" ist eigentlich ein Kreis und ein Viertel. Stellen Sie sich das Zifferblatt einer Uhr vor, die auf dem Fell Ihres Hundes liegt. Verankern Sie Ihre Finger mit dem Daumen bei 6:00 Uhr. Bewegen Sie die Finger einmal um das Zifferblatt, passieren Sie dann den Ausgangspunkt und enden Sie bei 9:00 Uhr. Jeder Kreis sollte etwa zwei Sekunden dauern. Es ist wichtig, dass Sie die Haut Ihres Hundes bewegen und nicht einfach nur mit den Fingern über sein Fell gleiten, dann gleiten Sie mit der gleichen Hand ein Stück weiter am Körper hinunter und machen einen weiteren eineinviertel Kreis. Sie können entweder an eine beliebige Stelle gleiten oder parallele Linien erzeugen, indem Sie in einer geraden Linie von einer Stelle zur nächsten gleiten, parallel zur Wirbelsäule Ihres Hundes oder an einem seiner Beine entlang. Während die kreisende Hand arbeitet, sollte die andere Hand leicht auf dem Körper Ihres Hundes ruhen. Bei der Arbeit an den Gliedmaßen sollte eine Hand die Gliedmaßen stützen, während die andere die Berührungen ausführt.

Bei den Berührungen wird im Gegensatz zu den tieferen Streichungen einer Massage ein leichter Druck ausgeübt. Den Berührungen sind je nach Stärke Nummern zugeordnet. Um eine Vorstellung davon zu bekommen, wie sich ein Druck der Stufe eins anfühlt, legen Sie Ihren Daumen auf Ihre Wange. Bewegen Sie die Haut Ihres geschlossenen Augenlids mit zwei Fingern sanft in kreisenden Bewegungen, wobei Sie so leicht wie möglich vorgehen. (Wenn Sie Kontaktlinsen tragen, machen Sie den Kreis stattdessen oberhalb Ihrer Augenbrauen.) Machen Sie nun dasselbe, aber mit so festem Druck, wie es für Sie angenehm ist – so fühlt sich der Druck der Stärke drei an. Wenn Sie diesen Druck verdoppeln (versuchen Sie das nicht an Ihren Augen!), erhalten Sie einen Druck der Stärke sechs.

Für Bereiche des Hundekörpers, die nicht empfindlich oder schmerzhaft sind, wird normalerweise ein Druck der Stufe drei oder vier verwendet. Für empfindliche Bereiche ist der höchste empfohlene Druck die Stufe zwei. Im Allgemeinen wird bei größeren Tieren mehr Druck ausgeübt, aber achten Sie immer auf die Reaktionen Ihres Hundes und passen Sie Ihre Vorgehensweise entsprechend an. Wenn Ihr Hund sich unwohl fühlt, verringern Sie den Druck der Berührung oder wechseln Sie zu Berührungen an einer anderen Stelle seines Körpers.

Es gibt mehr als ein Dutzend TTouches® mit phantasievollen Namen wie der Waschbär-TTouch®, „Lecken der Kuhzunge" oder der „Tarantel-TTouch®". Viele basieren auf den grundlegenden kreisenden Bewegungen, während andere Hebungen (wie das Heben des Schwanzes), Streicheleinheiten (wie das Ziehen der Ohren) oder die flache Hand verwenden. Die richtige Berührung bestimmter Körperteile kann helfen, bestimmte Ängste und Spannungen abzubauen. Berührungen im Bereich der Rute oder der Hinterhand gelten beispielsweise als besonders wohltuend für Hunde, die ängstliche Beißer sind oder generell ängstlich sind. Berührungen am Ohr dienen der Entspannung und dem Stressabbau und sollen sogar bei Hunden helfen, die unter Schock stehen.

Bodenarbeit

Obwohl Berührungen die Grundlage des TTouch®-Programms bilden, ist ein weiterer wertvoller Aspekt die TTouch®-„Bodenarbeit“. Bei diesen Übungen wird der Hund langsam und zielgerichtet über eine Reihe von Objekten auf dem Boden geführt, mit dem Ziel, dass er sich bewusster wird, wo er seinen Körper im Verhältnis zu seiner Umgebung platziert. Die verlangsamte Bewegung verbessert nicht nur die Koordination, sondern trägt auch dazu bei, die Erregung zu verringern und die Konzentration und das Vertrauen zu steigern. Zu den Objekten der Bodenarbeit können PVC-Rohre, Kegel, verschiedene Oberflächen und ein „Labyrinth“ aus Plastikstangen, Seilen oder anderen gängigen Gegenständen gehören. Beim Durchlaufen

Der „Wolkenleopard-Touch“ ist ein Kreis und ein Viertel im Uhrzeigersinn.

des Labyrinths tragen die Hunde in der Regel ein Körpergeschirr oder ein flaches Halsband sowie ein Kopfhalfter, sodass der Hundeführer zwei Kontaktpunkte hat. Dies ist wichtig, da es dem Hund helfen kann, im Gleichgewicht zu bleiben, ohne dass er geschoben oder gezogen wird oder seine Atemwege verengt werden, wie es bei einem herkömmlichen Halsband der Fall sein kann. Natürlich gibt es noch viel mehr zu beachten. Bei der Arbeit mit reaktiven Hunden wird oft ein anderer Hund in einiger Entfernung positioniert, während der reaktive Hund versucht, sich im Labyrinth zurechtzufinden, und den anderen dabei ignoriert. Der Ablenkungshund wird allmählich und schrittweise immer näher herangeführt, solange der reaktive Hund unter der Reizschwelle bleibt.

TTouch®-Techniken werden in der Regel erst nach einer vollständigen Verhaltensbeurteilung angewandt. Jenn Merritt, Tellington TTouch® Practitioner, gibt ein Beispiel aus ihrer eigenen Klientel, wie TTouch® zusammen mit Verhaltensmodifikationstechniken eingesetzt werden kann, um Probleme mit der Reaktivität von Hunden zu verbessern (siehe Kasten auf nächster Seite)

Der Bericht von Jenn ist nur einer von vielen, die zeigen, wie TTouch® bei Hund-Hund-Reaktionen oder Aggressionsproblemen helfen kann. Ich habe die Ergebnisse von TTouch® selbst bei Hunden gesehen, die kämpfen, aber auch in einem ganz anderen Szenario. Viele Jahre lang habe ich ein Tierschutzzentrum für Wölfe und Wolfshunde mit geleitet. Ich habe mit den Bewohnern, die Körperkontakt zuließen, zwei Arten der Heiltherapie durchgeführt: normale Massage und TTouch®. Da ich unter anderem eine zertifizierte Massagetherapeutin bin – stellen Sie sich die Blicke vor, die ich von meinen Kommilitonen erntete, als ich sagte, ich wolle Hunde und Wölfe statt Menschen massieren –, wusste ich, wie man eine richtige, gründliche Massage erteilt. Die Wölfe und ich genossen unsere Massagesitzungen sehr, aber als ich anfing, TTouch® zu verwenden, gab es ein tiefes, tieferes Loslassen. Diese wunderschönen Tiere stießen tiefe Seufzer aus und entspannten sich in die durch die Berührungen geschaffene Verbindung hinein. Diese Momente waren magisch.

TTouch® ist faszinierend, und ich habe zahlreiche Geschichten von anderen Trainern gehört, die es in ihre Praxis integriert haben, um zu sehen, welchen Unterschied es bei Hunden macht, die aggressives Verhalten zeigen. Es gibt viele Bücher und Videos, die Ihnen helfen können, TTouch® zu lernen. Wenn Sie die Möglichkeit haben, würde ich Ihnen jedoch dringend empfehlen, mit einem TTouch®-Profi zu arbeiten oder einen Workshop zu besuchen, damit Sie persönlich von einem qualifizierten Ausbilder lernen können. (Siehe Serviceteil.)

Hexa ist eine zweijährige Deutsche Schäferhündin, die seit ihrer Welpenzeit auf andere Hunde reagiert (hartes Anstarren, Bellen, Nachvornewerfen, überhöhte Wachsamkeit), sowohl an der Leine als auch ohne Leine. Sie erholt sich nach einer Reaktion nur langsam. Hexas Reaktivität ist eine besondere Herausforderung, da sie schon seit langem anhält und immer stärker wird. Hexas Besitzerin hat eine Reihe von Techniken ausprobiert, um ihre Erregung und ihre Ausbrüche zu reduzieren – mit begrenztem Erfolg.

Im Laufe von drei Wochen traf ich mich mit Hexa und ihrer Besitzerin zu drei 45-minütigen Sitzungen, in denen wir viele der Übungen zur Reduzierung der Reaktivität durchführten. Während unserer ersten Sitzung führte ich Hexas Besitzerin in die TTouch®-Ohrarbeit und sanfte Körperübungen ein, um Hexas Körperspannung zu lösen. Als Nächstes habe ich Hexa ein Thundershirt angezogen, damit sie ihren Körper besser wahrnehmen kann. Schließlich half ich Hexas Besitzerin, sich mit der Verwendung von zwei Verbindungspunkten vertraut zu machen. Mit einer Leine, die an einem Kopf- und einem Körpergeschirr befestigt war, konnte sie Hexas Blick leichter umlenken, wenn sie zu starren begann.

Wir machten Hexa mit Übungen zur Bodenarbeit vertraut, darunter eine PVC-Leiter, ein Seillabyrinth, Cavalettistangen und verschiedene Untergründe in einem großen Außenbereich. In einem Abstand, den Hexa bewältigen konnte, führten wir einen sehr lebensechten ausgestopften Hund und einen „Hundeführer“ ein. Hexa zeigte anfängliche Reaktionen (Anstarren und ein paar Beller) auf den ausgestopften Hund und hatte Schwierigkeiten, sich durch die Bodenarbeit zu bewegen, ohne mit den Füßen an die Hindernisse zu stoßen, eskalierte aber nicht und zeigte im weiteren Verlauf der Sitzung eine deutliche Entspannung und flüssigere Bewegungen.

In der nächsten Sitzung setzten wir einen lebenden neutralen Hund ein, der sich in einer Entfernung von etwa 30 Metern befand, während Hexa und ihre Besitzerin sich durch das Labyrinth, die Leiter usw. bewegten. Hexas Erregung nahm deutlich zu, als sich der neutrale Hund und der Hundeführer bewegten, also hielten wir die Bewegungen minimal und den Abstand bei etwa 30 Metern.

In der dritten Sitzung bewegten sich Hexa und der neutrale Hund in einem großen Kreis um das Bodenarbeitsgerät, wobei eine dritte Person in einem Abstand von sechs Metern zwischen ihnen stand. Im Laufe der Übungen zur Verringerung der Reaktivität wurde Hexa nicht nur immer besser in der Lage, die Anwesenheit und die Bewegungen des neutralen Hundes zu tolerieren, ohne zu reagieren, sondern sie schaute den neutralen Hund an und wandte sich dann mühelos ab, während sie auf allen vier Füßen im Gleichgewicht stand. Hexa bei der Stange zu halten und sich auf die Bodenarbeit zu konzentrieren, war der Schlüssel, um ihre Erregung niedrig zu halten und ihre Reaktionen zu verringern. Ihre Besitzerin berichtet, dass Hexas allgemeine Erregung gegenüber anderen Hunden weiter abnimmt und sie begonnen hat, die Bodenarbeit in ihrem Garten zu wiederholen.

Kapitel 32
Beruhigungs-Pheromone für Hunde (DAP)

Den französischen Wissenschaftlern zufolge, die als erste das Beruhigungs-Pheromon für Hunde identifiziert haben, wird diese Art von Pheromon bei allen säugenden Säugetieren innerhalb von drei bis fünf Tagen nach der Geburt gefunden. Die Pheromone werden in den Milchdrüsen produziert und vermitteln dem Nachwuchs auf chemischem Wege ein Gefühl der Sicherheit. Hunde nehmen Pheromone ihrer eigenen Art über das Vomeronasalorgan in der Nasenhöhle wahr. Da die Rezeptoren in diesem Organ neurologisch mit dem limbischen System verbunden sind – dem Teil des Gehirns, der unter anderem viele Stimmungen und Emotionen steuert –, können die Moleküle das Verhalten in Zeiten der Angst beeinflussen.

Produkte, die DAP, eine synthetische Version des natürlich vorkommenden Pheromons, enthalten, haben eine beruhigende Wirkung auf Welpen und erwachsene Hunde gleichermaßen. Die gängigste Form von DAP ähnelt einem steckerfertigen Lufterfrischer. Ein kleiner, elektrisch beheizter Diffusor gibt die Moleküle an die Luft ab. Keine Sorge, die Moleküle sind für den Menschen geruchsneutral! Das Produkt, das unter verschiedenen Markennamen verkauft wird (siehe Serviceteil), deckt im Allgemeinen eine Fläche von 500 bis 650 Quadratmetern ab. Bei ständiger Anwendung hält es etwa einen Monat, und es sind Nachfüllpackungen erhältlich. Wenn Sie Vögel haben, stellen Sie den Diffusor nicht in denselben Raum, in dem sie sich aufhalten, denn Vögel haben ein extrem empfindliches Atmungssystem. Wenn Sie andere Haustiere haben, machen Sie sich keine Sorgen; die Pheromone für Hunde sind für andere Tiere nicht wahrnehmbar.

Die Steckerform von DAP ist eine gute Wahl für Hunde, die dazu neigen, am Fenster zu bellen, wenn ein Hund am Haus vorbeigeführt wird. Das Produkt ist auch als Spray erhältlich, das rund um den Ruhebereich des Hundes, im Auto und überall dort verwendet werden kann, wo ein ruhiges Verhalten erwünscht ist. Wenn Sie einen Hund haben, der andere Hunde anbellt, während er im Auto mitfährt, kann das Besprühen des Bereichs, in dem er mitfährt, bevor er losfährt, dazu beitragen, dass er ruhiger wird.

DAP gibt es auch in Form eines Kunststoffhalsbandes, dessen Wirkung bis zu vier Wochen anhält. Allerdings bin ich kein Freund von Dingen, von denen sich Hunde nicht lösen können, und das Halsband ist dazu gedacht, am Hund zu bleiben; außerdem kann die Menge des Geruchs nicht kontrolliert werden. Ich würde es vorziehen, ein Halstuch mit DAP zu besprühen, das Ihr Hund dann nur bei Spaziergängen trägt und das Sie abnehmen, wenn Sie nach Hause kommen.

Einige Studien zeigen, dass DAP die Angst von Hunden verringert, während andere Experten die Wirksamkeit des Mittels bezweifeln. Im Endeffekt hilft es einigen Hunden, anderen nicht. Aber es ist ein einfach anzuwendendes Produkt und einen Versuch wert. Denken Sie daran, dass DAP, wie so viele andere Zusatztherapien auch, kein Ersatz für eine Verhaltensmodifikation ist, auch wenn eine gewisse Erleichterung durch seine alleinige Anwendung erzielt werden kann.

Obwohl sich dieses Kapitel auf DAP konzentriert, gibt es auch andere Möglichkeiten, Ihren Hund durch Duftstoffe zu beruhigen, z.B. Sprays, die speziell zur Beruhigung entwickelt wurden, Aromatherapie und vieles mehr. Wenn DAP Ihrem Hund nicht hilft, kann es sich lohnen, nach anderen duftbasierten ergänzenden Therapien zu suchen, die Sie im Haus, im Auto und bei Spaziergängen einsetzen können.

Kapitel 33
Der unsichtbare Freund

Ich hatte einmal eine Klientin namens Denise, deren Labrador Retriever Ranger gegenüber fremden Hunden sehr reaktiv war. Denise war eine zierliche Frau, während Ranger ein stürmischer, 40 Kilo schwerer, energiegeladener Brocken von einem Hund war. Denise war verständlicherweise besorgt, dass Ranger sie beim Anblick eines anderen Hundes zu diesem hinüberziehen oder von den Füßen stoßen könnte, zumal er dies schon ein paar Mal getan hatte. Interessanterweise war es ganz anders, wenn ihr Mann mit Ranger spazieren ging: Ranger reagierte viel weniger und drehte kaum den Kopf in Richtung anderer Hunde. Denise fragte sich, was den Unterschied ausmachte.

Hier ist eine andere Situation, die zwar völlig anders klingt, aber etwas mit Denises Situation gemeinsam hat: Luna ist ein sechsjähriger Husky-Mix, der mit einem erwachsenen Deutschen Schäferhund namens Luke zusammenlebt. Die beiden sind sehr eng miteinander verbunden. Sie spielen zusammen, schlafen zusammen und genießen es, gemeinsam auf Wanderungen mitgenommen zu werden. Keiner der beiden reagierte auf andere Hunde… das heißt, bis Luke krank wurde. Ohne Luke auf den Spaziergängen begann Luna, Hunde anzuspringen und zu bellen, die an ihnen vorbeigingen. Warum die plötzliche Veränderung in Lunas Verhalten?

In beiden Situationen hatte der reaktive Hund eine lebende Sicherheitsdecke in Form eines Menschen oder eines anderen Hundes. In Rangers Fall fühlte er sich sicherer, wenn Denises Ehemann an der Leine war, denn der Mann strahlte Vertrauen aus, während Denise verständlicherweise nervös war, was passieren könnte, wenn Ranger einen anderen Hund sah. Wenn Ranger von seinem Herrchen ausgeführt wurde, hatte er nicht das Bedürfnis, die Dinge selbst in die Hand zu nehmen, und konnte sich entspannen. Luna war von Anfang an kein selbstbewusster Hund, aber wenn sie mit Luke Gassi ging, machte sie sich keine Sorgen um andere Hunde, die vorbeikamen. Lukes Anwesenheit gab ihr Selbstvertrauen. Ohne seine Anwesenheit fühlte sie sich verletzlich und reagierte, um sich zu schützen.

Sowohl Ranger als auch Luna reagierten auf die Abwesenheit ihrer Sicherheitspolizei. Und in beiden Fällen war diese Sicherheitsdecke leider nicht immer verfügbar. Denises Ehemann konnte zwar manchmal mit Ranger spazieren gehen, aber er hatte auch einen Job und war an den Wochentagen nicht da. Luke konnte je nach seinem Gesundheitszustand vielleicht wieder mit Luna spazieren gehen, vielleicht auch nicht. Sowohl für Ranger als auch für Luna schlug ich eine Technik vor, die ich den „Unsichtbaren Freund“ nenne.

Diese Technik basiert auf der Tatsache, dass Hunde einen unglaublichen Geruchssinn haben. Genau wie bei Menschen kann ein Geruch auf einen Hund abschreckend wirken oder ihn sogar an ein negatives Erlebnis erinnern. Umgekehrt kann ein Geruch aber auch, wie bei uns, beruhigend wirken. Wir haben bereits über Pheromone zur Beruhigung von Hunden gesprochen, und es gibt Düfte wie Lavendel, die ebenfalls beruhigend wirken. Aber in diesem Fall kann der Duft der Person oder des Hundes, der dem Hund ein Gefühl des Vertrauens vermittelt, eingesetzt werden.

Wenn es eine Person gibt, zu der Ihr Hund das meiste Vertrauen hat, die aber bei Spaziergängen nicht anwesend sein kann, lassen Sie diese Person ihren Geruch auf ein Halstuch auftragen. Sie kann den Stoff in die Hand nehmen, ihn an ihrem Körper reiben oder ihn eine Weile um den Hals tragen. Achten Sie nur darauf, dass das Tuch den Geruch der Person annimmt. Wenn es Zeit für einen Spaziergang ist, binden Sie Ihrem Hund dieses Tuch um den Hals.

Wenn es sich um einen anderen Hund handelt, der Vertrauen erweckt, wischen Sie das Halstuch über den Körper des Hundes und achten Sie darauf, dass Sie den Bereich um den Hintern des Hundes mit einbeziehen, da sich dort die Duftdrüsen befinden. Dann binden Sie das Tuch um den Hals Ihres Hundes und gehen hinaus.

In Lunas Fall wies ich ihre Besitzerin an, die Technik des unsichtbaren Freundes anzuwenden, indem sie Lukes Geruch auf ein Halstuch auftrug und es Luna dann für einen Spaziergang um den Hals bindet. In der folgenden Woche erhielt ich diese E-Mail: „Ich kann es nicht glauben! Luna war auf unserem Spaziergang ein ganz anderer Hund! Sie hat kein einziges Mal auf andere Hunde reagiert. Unglaublich!"

Ranger hingegen reagierte zwar nicht völlig unempfindlich auf andere Hunde, wenn er das nach dem Ehemann duftende Halstuch um den Hals trug und Denise mit ihm spazieren ging, aber er reagierte eindeutig weniger. Ich glaube, dass sich das Verhalten von Ranger ohne Denises ständige Ängste noch mehr verbessert hätte.

Vielleicht haben Sie keinen anderen Hund zu Hause, aber Ihr Hund fühlt sich sicherer, wenn eine befreundete Person und deren Hund mit ihm spazieren gehen. Nehmen Sie in diesem Fall beim nächsten gemeinsamen Spaziergang ein Tuch und eine wiederverschließbare Plastiktüte mit. Bitten Sie die Person, den Geruch ihres Hundes mit dem Tuch aufzunehmen, dann stecken Sie das Tuch in die Tüte und verschließen Diese. Bewahren Sie das Halstuch für künftige Spaziergänge auf und frischen Sie den Duft regelmäßig auf. Wenn Ihr Freund oder Ihre Freundin Sie eine Zeit lang nicht auf Ihren Spaziergängen begleiten kann, können Sie ihn oder sie auch bitten, ein paar Halstücher zu Hause zu beduften. Holen Sie diese dann ab und verschließen Sie sie in einem Beutel. Nach einiger Zeit setzen sie jeweils eine neue Bandana aus dem Beutel ein.

Wenn Ihr Hund also in Anwesenheit einer bestimmten Person oder eines bestimmten Hundes mehr Vertrauen hat, dann versuchen Sie es mit der Technik des unsichtbaren Freundes. Sie werden überrascht sein, was für einen Unterschied das machen kann!

Kapitel 34
Nachlese

Ich hoffe, dass Sie sich nach der Lektüre dieses Buches inspiriert und zuversichtlich fühlen, dass Sie in der Lage sein werden, Ihrem Hund bei seinen Reaktivitätsproblemen zu helfen. Mir ist klar, dass Sie eine Menge Informationen erhalten haben, aber fühlen Sie sich bitte nicht überfordert. Beginnen Sie einfach mit den Grundlagen und dem Basisprogramm, lehren Sie die Fertigkeiten nach und nach, beginnen Sie mit der Umsetzung der Trainingspläne und gehen Sie von dort aus weiter. Was die ergänzenden Therapien anbelangt, so sprechen Sie zweifellos manche mehr an als andere. Probieren Sie eine nach der anderen aus und geben Sie jeder einen fairen Versuch, damit Sie feststellen können, welche davon funktioniert. Denken Sie daran, dass es hilfreich sein kann, ein Verhaltenstagebuch zu führen, damit Sie auf dem richtigen Weg bleiben und Ihre allgemeinen Fortschritte messen können. Wenn Sie die Trainingspläne durcharbeiten und verschiedene Produkte, Therapien und Techniken anwenden, werden Sie bestimmt die Kombination finden, die für Sie und Ihren Hund am besten funktioniert.

Ich möchte Ihnen dafür danken, dass Sie sich so viel Mühe geben, um Ihrem Hund zu helfen. Da ich selbst auf diesem Weg war und viele andere Hundehalter auf diesem Weg begleitet habe, weiß ich, wie viel Mühe und Hingabe es erfordert. Aber die Änderung des Verhaltens Ihres Hundes ist nicht nur eine wunderbare Sache an sich, sondern wirkt sich auch positiv auf seine Gesundheit und sein Wohlbefinden aus. Die Zeit, die Sie jetzt aufwenden, um an diesen Problemen zu arbeiten, wird Ihnen ein Leben lang Freude an gemeinsamen Ausflügen mit Ihrem Hund bringen, und diese gemeinsam verbrachte Zeit ist unbezahlbar.

Ich habe eine kleine Bitte. Wenn Sie dieses Buch hilfreich fanden, wäre ich Ihnen dankbar, wenn Sie sich einen Moment Zeit nehmen würden, um eine kurze Rezension auf Amazon zu schreiben. Rezensionen machen einen Unterschied. Und obwohl es immer schön ist, Bücher zu verkaufen, ist es mein eigentliches Ziel, so vielen Hunden und ihren Menschen wie möglich zu helfen.

Je mehr Bücher in die Hände von Hundebesitzern, Trainern, Rettungsorganisationen, Tierheimen und anderen gelangen, desto mehr Hunden kann geholfen werden. Ich danke Ihnen im Voraus, dass Sie mir helfen, dieses Ziel zu erreichen.

Wenn Sie mir eine Nachricht zukommen lassen möchten, können Sie mich über meine Website www.nicolewilde.com erreichen, wo Sie auch meine anderen Bücher, Seminarvideos und meinen Blog finden können. Sie können mich auch auf Facebook als Nicole Wilde, Autorin, finden.

Ich wünsche Ihnen und Ihren pelzigen Lieblingen alles Gute!

Danksagung

In den letzten dreißig Jahren hatte ich das Privileg, mit vielen hervorragenden Verhaltensexperten arbeiten und von ihnen lernen zu können. Ihnen schulde ich meinen Dank dafür, dass sie ihr Wissen und ihre Erfahrung so großzügig mit mir geteilt haben. Genauso, wie ich das mit ihnen erfahren durfte, unterrichte und inspiriere ich selbst mit anhaltender Leidenschaft.

Dankbar bin ich auch für all die Hunde und Wölfe, mit denen ich in den letzten dreißig Jahren gearbeitet habe. Das Lernen aus Büchern ist wichtig, aber es bietet keinen Ersatz für praktische Erfahrung. Herausforderungen im Lernen können zwar hart sein, aber am Ende wachsen wir an ihnen. Ich bin dankbar, dass ich so viel gelernt und so viele besondere Momente mit all diesen erstaunlichen vierbeinigen Wesen geteilt habe.

Was das Schreiben angeht, so haben wir alle unsere Ecken und Kanten. Fürs Glätten einiger dieser Kanten danke ich meiner Lektorin Kim Thornton. Ihre Liebe zum Detail hat das Manuskript zweifellos verbessert.

Danke an Denise O'Moore für ihre fabelhaften Illustrationen! Dein Talent ist erstaunlich, und dein großes Herz und deine Hundeliebe strahlen aus allem und jedem, was du tust.

Wie immer bin ich meinem Mann C.C. dankbar, der zufällig auch mein Welt-Lieblingsmensch ist. Danke für dein Verständnis, wenn ich den ganzen Tag am Computer sitze, dass du mir zuhörst, wenn ich diese widerborstigen Wörter nicht in die richtigen Schubladen zu bekommen scheine und dass du Teile des Manuskripts gelesen hast, um mir zu versichern, dass die Worte noch Sinn ergeben und ich nicht völlig den Verstand verloren habe. Und danke dafür, dass du stets die wunderbare, erstaunliche, talentierte und unterstützende Person bist, die du bist. Ich liebe dich mehr als all die Worte, die einer Autorin zur Verfügung stehen, je ausdrücken könnten.

Und zu guter Letzt möchte ich mich bei meinen Hunden Sierra und Bodhi bedanken, die geduldig zu meinen Füßen lagen und mich während des Schreibens dieses Buches anbetungsvoll angeschaut haben. Okay, okay, Sie haben wohl darauf gewartet, gefüttert zu werden. Oder wollten einen Keks. Ich kaufe trotzdem lieber das „anbetungsvoll angeschaut“. Danke, dass ihr so viel Licht und Liebe in mein Leben gebracht habt. Sierra, du bist für immer und ewig mein wahrer Herzenshund. Einen anderen wird es nicht geben.

Service: Literatur, Bezugsquellen und Ansprechpartner

Tierärzte mit Zusatzbezeichnung Verhaltenstherapie

Gesellschaft für Tierverhaltensmedizin und -therapie (GTVMT)
www.gtvmt.de

Hundetrainer oder Verhaltensberater finden, die positiv arbeiten

BHV – Berufsverband der Hundeerzieher/innen und Verhaltensberater/innen e.V.
www.hundeschulen.de

Internationaler Berufsverband der Hundetrainer:innen und Hundeunternehmer:innen (IBH) e.V.
www.ibh-hundeschulen.org

Berufsverband zertifizierter Hundetrainer
www.bvz-Hundetrainer.de

Trainernetzwerk „Trainieren statt dominieren"
www.trainieren-statt-dominieren.de

Fütterung

Dr. Deva Khalsa
Natürlich gesund. Hunde ganzheitlich ernähren und behandeln.
ISBN 978-3-95464-217-5

Kevyn Matthews
Matthews kocht für Hunde
ISBN 978-3-95464-283-0

Gabriela Behling
Frisches Futter für ein langes Hundeleben
ISBN 978-3-942335-87-4

Aktuelle Rückrufe von Hundefutter
www.produktwarnung.eu (Suchwort „Hundefutter“ eingeben)
https://www.dogfoodadvisor.com/dog-food-recalls/

Körpersprache von Hunden lesen lernen

Katja Krauß und Gabi Maue
Emotionen bei Hunden sehen lernen
ISBN 978-3-95464-216-8

Bezugsquellen

Aldaron Flower Essences (in engl. Sprache):
https://aldaronessences.com/flower-essences-help-reactive-dogs/

Bachblüten Mischungen für ängstliche oder aggressive Hunde:
www.bachbluetenmix.de

Informative Seite zu Fahrrad-Leinenhaltern: www.radundhund.de

Bunte Maulkörbe auf Maß: www.bumas-muzzle.com

Calming Cap von Thundershirt:
Online erhältlich bei diversen Zoofachhändlern

Beruhigende Musik für Hunde: https://lisaspector.hearnow.com
www.icalmpet.com und viele Streamingangebote

DAP (Dog Appeasing Pheromone)

Adaptil: www.adaptil.com

Thundershirt: www.thundershirt.com

Verschiedenes

TTouch®
OnlinekurseWebinare, Workshops, Anleitungen
www.tellington-methode.de

Whole Dog Journal (in engl. Sprache)
www.whole-dog-journal.com

Meine Seminare „Dissecting the Dynamics of Dog-Dog Play", „Talk to the Paw" usw. als Stream oder DVD finden Sie unter
www.nicolewilde.com (in engl. Sprache)

Seminaraufzeichungen als Stream
www.nicolewilde.com

Weitere Bücher der Autorin

Nicole Wilde
Der ängstliche Hund. Stress, Unsicherheiten und Angst wirkungsvoll begegnen.
ISBN 978-3-938071-56-4

Nicole Wilde
Vertragt Euch! Harmonisches Hundeleben unter einem Dach
ISBN 978-3-95464-203-8

Diese Titel könnten Sie auch interessieren:

Kellie Snider

Vorsicht, bissig!

CAT-Training für aggressive und reaktive Hunde

Constructional Aggression Treatment, kurz CAT, ist eine Methode zur Verhaltensmodifikation bei Säugetieren, die von Dr. Jesús Rosales-Ruiz auf Grundlage moderner Lerntheorie und Verhaltenswissenschaft entwickelt wurde. Die Grundidee dabei ist, unerwünschtes Verhalten eher durch erwünschtes, alternatives Verhalten konstruktiv zu ersetzen, anstatt es nur zu unterdrücken. Dabei spielt nicht Futter die Hauptrolle als Verstärker für erwünschtes Verhalten, sondern eher der geschickte Umgang mit der so genannten kritischen Distanz. Diese Vorgehensweise ist nicht nur humaner, sondern tatsächlich auch deutlich erfolgreicher als Zwangs- und Strafmaßnahmen und wird in diesem Buch Schritt für Schritt erklärt. Besonders wertvoll ist das Training auch für Hunde, die bisher nur erste Ansätze zu reaktivem Verhalten zeigen – eine Verschlimmerung kann so im Ansatz verhindert werden.

Hardcover, 232 Seiten, farbig

ISBN 978-3-95464-191-8

Nicole Wilde

Vertragt Euch!

Harmonisches Hundeleben unter einem Dach

Nicht immer vertragen Hunde sich so gut, wie wir uns das wünschen: Besonders nervenaufreibend dann, wenn sie unter einem Dach zusammenleben, aber die ständige Spannung spätestens in Ausnahmesituationen immer wieder für Konflikte sorgt.

Dieses häufige Problem kann durch gute Vorbereitungs- und Grundlagenarbeit vermieden und entschärft werden. Die erfahrene Hundetrainerin und Verhaltensexpertin Nicole Wilde hat das Problem am eigenen Leib erlebt und lässt den Leser hier an ihrem reichen und erprobten Erfahrungsschatz der möglichen Lösungsansätze teilhaben.

Dabei werden Ressourcenverteidigung, Eifersucht, in Aggression umkippendes Spiel, hündisches „Mobbing" und vieles mehr besprochen.

Flexicover, 264 Seiten, Farbfotos
ISBN 978-3-95464-203-8

Jane Ardern

Alles unter Kontrolle

Training für übereifrige Hunde

Haben Sie einen Hund, der immer in den Startlöchern steht? Herzlichen Glückwunsch! Es ist ein Vergnügen mit einem motivierten Hund zu arbeiten, der an Ihren Herausforderungen seine helle Freude hat. Aber wünschen Sie sich auch manchmal, er würde sich etwas zügeln und mehr Leistungen zeigen, die Sie beide zufriedenstellen?

Konzentriert sich Ihr Hund nicht auf Sie? Lässt er sich leicht ablenken? Sind Geräusche und Gerüche, andere Menschen und Tiere interessanter als seine Aufgaben? Ist er beim Agility zu aufgedreht, um an der Startlinie zu warten? Bellt er und kreiselt herum? Stalkt er andere Tiere? Jagt er alles, was sich bewegt – Bälle, Jogger, Radfahrer, Autos? Wenn Sie eine oder mehrere Fragen mit Ja beantworten, hat Ihr Hund Schwierigkeiten, seine Impulse zu kontrollieren.

Die britische Hundetrainerin Jane Ardern zeigt Ihnen, wie Sie Ihren Hund dabei unterstützen können, seine Probleme in den Griff zu bekommen. Sie hat ein Trainingsprogramm entwickelt, das die Emotionen des Hundes in den Vordergrund stellt und ihm ermöglicht, selbst die „richtigen" Entscheidungen zu treffen. Mit Hilfe aufeinander aufbauender, interaktiver Spiele können Sie Ihrem Hund beibringen, seine Impulse zu kontrollieren und sich für das Verhalten zu entscheiden, das für Sie richtig ist und das sich für ihn lohnt.

Flexicover, 224 Seiten, farbig

ISBN 978-3-95464-276-2

Sabine Zemla

Stress lass nach

Ein Handbuch für entspannte Hunde und ihre Menschen

Immer mehr Hunde haben Stress. Aber warum eigentlich, woran liegt es? Da es den einen Auslöser oder das eine Stressproblem nicht gibt, wirft dieses komplex angelegte Buch einen ganzheitlichen Blick auf gestresste Hunde und vernachlässigt dabei auch den Hundehalter nicht. Die Ursachen und teils massiven Folgen von Stress werden ebenso beschrieben wie die Einflüsse von Ernährung und Kastration auf unsere Hunde. Zudem informiert das Buch über Stresssymptome beim Hund, auf welchen Grundpfeilern eine Hund-Mensch-Beziehung stehen sollte und wie Stress und Verhalten zusammenspielen. Die Autorin, Hundephysiotherapeutin und Trainerin für stressbedingte Verhaltensauffälligkeiten, gibt Trainings- und Therapietipps gegen Stress und stellt Fälle aus der Praxis vor.

Das Buch verändert den Blick auf den eigenen Hund und dient als Türöffner für ein vertrauensvolles Miteinander. Hunden soll es die Sicherheit geben, die sie noch brauchen, um gelassener durchs Leben zu gehen. Hundehalter werden nach der Lektüre wissen, warum ihr Hund so tickt, wie er tickt – und vor allem, wie sie ihn und auch sich selbst in stressigen Zeiten unterstützen können.

Hardcover, 360 Seiten, farbig
ISBN 978-3-95464-296-0